HISTOIRE
DE L'AGRICULTURE
ANCIENNE
DES ROMAINS.

*Ouvrages du même auteur qui se trouvent à la librairie
de G. A. Dentu :*

Considérations générales sur l'histoire, servant d'introduction à l'histoire de l'agriculture ancienne et moderne
en Europe, considérée dans ses rapports avec les lois, les
cultes, les mœurs, usages ou coutumes de chaque peuple.
Un vol. in-8°. Prix : 6 fr.

Histoire de l'agriculture des Gaulois, depuis leur origine jusqu'à Jules-César, considérée dans ses rapports avec les lois, les cultes, les mœurs et les usages;
contenant, en outre : 1° L'histoire chronologique de leurs
grandes émigrations, de leurs conquêtes, de leurs colo-
nisations en Europe et en Asie, et de leurs exploits militaires; 2° des faits importans, la plupart inédits ou méconnus, et qui se rapportent à l'histoire générale des Grecs,
des Romains, et des grands peuples de l'Europe ou de
l'Asie mineure. Un vol. in-8°. Prix : 6 fr.

Histoire de l'agriculture ancienne des Grecs, depuis
Homère jusqu'à Théocrite; avec un appendice sur l'état
de l'agriculture dans la Grèce actuelle, suivi de quelques
réflexions et propositions politiques sur le sort de la Grèce
et de l'Europe, d'après le traité d'Andrinople du 14 septembre 1829. Un vol. in-8°. Prix : 6 fr.

PARIS. — IMPRIMERIE DE G. A. DENTU,
rue d'Erfurth, n° 1 bis

HISTOIRE

DE L'AGRICULTURE

ANCIENNE

DES ROMAINS,

CONSIDÉRÉE DANS SES RAPPORTS
AVEC CELLES DES GAULES, DE LA GRÈCE ET DE L'EUROPE.

PAR J. B. ROUGIER, B^{on} DE LA BERGERIE,

ANCIEN PRÉFET DE L'YONNE,

Membre de l'Institut de France, de la Légion-d'Honneur, des Géorgiphiles de Florence, de l'Institut de Bologne, des Académies de Dijon, Troyes, Lyon, Rouen, Bourg, Caen, Autun, de Châlons-sur-Marne, de Cambrai, Montauban; fondateur du Lycée de l'Yonne; ancien membre des Comités d'agriculture et de commerce de l'Assemblée législative, du Conseil d'agriculture et des arts du ministère de l'intérieur; auteur d'un *Cours complet d'agriculture pratique*, publié en 1819, 1820, 1821 et 1822.

A PARIS,

CHEZ G. A. DENTU, IMPRIMEUR-LIBRAIRE,

RUE D'ÉPERON, N° 1 *bis*;

ET PALAIS-ROYAL, GALERIE VITRÉE, N° 13.

M D CCC XXXIV.

INTRODUCTION

A L'HISTOIRE

DE L'AGRICULTURE

DES ROMAINS.

———

Les pensées et maximes de Cicéron et de Columelle sur les intérêts et les charmes de l'agriculture. — Motifs de Virgile dans la composition de ses *Géorgiques*, et ses doutes sur leur succès. — Quelques citations de géorgiques françaises et de leurs préceptes didactiques, par analogie avec ceux des *Géorgiques* latines. — Quelques mots sur Delille et sur la traduction des *Eglogues*, par M. Tissot. — Citations du texte des *Eglogues* de Virgile. — Revue rapide de ses *Géorgiques* et de leurs préceptes, utiles à l'histoire du peuple-roi. — Horace connaissait parfaitement l'agriculture des Latins, des Grecs et des peuples de l'Orient; des preuves multipliées en sont données dans ses œuvres, et les textes cités : quoique poete, il fait bien connaître les lois, les mœurs et les cultures de l'Italie et des Gaules.

———

On croit assez généralement, dans le monde lettré, bien connaître l'agriculture des Romains, par ce que les personnages les plus illustres et les plus grands génies de Rome en ont écrit ou parlé : il suffit de nommer Caton, Pline, César, Varron, Virgile, Horace, Cicéron, Varius, Sénèque, Columelle, Tacite, Ovide, Lucrèce, et d'autres encore dont les œuvres ont été traduites ou expliquées dans les cours scolaires. On présume, en conséquence, qu'il est resté suffisamment de traces effectives dans les ressouvenirs de l'âge fait : cette présomption pourrait être fondée, si, dans le cours général des études en France, l'agriculture avait été mise, par les chefs de l'enseignement et par l'opinion, au rang des choses qu'il importait de savoir et de transmettre ; mais on sait trop que, non seulement elle n'a pas été désignée dans les études, mais qu'elle en a été au contraire éliminée avec la même affectation que les hommes médiocres dans les lettres et le pouvoir ont proscrit, jusqu'à nos jours, l'enseignement public de la langue grecque, qu'ils ont fait considérer comme une institution dangereuse, dans la crainte qu'il ne s'élevât des hommes dignes de la Grèce antique, ou des *homo frugi* de l'ancienne Rome.

Cette première pensée, toujours présente à ma plume quand je considère le sort de l'agriculture en France, et quelles pourraient être ses influences sur le bonheur et les richesses de l'Etat, a déjà souvent été reproduite dans mes écrits; mais elle prend un caractère plus frappant, alors qu'il s'agit de l'agriculture des Romains, desquels nous tenons tant de choses dans l'art de cultiver, et auxquels nous devons encore la philosophie qu'inspire la vie des champs.

Je ne rappellerai pas ici les pensées de Caton, de Pline ou de Columelle, parce qu'il est tout simple qu'ayant jugé l'ensemble de l'agriculture comme un grand bienfait, comme une source vivifiante d'un sage esprit public et de bonnes mœurs, ils se soient attachés constamment à en faire valoir les principes et les influences; mais je veux faire sentir à tous nos doctes historiens, aux poëtes et aux lettrés qui rangent imperturbablement l'agriculture au nombre des choses indignes d'eux, que, dans une telle opinion, ils blâment ou ne partagent point le sentiment, le goût et le tact des grands hommes de l'antiquité, que j'ai déjà cités dans le livre de l'*Histoire de l'agriculture des Grecs*. Ce reproche est plus

positif encore, quand il s'agit des grands écrivains de Rome, qu'ils ont dû connaître pendant leurs études classiques.

Cicéron et Virgile tiennent le premier rang
parmi les grands écrivains; ils sont aussi ceux
qui sont devenus plus familiers dans les études, comme ils sont encore ceux qui ont le
plus hautement élevé et consacré l'agriculture. Je me bornerai à en citer les principaux
traits; je commence par Cicéron, justement
nommé *le prince de l'éloquence*.

Nul, parmi les Romains, n'a eu une plus
grande idée des influences de l'agriculture
que lui; il ne l'a pas seulement considérée
relativement au bien-être physique de l'empire, mais il y a attaché, comme à une vertu
essentielle et première, le bonheur de la patrie, la sagesse et la dignité de l'homme. Je
ne peux citer le texte de tout ce qu'il en a
dit; mais qu'on relise ses traités, ses lettres
à ses amis, ses plaidoyers et même ses loisirs poétiques, on verra qu'il possédait les
élémens de l'art de cultiver, et qu'il en avait
apprécié les bienfaits et les charmes.

J'ai fait un choix de ses pensées sur ce sujet; qu'il suffise d'affirmer que la traduction
que j'en donne ici a été faite les yeux sur le

texte : chacun, au surplus, pourra facilement en vérifier l'exactitude.

« Je goûte un bonheur inexprimable à vivre à la campagne : c'est la vie qui convient le plus à l'homme sage. »

———

« Les agriculteurs sont en relations continuelles avec la
terre, qui ne leur refuse jamais ses dons, et qui leur rend
toujours avec usure ce qu'elle a reçu d'eux. »

———

« Je ne prends pas seulement plaisir aux fruits que la
terre donne, mais je jouis encore de sa virtualité. Lorsqu'elle a été bien préparée par les labours, elle reçoit avec
avidité les germes dans son sein, elle les échauffe, les
nourrit, et bientôt les fait apparaître rayonnans de verdure. Chaque germe s'entoure de racines; il croît insensiblement; il élève un tuyau enveloppé de plusieurs plis, et
il montre enfin un épi admirablement composé, et garanti
par une forêt de dards contre les atteintes des oiseaux. »

———

« Que ne dirai-je point des vignes, de leur enfance, de
leur accroissement! Je passe sous silence tout ce que la
terre féconde, depuis la graine si tenue du figuier et le pé-
pin de raisin, jusqu'à ces germes imperceptibles desquels
il sort de gros troncs; peut-on voir sans admiration les bou-
tures, les sarmens, les provins et le réservoir si vif de leur
racines nouvelles? »

———

« La vigne, qui par sa nature est faible, s'élève d'elle-même à l'aide des vrilles dont elle se sert, comme si elle avait des mains; elle rampe ou s'étend; mais l'agriculteur réprime ses écarts, et l'empêche de jeter une trop grande ramification. »

————

« Au printemps, il sort un bourgeon de l'articulation du sarment, et bientôt on y distingue la grappe, qui tirant sa nourriture du suc de la terre, croît avec la chaleur du soleil; le goût d'abord en est acerbe, ensuite il s'adoucit; les pampres l'entretiennent dans une douce chaleur, et la défendent en outre des trop grandes ardeurs du soleil. »

————

« Je n'en admire pas seulement les fruits, mais je me délecte singulièrement à voir l'ordre et les rangs des tuteurs de la vigne, la manière de la fixer, de faire des provins et de les tailler. »

————

« Que n'aurais-je pas à dire des irrigations, des fossés de clôture et des engrais divers qui rendent la terre plus féconde, chose essentielle, de laquelle Hésiode pourtant n'a rien dit; mais Homère, qui, selon moi, a existé plusieurs années avant Hésiode, nous dit que le vieux Laërte engraissait ses terres de labour avec le fumier des étables. »

————

« Je ne me réjouis pas seulement en voyant des moissons; j'éprouve le même sentiment à la vue des prés, des vignes, des vergers et des jardins; j'admire également les troupeaux, les essaims d'abeilles, et l'immense variété des fleurs. »

« L'agriculture n'a rien inventé de plus ingénieux que la greffe. »

———

« J'ai passé une grande partie de ma vie à étudier l'agriculture. »

———

« M. Curius est un grand exemple des vertus qu'on trouve à la campagne : je dois nommer encore Quintus-Cincinnatus. »

———

« L'homme d'âge n'est jamais malheureux à la campagne; et je ne suis nulle part aussi heureux moi-même. »

———

« L'agriculture est précieuse à l'humanité; elle donne l'abondance; elle fournit au culte des dieux. »

———

« Un domaine bien cultivé doit donner du vin, de l'huile, du blé; il abonde en porcs, en agneaux, en chevreaux, en volailles, en lait, miel, fromage, etc. »

———

« Que dirai-je de la verdure des prairies, de l'ordre des arbres plantés et alignés, des oliviers? etc. Tout enfin invite à jouir de tels bienfaits : dans l'hiver on y trouve les plus doux abris, et, dans l'été, une fraîcheur délicieuse. Quel que soit son âge enfin, on peut jouir des champs jusqu'à l'extrême vieillesse. »

———

« De toutes les choses qui donnent des idées nouvelles, l'agriculture est au premier rang. Rien n'est plus fécond, plus enchanteur, et en même temps plus digne de l'homme libre (1). »

———

« Pourriez-vous faire un reproche à Roscius, parce que les messagers du sénat l'ont trouvé semant son champ? Nos ancêtres les plus vertueux, libres des affaires publiques, allaient cultiver leurs champs. C'est là que les crimes sont plus rares ; tandis que dans la ville on s'adonne au luxe qui crée l'avarice ; l'avarice, à son tour, engendre l'audace, et c'est de là aussi que sortent les vices et les crimes. »

———

« La vie qu'on passe aux champs, ce que dans les villes on nomme une vie rustique, inspire l'économie, l'amour du travail et les idées de justice. »

———

« La campagne, cher Quintus, est un sanctuaire de philosophie qui fait honte aux folies de la ville. »

Tels étaient les pensers du prince des orateurs de Rome, qui, par ses hautes qualités, par son profond savoir et par son éminente philosophie, surpasse encore tous ceux qui, dans d'autres États, ont suivi la même carrière que lui.

Columelle, agronome et philosophe, a par-

———

(1) MM. de l'Académie française, vous en croirez peut-être Cicéron.

(9)

tagé l'opinion et le sentiment de Cicéron. Comme il est moins connu, j'en cite le texte ; il dit :

« Tout homme qui voudra acquérir des connaissances et des perfections dans l'agriculture, doit s'attacher à bien connaître les causes des choses ; il ne doit point ignorer les mouvemens du ciel ; il doit s'exercer à connaître ce qui convient le mieux à chaque localité, et ce qu'elle réprouve. Il observe le lever et le coucher des astres, pour n'être pas surpris ou frustré dans ses travaux par les pluies et par les vents ; il tient sans cesse des notes sur le caractère et sur les mœurs du ciel et de l'année (1) qui se passe. »

Ceux qui s'occupent de littérature et de sciences, devraient être convaincus pourtant qu'on peut tout embellir et agrandir avec l'éloquence du cœur et avec la science vraie

---

(1) *Qui se in hâc scientiâ perfectum volet profiteri, sit oportet rerum sagacissimus, declinationem mundi non ignarus ; ut exploratum habeat quid unicuique plagæ conveniat, quid repugnet ; siderum ortus et recessus, memoriâ repetat, ne imbribus ventisque imminentibus opera incohet, laboremque frustratur, cœli et anni præsentis mores intuetur.* (Colum.)

des choses. Ne devraient-ils pas être déjà persuadés que c'est la nature seule qui inspire les grandes idées et les féconde, et qu'elle seule encore a le pouvoir de créer les talens et les vertus? Le philosophe lui-même doit le dire et le proclamer, surtout s'il vit dans une patrie agricole : pour tous, enfin, c'est un devoir sacré.

Virgile, dans cette question, est une grande autorité pour démontrer à nos littérateurs et à nos académies qu'on peut à la fois posséder ce qui compose la science physique, les principes et les détails de l'agriculture ou de l'économie rurale, et être encore un grand poëte. Ses *Eglogues*, ses *Géorgiques* et son *Enéide* même ne constituent pas seulement le chantre de Mantoue comme poëte ; elles attestent encore sa science dans l'histoire. Il est le seul, après Homère, qui ait su réunir dans ses œuvres poétiques les élémens de l'histoire. Qu'on les relise avec le dessein d'en déduire ce qui est de ce domaine, et on sera étonné d'en savoir plus, sous ce rapport, que par les livres d'histoire proprement dits. Si les *Eglogues* et l'*Enéide* offrent cette preuve, elle éclate surtout dans les *Géorgiques*, qui sont elles-mêmes encore le meilleur livre de l'histoire de l'agriculture des Romains.

Deux grandes choses sont à considérer dans ses *Eglogues* et ses *Géorgiques :* dans les premières, on y trouve des traits et des allusions admirables; les secondes font connaître au vrai l'histoire des Romains, et, ce qui n'est pas moins précieux, celle de l'agriculture, et les nobles motifs qui l'ont porté à entreprendre ce poëme.

Rome et l'Italie, à la voix de Caton et de Cincinnatus, avaient déjà sans doute consacré les trésors de l'agriculture ; mais l'ambition, le luxe et l'avarice avaient fait successivement de Rome un vaste foyer de passions, de vices et de crimes : ses théâtres, ses jeux et sa politique avaient rendu les Romains plus qu'indifférens pour l'agriculture ; les guerres civiles et celles de partis entretenaient un cours de vexations et de brigandages tels, qu'il n'y avait plus nulle part de stabilité pour les propriétés et les pénates. Virgile lui-même avait vu des vétérans s'emparer des propriétés de Mantoue, où résidait son père :

« *Et qualem infelix amisit Mantua campum.* »

Pendant son séjour à Rome, il avait pu voir que la tranquillité publique dépendait souvent de l'abondance des moissons, et que les alarmes sur les vivres y avaient fait souvent arborer l'étendard de la révolte.

Tout à ces grandes et justes pensées, Virgile crut bien mériter de l'empire et de César, en révélant aux Romains, autrement que les Catons, tous les biens que l'agriculture comporte ; il se flattait que le territoire immédiat de Rome deviendrait une terre classique dans l'art de cultiver, non seulement pour l'Italie, mais encore pour tous les pays conquis et pour les colonies ; il se flattait, en outre, qu'en faisant accompagner les préceptes du charme de la poésie, il parviendrait à faire rendre à l'agriculture la juste considération qu'elle mérite. Y a-t-il eu jamais, depuis Homère, une plus grande et plus généreuse pensée ?

Mais il convient de faire observer, toutefois, que Virgile aussi n'était pas sans inquiétude sur les dispositions des beaux-esprits de Rome, et sur l'opinion qui y dominait. On juge de son hésitation et de ses doutes pour un succès, au style même qu'il emploie pour faire agréer son poëme et ses préceptes. Quoique fort déjà de l'assentiment et des suffrages d'Auguste, de Mécène, d'Horace, de Cicéron, il se réfugie en quelque sorte sous les ailes du vieil Hésiode, il invoque les dieux et César, il fait un noble appel aux Romains, et il leur dit : « Si vous aimez les dieux et la patrie, livrez-vous à l'agriculture. »

« *Si te digna manet divini gloria ruris.* »

Il est timide et circonspect dans l'explication de ses préceptes : « Ne rougissez pas de fertiliser vos champs par un gras fumier, et d'y répandre des cendres. »

« *Ne saturare fimo pingui pudeat sola, neve*
Effœtos cinerem immundum jactare per agros. »

Dans l'ordre et le sens de son poëme, il lui est imposé de donner des préceptes sur les bêtes à laine et à cornes, sur les cavales; il dit, avec une admirable modestie : « Je veux essayer de me frayer aussi un chemin à la postérité. »

« *Tentanda via est quâ me quoque possim...*
Victorque virûm volitare per ora. »

Il ose à peine parler des abeilles : « Le sujet est petit, mais la gloire n'en sera que plus grande. »

« . . . *In tenui labor, at tenuis non gloria.* »

Virgile, sans aucun doute, avait fait des communications à Auguste, son protecteur; il dit : « César, sois favorable à mon entreprise hardie, et daigne jeter un regard de bonté sur le sort misérable des cultivateurs. »

« . . . *Audacibus annue cœptis,*
Ignarusque viæ mecum miseratus agrestes
Ingredere... »

Ce début si modeste, ou plutôt ce simple frontispice de l'immortel édifice élevé par Virgile à la gloire de Rome et de l'agriculture par ses *Géorgiques*, serait encore celui qu'un Virgile de nos pays bocagers devrait imiter à Paris; mais il n'y trouvera malheureusement ni un Mécène, ni un Cicéron, ni un Horace. Si jamais il en survient un, je l'avertis de ne fréquenter, ni la cour ni l'Académie, où on méprise hautement

le sujet même qu'a chanté Virgile, et où on
interdit officiellement par un programme,
toute poésie sur les choses même du domaine
physique de la nature, et, ce qui est plus
dangereux encore, on y livre au ridicule
ceux qui s'en occupent.

Je n'ai pas de comparaison ni de rappro-
chement à faire entre Virgile et moi, à cause
de mes faibles *Géorgiques*; mais, sans offenser le voile le plus délicat dont puisse se couvrir la modestie, je peux du moins faire observer que des motifs infiniment plus réels
et puissans que ceux de Virgile, doivent porter quelque grand poëte à composer des géorgiques pour la France. Jamais l'opinion, à
Rome, n'a été aussi défavorable et aussi en-
nemie de l'agriculture qu'elle l'est devenue à
Paris, où tous les littérateurs, et sans exception, la tiennent à l'index de la réprobation
littéraire. Je m'abstiens, et pour cause, de
faire un parallèle entre Paris et Rome ; il
n'est pas encore temps de dire la vérité.

Quant à la poésie, il n'y a plus qu'un genre
en crédit à Paris, celui de l'art dramatique ;
et il n'y a de goût partout que pour les romans. L'histoire elle-même n'est plus qu'un
assaut d'esprit, un système de partis, et trop

souvent une spéculation. Virgile a triomphé des Romains ; mais un poëte français, fût-il aussi fort que Virgile et Horace, ne pourrait pas même faire donner un autre cours à l'opinion. Quel Etat, dans le monde, est cependant plus positivement agricole et plus favorisé par ses climats que la France? C'est là une vérité incontestable pour tous les hommes de sens, et dont le gouvernement et les lettrés n'ont encore senti ni le prix ni les conséquences.

Il n'en est pas de la poésie géorgique comme de tous les autres genres, pour lesquels il suffit d'avoir du génie, ou du moins quelques étincelles qui puissent y suppléer; elle exige absolument quelque science, c'est-à-dire un cours suivi d'observations sur les choses physiques et agronomiques.

Nous avons beaucoup de poëmes dits *épiques*, mais qui sont sans vie, sans images, sans science ni intérêt. Peut-on nommer ainsi ceux qui ont été faits sur Alexandre, sur Clovis, sur Charlemagne? Deux choses essentielles ont manqué, même au grand Voltaire : 1° la mythologie, qui était en foi publique chez les Grecs et les Romains; 2° les études du domaine physique rural, qui ont fait jeter tant de charmes dans les œuvres d'Homère, de Virgile et d'Horace, et que notre Académie élimine de la haute poésie.

Nous sommes parvenus à faire des vers brillans de facture et d'effet, et dont les mots, parfaitement assortis et enchâssés, comme ceux de Delille, sont sans consistance pour les choses et les réalités ; mais on n'y trouve point cette simplicité de l'antique, dont les idées comme les expressions se gravent dans l'esprit et dans la mémoire.

Pour être un bon et vrai poëte géorgique, il faut presque être né aux champs, en avoir suivi et même exercé les travaux ; il faut y revenir sans cesse, y mettre en observations les diverses saisons, les intempéries, le cours des moissons, les ébats des animaux sauvages et domestiques.

Dans les champs, le domaine entier de la nature, les hommes, les troupeaux, les arbres, les plantes, les moindres insectes grandissent les idées et façonnent l'intelligence, que le génie ensuite met en œuvre. Dans les villes, au contraire, le poëte n'a en observations que les vices et les travers de la population, ou plutôt de la société : cela peut suffire à un poëte dramatique ; mais le plus heureux génie ne peut y enfanter ni un poëme épique, ni des géorgiques, ni des églogues.

On a, parmi nous, une telle idée d'un poëme géorgique, qu'on s'imagine qu'il s'agit seulement de mettre en vers les détails de l'agronomie, et d'y faire des épisodes d'amours, ou des ballades de bergers, à la manière de Fontenelle; mais Virgile, dans ses *Géorgiques* et même dans ses *Eglogues*, s'est élevé aux plus hautes conceptions du génie humain. Le poëte donc qui voudra l'imiter, doit se rendre compte des grands mouvemens du ciel, sous lesquels se forment les saisons; il doit mettre en observations tous les mois de l'année, les vicissitudes de l'atmosphère et les intempéries, afin de se composer un ordre raisonné dans ses travaux; il doit aussi connaître les causes des sources, des rosées, et les influences des divers météores.

Tant que durera notre système d'éducation publique, on ne peut espérer de voir un poëte épique ou géorgique. A peine le fils d'un propriétaire riche ou aisé a-t-il atteint sa dixième année, qu'il est enlevé à la maison paternelle pour être jeté dans un collége de ville, ou dans une pension de la ca-

pitale : c'est là qu'il passe les plus belles années de sa vie, et les plus heureuses pour
acquérir, par les observations, les idées les
plus durables, les plus favorables au génie
de l'âge fait ; il y vit absolument étranger aux
sentimens qu'inspire le grand théâtre de la
nature, et ne s'exerce que sur la déplorable
scolastique des Vaugelas et Desfontaines,
qui font ses tourmens. Si son esprit y prend
quelqu'essor, c'est pour la poésie légère, ou
pour l'art dramatique, auquel le gouvernement lui-même décerne publiquement des
applaudissemens, des couronnes ou des sinécures. Combien, sous ce rapport, les
mœurs sont changées en France ! Sous
Louis XV encore, les enfans des nobles
vivaient habituellement dans les terres de
leurs pères ; aujourd'hui, les fils des moindres bourgeois et ceux des fermiers quit-
tent, à quinze ou seize ans, leurs familles
pour venir faire fortune à Paris.

Quelques poëtes, cependant, dans le dix-
huitième siècle, se sont aventurés dans la
carrière géorgique : faisons observer qu'ils y
furent *encouragés* par le roi et par les grands ;
mais, étrangers tout à fait au théâtre des
champs, ils n'ont eu aucun succès de Par-

nasse. Le poëme de Rosset sur l'agriculture, et celui des *Mois* de Roucher, sont morts presqu'en naissant. Saint-Lambert, dans ses *Saisons*, n'a fait qu'imiter Thomson, qui était lui-même un poëte stérile; il a monté sa lyre sur un ton si élevé et si prétentieux, qu'il n'a plus été entendu de personne; il a plutôt, au contraire, méconnu et insulté l'agriculteur français, qu'il n'a cherché à l'instruire : quand il daigne parler des travaux des champs, on dirait que sa muse marche sur des épines ; mais il n'en jouit pas moins d'une brillante réputation comme poëte. L'art vient de couvrir ses œuvres d'or, de couleurs, de vignettes gracieuses ; mais pour l'homme de goût qui connaît bien la nature et la vraie poésie, et pour le sage, ces enjolivemens ne sont qu'une spéculation et même une preuve de stérilité.

Plus étranger encore aux travaux des champs que Rosset, Roucher et Saint-Lambert, l'abbé Delille a osé traduire les *Géorgiques* de Virgile ; ses premiers essais ont ravi d'admiration les aristarques et les hauts lettrés. Sa traduction achevée a fait une sorte de révolution en France et même en Europe ; mais ceux qui ont bien compris

Virgile et le genre géorgique, n'y ont vu qu'une brillante paraphrase. Gâté par les flots d'encens, Delille a osé faire ses *Jardins* et son *Homme des champs,* dans lesquels on ne trouve que son imagination et le prestige de son coloris : à bon droit, aujourd'hui, ce chantre universel peut être regardé comme le père des romantiques ; il est à la poésie ce que Boucher est à la peinture ; et dans l'Académie, ses éloges déjà se réduisent à ceux du frère de son libraire éditeur.

Le malheur a voulu que tous nos jeunes poëtes, énivrés de la poésie phosphorique du chantre des *Jardins,* au lieu de chercher à imiter Racine ou Voltaire, se soient au contraire attachés à renchérir sur le style de l'abbé Delille. Les aristarques, à force de voir passer tant d'œuvres de poésie dans le genre de celle de Delille, en sont venus à créer le beau idéal, dont l'Académie française elle-même fait aujourd'hui son feu sacré.

Tout à ces pensées sur le sort de la poésie géorgique, après m'être mis toutefois hors de Cour et de procès, j'ai osé entreprendre, dans mon *Traité de poésie géorgique,* de combattre les aristarques sur leurs erreurs à l'égard de Delille, et sur leur engouement pour le beau idéal. Ne me bornant pas au simple raisonnement, plus hardi ou téméraire, j'ai osé encore produire un essai sur un poëme géorgique ; comme les inventeurs de l'industrie manufacturière, j'en ai soumis des échantillons à des maîtres compétens. Qu'il suffise de nommer Fontanes, Parny, Volney, Toulongeon, dont les lettres sont produites dans ma dernière édition : je pourrais en produire une raisonnée de Lémontey, qui a été témoin de mes travaux agricoles.

Je n'ai point eu pour Mécène, comme Delille, ni un roi lettré ni le roi des lettres ; mais je n'hésite point à dire que le plan, l'ordre et la composition de mon poëme didactique sont formellement ceux qui conviennent exclusivement à des géorgiques françaises : c'était déjà un grand pas de fait dans la carrière, puisqu'il n'existe pas dans notre langue un seul poëme de ce genre. Je ne crains point, du moins, qu'aucun agronome digne de ce nom, me conteste les principes ou les bases de mes *préceptes didactiques*.

Je ne rappelle ici mes humbles *Géorgiques*, que pour établir qu'un vrai poëme de ce genre est lui-même un livre d'histoire. Je l'ai déjà prouvé par les matériaux que j'ai trouvés dans les poëmes d'Homère pour mon *Histoire de l'agriculture des Grecs;* je veux le prouver encore en traitant de l'histoire des Romains, et le démontrer par les *Géorgiques* mêmes de Virgile, dont je me fais une autorité pour écrire l'histoire du peuple-roi.

Persuadé de l'influence d'un tel poëme sur les réalités de l'histoire de l'agriculture de la France, que j'ai entreprise, je me suis déterminé, à toutes fins, à offrir ici un ensemble de citations de mes *Géorgiques françaises,* desquelles le lecteur bienveillant pourra lui-même tirer les inductions des principes que j'établis et que je lui soumets : qu'il ne les considère, au surplus, que comme des idées champêtres ou rustiques qui comportent du moins de l'expérience et des réalités.

Cicéron, Virgile, Horace n'ont point pris pour modèle le vieil Ennius ; mais ils ont fait beaucoup de cas de sa science d'observation : et je m'estimerais heureux moi-même, ou récompensé de mes peines, d'avoir inspiré de tels sentimens à un Virgile français.

Chaque citation du poëme se lie et se réfère, pour les choses les plus essentielles, à l'histoire même de notre agriculture, à son état actuel, et aux progrès du premier des arts.

En les parcourant, le lecteur pourra se convaincre que, dans ces *Géorgiques,* quelles qu'elles soient, se trouve, au simple trait, l'histoire même de l'agriculture de la France ; qu'il se rappelle surtout que, par un vain et faux esprit public, on a jusqu'à présent éliminé des œuvres littéraires et de l'histoire tout ce qui constitue les intérêts nationaux, c'est-à-dire toute l'agriculture.

Dans les citations que je vais faire sur chaque chant, j'ai du moins la satisfaction de pouvoir affirmer comme vrais et conformes aux principes de l'agriculture-pratique, les préceptes didactiques que les vers expriment, et qu'ils se rattachent aux progrès des lumières que la physique et la physiologie enseignent. Ce simple essai peut même suffire, un jour, au génie d'un grand poëte qui n'aurait pas commencé comme Virgile.

GÉORGIQUES FRANÇAISES.

CHANT Ier.

Après l'invocation passée en usage, le

poëte déclare, à son début, qu'il veut faire connaître d'utiles vérités,

« Et faire aimer les champs aux peuples des cités, »

Il dit :

« Ils ne sont plus ces temps, où le premier des arts
Avait son interprète au trône des Césars.
La politique seule en passions féconde
Fixe aujourd'hui les rois et tourmente le monde.
   Je veux, agriculteur, embellir ton destin,
De l'art de cultiver t'apprendre les merveilles,
Et t'offrir en tribut mes travaux et mes veilles. »

Au risque d'encourir le ridicule, il a osé nommer la vache.

« . . . . C'est la vache féconde
Qui d'un cruel fléau sauve aujourd'hui le monde. »

Fidèle au principe sur les inspirations qui nous viennent du domaine physique de la nature, le poëte dit :

« Du peuple agriculteur la nature est le livre.
Heureux qui sait y lire et se plaît à le suivre ! »

Les agriculteurs sont avertis du danger des

froidures printanières. Quoi qu'en aient dit
les savans, le poëte invite à observer les
divers *pronostics*; il dit :

« Ici, c'est une nymphe appelée à jouir,
Qu'échauffe le soleil , que flatte le zéphir,
Qui sentant les attraits d'une nouvelle vie,
A son triste sommeil par l'amour est ravie. »

Pour annoncer le printemps, il cite l'hi-
rondelle

« Et le muguet des bois et la tendre fougère. »

Un agriculteur ne borne point ses études
et ses grands travaux aux seules céréales; il
porte son industrie aux jardins : il y doit observer

« S'il est temps, en raison du sol et du climat,
De faire en son jardin un semis délicat...
Si du zéphyr enfin les humides haleines
Ont du sein de la terre assez gonflé les veines. »

Les poissons d'eau douce offrent aussi des
pronostics dont les réalités sont bien étran-
gères aux poëtes de la capitale ; il juge de
leurs amours

« Quand l'amant embrasé, sans craindre son rival,
Presse la même épouse au sillon conjugal ;
De plaisir et d'ardeur l'écaille frémissante
S'ouvre et se ferme aux flots de l'onde caressante :
Vénus est dans les eaux, et les eaux sont en feu. »

P. S. Ces vers ont été lus à un aristarque du *Mercure*, qui croyait que les carpes s'accouplaient comme les lapins : c'est là un échantillon de la science de nos docteurs ès-lettres en première ligne. L'intérêt public exigerait peut-être qu'on le nommât; mais le ton de nos mœurs s'y oppose : c'est ainsi que l'ignorance et les préjugés nous éloignent des sentiers de la science utile et vraie.

CHANT II.

« Aux beaux jours du printemps tout retrempe à la vie,
Au travail, à l'étude, à la philosophie... »

Les abeilles ont pris leur essor :

« Du peuple et de la reine il contemple les mœurs,
Et de ces faibles corps les magnanimes cœurs...
Autour de Rome encor, la mémoire attristée
Redemande aux échos le berger Aristée...
    Mais pour nous, dans la nuit, quand le magistrat veille,
N'est-ce pas au flambeau que lui fournit l'abeille ? »

Tout enfin, dans l'abeille,

« Te dit ce que tu dois au prince, à la patrie. »

Le poëte prête à l'abeille un discernement que l'observation justifie :

« En vain sur quelques fleurs un faux butin repose,
L'abeille s'en écarte, elle accourt à la rose. »

A l'occasion de l'abeille, le poëte rappelle Virgile,

« Qui vivait d'Hésiode et du chantre d'Achille. »

Il rend hommage à Corneille, à Racine ; il dit de ce dernier, qu'un mot de Louis XIV avait attéré au point de le faire renoncer à la carrière poétique et dramatique :

« Il devait, de l'abeille imitant les travaux,
Fuir ce champ vénéneux, chercher des champs nouveaux
Où par la liberté sa muse mieux nourrie,
De maint chef-d'œuvre encore eût doté sa patrie. »

Suivent des préceptes sur les soins à prendre de ces filles du ciel.

Le poëte célèbre les trésors reçus du Nou-

veau-Monde ; il honore ceux qui en ont fait
jouir la France ; il cite les temps où

« Les paisibles Incas cultivaient le maïs ; »

Il trace des préceptes pour la culture de
cette belle plante, et dit :

« Son port majestueux, et sa tige, et ses feuilles,
Et le soin que tu prends, et les fruits que tu cueilles,
Cet épi si fécond, couleur d'or ou vermeil ,
Ne te disent-ils pas qu'il est fils du soleil. »

Pouvait-il oublier la pomme de terre, dont
le nom seul excite le courroux ou la pitié
d'un romantique précieux ? Il dit de Walter,
qui l'apporta le premier en Europe :

« . . . . C'est le ciel qui te servit de guide
Quand tu portas aux fils de l'ancienne Atlantide
Cette manne terrestre... »

Suivent des préceptes didactiques pour la
cultiver et la régénérer.

Partout, en France, on détruit les eaux
et les forêts ; le poëte dit aux ministres de la
restauration :

« Vous détruisez partout la verte chevelure
Qui seule peut donner la vie à la nature ;
Le chêne, dont la cime aux régions d'azur
Attirait sur la terre un air fécond et pur.
. . . . Et ce système impie
Est accueilli, vanté, même à l'Académie ! »

Le chant est terminé par une apostrophe aux destructeurs des bois, qui ridiculisent encore ceux qui en réclament la conservation. Le poëte leur dit :

« Français, vous méprisez vos aïeux les Gaulois,
Mais leurs savans du moins ont respecté les bois. »

CHANT III.

Le poëte célèbre le retour de la paix ; il voit nos guerriers, ces nobles fils de Mars,

« Honorer leurs loisirs par le premier des arts.
Et, dans chaque famille, une auguste charrue
Du fils de Cérès même allait flatter la vue. »

Le poëte se plaint du dédain des poëtes pour des géorgiques, et de ce qu'il n'y a plus de Mécène :

« Ce titre, qui fut noble à Rome, et sous des rois,
Prend à Paris celui de Mécène bourgeois. »

Le mépris pour l'agriculture est l'œuvre des *savans* : il leur reproche vivement, et à l'Académie des sciences elle-même, d'avoir méconnu Olivier de Serre, le plus grand agronome des siècles antérieurs à notre âge; de l'avoir abandonné, même en 1709, à l'index des jésuites :

« Et lorsqu'ils disputaient, les Francs mouraient de faim. »

A la restauration, la grande armée allait s'éparpiller dans les communes. Le poëte emprunte les allocutions de Virgile aux vétérans romains; il veut consoler les guerriers qu'on punit de leur gloire,

« Qui pourtant fut acquise au prix de la victoire. »

Virgile disait aux vétérans, que la paix importunait :

« Ce n'est qu'aux champs qu'on goûte une tranquille paix.
Qui cultive la terre, affermit la patrie;
A la postérité ce noble état se lie. »

Horace est, parmi les poëtes romains, un de ceux qui a fait le plus de cas de la vie des champs; il disait :

« Heureux le laboureur qui loin du bruit des villes
Ne trace avec ses bœufs que des sillons fertiles. »

Le même disait à Quintus :

« Fuis Rome et ses flatteurs ; ici tu seras libre. »

Il disait à Mécène :

« Oui, le plus grand de Rome en est le moins heureux...
C'est sous un humble toit qu'habite la vertu,
Et que l'homme de bien peut dire, j'ai vécu. »

L'amour de la patrie et de la liberté a fait changer les marais de la Hollande en prés, en vergers ; le commerce et l'industrie en ont fait un pays riche, heureux et peuplé.

« L'agriculture est riche où le commerce est libre ;
Le crédit et la force y sont en équilibre. »

Les irrigations furent toujours un des premiers soins et le charme des bons agriculteurs. Le poëte dit : « Si la pente est rapide,

« En deux bras sinueux fais-en diviser l'eau,
Gardant sur chaque espace un semblable niveau. »

Le plus ancien des canaux, celui de Briare, offre un grand exemple et un modèle pour les irrigations, puisque d'un vallon profond, où le poëte a long-temps demeuré, un simple paysan a porté, *sans ouvrages d'art*, les eaux de ce vallon au sommet d'un mont.

« Là, dans les flancs d'un mont, les eaux sept fois recluses,
Sept fois s'y font ouvrir les portes des écluses. »

Le poëte fait observer que les eaux de sources disparaissent sur tous les points de la France :

« Plus le temps nous ravit ce précieux trésor,
Plus l'homme viager veut l'amoindrir encor ;
L'eau disparaît du globe...
La France en est réduite à ses grandes artères ;
Tout périt sans les eaux...
Les eaux font les forêts, les forêts font les eaux.
Sans eaux et sans verdure, il n'est plus de troupeaux.
Ainsi donc, un Etat qui détruit les forêts,
A la stérilité condamne les guérets. »

Le poëte décrit une sécheresse, fléau devenu commun en France :

« Le sol partout s'entr'ouvre...
Le bœuf à la charrue humant un air brûlant,

S'arrête tout à coup, hagard et haletant.
La nuit est sans fraîcheur et l'aurore sans larmes...
Au siècle de Buffon la neige avait son mois,
La nature par elle accomplissait ses lois.
Mais hélas! aujourd'hui, la neige est pour la France
Un rare météore... »

CHANT IV.

C'est toujours pour nous un soin nécessaire de dompter les taureaux ; le didactique en est impérieusement commandé :

« Conduis-les sous le joug dans un terrain sauvage,
Où le soc, entrepris dans des sillons profonds,
Puisse dompter leur fougue, humilier leurs fronts. »

Quelquefois le loup attaque les bestiaux ; mais à l'instant ils se mettent en défense, et ils en deviennent furieux : les pâtres doivent les séparer et les distraire :

« A l'envi, par vos chants, excitez les fauvettes,
Et charmez le bocage au son de vos musettes. »

Dans la même saison, il faut dompter les jeunes coursiers, et faire choix d'un pâturage propice :

« Évite un pâturage humide ou trop fertile :
Avec trop d'embonpoint la cavale est stérile. »

Le temps des amours suit de près les herbes nouvelles, mais alors les transports d'un
haras libre sont dangereux ; on se combat :

« De leurs propres enfans les mères sont jalouses,
Et le père en sultan règne sur ses épouses... »

Le poëte décrit et rappelle les vices et les
préjugés sur les haras ; il oppose la vie et le
caractère d'un étalon libre, à celui d'un étalon domestique. Près d'un étalon libre, la
cavale plutôt ressent des désirs :

« L'hippomane apparaît au souffle des zéphyrs. »

La cavale domestique, livrée à un étalon
domestique, est horriblement maltraitée pour
le saut : le poëte a dû s'en expliquer ; mais il
était scabreux de le faire dans notre langue.

« Un long câble l'enlace, à la tête, au poitrail,
Et la prenant aux pieds, la tient fixe au travail (1).

____

(1) On nomme *travail* un carré long formé de madriers.

Presque toujours aussi l'hippomane irritée,
Trompant leur fol espoir s'enfuit épouvantée. »

Le poëte, par suite, attaque vivement les motifs donnés par les hippiatres du gouvernement pour les courses annuelles des chevaux.

Il fait la description d'un haras sauvage au centre de la France, où l'on admire des jeunes coursiers

« La robuste vigueur et les jarrets nerveux. »

Les défrichemens ont perdu la France ; la cognée va expédier le reste des bois ; on ne verra plus que des roseaux.

« Les Midas vanteront tous ces nouveaux prodiges. »

Le poëte rappelle l'origine des prairies artificielles ; il dit à son agriculteur : « Porte la fertilité

« Sur le sommet des monts que le temps a limés,
Que l'homme imprévoyant a trop souvent semés. »

Dans le nord, l'ortie est à la fois une plante fourragère et textile.

« L'ortie à la pudeur sert à voiler le sein ,
Et de ses tiges même, au cylindre froissées,
On compose un tissu pour tracer ses pensées. »

Le poëte a dû parler du cytise tant célébré,
et déclarer, sous les rapports de l'histoire,
qu'on ne connaît pas le cytise des anciens ;

« Et, comme des Romains, sa gloire est effacée. »

La ceinture de l'industrie, épisode. Jupiter, enfin,

« Enchaîne au fond des mers le trident de Neptune. »

CHANT V.

La domesticité altère et perd le cheval de
la nature.

« La nature en contrainte abandonne ses formes,
Et laisse ainsi créer des étalons difformes. »

La théorie parisienne n'est pas plus sage
pour les bêtes à cornes que pour les chevaux ; elle ignore absolument le caractère et
les allures du taureau.

« Fier de guider aux champs les pas de son troupeau :
Le grand Agamemnon marchait moins fier peut-être,
Quand les Grecs assemblés l'ont reconnu pour maître. »

Il a fallu quelque courage pour parler de l'âne à des lettrés parisiens :

« Mais c'est à lui qu'en Grèce on dut ces nobles mules,
Vainqueurs dans Olympie, aux chars des plus grands rois. »

L'âne est un modèle de douceur et des plus rares qualités.

« Jouet de tout le monde, et martyr des enfans,
Il obéit toujours, et son maître barbare,
Par un sceptre noueux l'avertit s'il s'égare. »

La procréation des mules et mulets a valu des millions à une contrée de l'ouest de la France ; et c'est au point qu'en Espagne, on préférait les mules de cette contrée aux chevaux andalous.

« Et dans Rome la sainte, une mule de choix
A l'honneur de porter l'étendard de la croix. »

Autrefois, la tonte des brebis était, en France, un jour de fête ; les mères ou leurs

filles, même dans la noblesse, y choisis-
saient les lots,

« Et celui du pasteur et celui des bergères. »

M. d'Aubenton, qui n'avait que de la théorie, a voulu commander de faire paître, l'été
comme l'hiver, le jour et la nuit, les bêtes à
laine dans les champs ; mais l'expérience

« A fait évanouir sa fausse théorie. »

Suivent des préceptes didactiques relatifs.
Virgile a mis au premier rang les soins à
donner aux chiens.

« Le chien, du philosophe étonne la raison.
C'est un autre Protée...
Chaque jour de sa chaîne il étend les anneaux,
Qui du type à leur tour font des êtres nouveaux. »

La chèvre doit toujours occuper une place
dans des géorgiques :

« . . . . Elle cherche, elle appelle
Le malheureux enfant que nourrit sa mamelle. »

Mais elle porte à l'anathême, quand on
considère ses dégâts.

« Une chèvre, en un jour, dévore un grand semis. »

On ne pouvait oublier les prétendues chèvres de Cachemire, dont le rappel accuse le
gouvernement d'impéritie.

« Laissons donc cette chèvre aux déserts de l'Ukraine,
Et de nos mérinos à Tyr vendons la laine. »

Les basses-cours sont trop précieuses, en
économie, pour les oublier; les plus grands
Romains s'en occupaient.

« Le coq, chef intrépide et fier de son armure,
Semble en ces lieux veiller au nom de la nature. »

Le poëte a cru devoir rappeler la tendresse
et le courage d'une poule pour ses poussins.

« Bientôt tu la verras de tendresse énivrée,
Arriver dans ta cour, de ses fils entourée...
Des colombes, plus loin, l'amour sentimental
Peint un modèle pur du lien conjugal. »

On ne pouvait oublier le sort du chapon,

« Étranger à l'amour, au bonheur d'être époux. »

Le canard, par caractère, est indocile et fier ; il n'aime que les eaux.

L'oiseau du Capitole y veut jouer le premier rôle :

« A le voir nonchalant, bercer sa majesté,
Il semble des Romains tenir sa dignité. »

Le coq d'Inde, éminemment sot et orgueilleux,

« Se croit exprès créé pour charmer tous les yeux. »

La faculté qu'il a de changer son allure en fait un oiseau fort singulier.

« Par un soudain ressort, du cou les longs anneaux
Disparaissent ; la pourpre éclate dans sa crète,
Et la plume en coussin s'arrondit sous sa tête. »

Le poëte fait la description d'un combat, qui est habituel dans les basses-cours, entre les dindes et les coqs.

« Céder, n'est pas d'un dinde...
Mais enfin il succombe ; on le voit se débattre... »

Quelques mots sur le paon, la pintade, le faisan.

Le poëte venge le cygne contre les poëtes et même contre les naturalistes *modèrnes,* qui lui refusent la faculté de rendre des sons harmonieux.

CHANT VI.

La carrière de l'agriculteur est noble et bienfaisante :

« Il répare les maux du fisc et de la guerre...
Près de lui tous les jours il fixe le bonheur...
Et lui seul est fidèle à la philosophie. »

Demeure-t-il près d'un marais, il y plante des arbres.

« Dont les sommets divers élancés vers l'azur,
Ne chargeront les vents que de l'air le plus pur. »

L'emploi de la marne fertilise les terrains argileux,

« Aux entrailles des monts enfonce des tarières... »

Les arbres et la verdure corrigent les excès de température :

« Là, des grands végétaux les vertes chevelures

Fournissent aux ruisseaux des eaux encor plus pures.
Ainsi l'agriculteur est digne fils des dieux. »

L'agriculture de la France s'est enrichie d'un grand nombre de végétaux étrangers,

« Que l'art métamorphose en couleurs, en tissus. »

Le mûrier est une heureuse conquête. Episode sur l'invention des tissus de soie : le ver qui la produit

« S'enferme pour dormir dans un berceau de soie. »

Par exception à tous les autres arbres,

« Au printemps, le mûrier souffre que tu recueilles
Sur ses tendres rameaux le trésor de ses feuilles. »

L'art de faire éclore les vers à soie est digne de nos géorgiques. Les savans avaient imaginé de grands récipiens; mais le simple agriculteur, qui s'éclaire par l'expérience, se charge aujourd'hui de ce soin, qu'il confie à sa femme, à ses filles.

« Telles que pour leurs fils, ces mères attentives
Animent de leur sang ces graines adoptives.

Sans cesser d'être vierge, une fille souvent
Met au jour et produit tout un peuple vivant. »

L'agriculteur peut devenir riche par ses mûriers ; si le malheur l'importune, il peut

« D'une chaîne de soie attacher la fortune...
Le luxe ainsi peut donc fertiliser la terre. »

Il a bien fallu que le poëte fît la description de la charrue, que le gouvernement abandonne à elle-même. Les moins défectueuses sont celles où il y a des coûtres.

« Le coûtre fend la glèbe à ton soc qui l'entr'ouvre,
Et l'aile qui le suit la presse et la découvre. »

Qu'on ne demande pas l'explication de ces deux vers à nos romantiques et à nos théoriciens.

Avec quelle promptitude on a perfectionné les affûts de canons !

« Le dévot Charles-Quint nomme ses douze apôtres...
Douze bouches à feu qui doivent bombarder. »

Quelle rapidité encore dans les œuvres industrielles pour le luxe !

« Pour nos premiers tissus la navette traînante,
Agile sous Colbert, sous Bertin est volante. »

Les peintres ont encore bien plus méconnu
les choses et les êtres des champs.

« Du superbe taureau le seul Paul Potter encor
A su peindre la race... (1)
Mais voyez le coursier, si beau dans la nature,
N'offrir dans les tableaux qu'une caricature!
Au peintre courtisan, pour porter son grand roi,
Il faut un Bucéphale... »

De nos jours même (en 1822), pour réparer l'interrègne du grand roi, on vient de
produire à nos regards

« Un coursier réprouvé par le goût et les arts. »

La mode et la manie d'imiter les Anglais
font mutiler le cheval.

« L'Europe seule au monde outrageant la nature,
Fait tarir du coursier la source la plus sûre. »

Sans respect pour la nature, les peintres

---

(1) M. Adam rivalise déjà avec Paul Potter.

(46)

« Nous peignent à l'envi des coursiers mutilés,
Sans crinière et sans queue, à la mode immolés. »

Les femmes, depuis un demi-siècle, adoptent la mode de monter à cheval, comme les femmes d'Astley et de Franconi ; le poëte ose les critiquer.

« Bérénice et Didon, toutes deux grandes reines,
En rois, de leurs coursiers ont dirigé les rênes.
Montfort et Jeanne d'Arc ont battu les Anglais,
Et monté leurs coursiers en chevaliers français. »

On peint les bêtes à laine avec une afféterie ridicule ; au salon,

« Offre-t-on des brebis qui gagnent le hameau,
Chaque mère en marchant entretient son agneau. »

Il sera toujours utile et convenable de rappeler, dans des géorgiques nationales, la cérémonie de l'empereur de la Chine.

« Les dignes laboureurs, soutiens de la couronne,
Dans un rang éminent sont placés près du trône.
Le prince, dévêtu de ses habits royaux,
Consacre avec respect quelques sillons nouveaux. »

Alexandre, dit *le Grand*, a été le fléau de la terre et de l'agriculture ;

« Mais un autre Alexandre, ô Grèce infortunée (1) !
Aggrave plus encor ta triste destinée,
Et t'abandonne au Turc, qui jure impunément
Des crânes des chrétiens de faire un monument. »

CHANT VII.

Les jardins offrent sans cesse des charmes.

« . . . . Quel lieu dans la nature
Donne une jouissance et plus douce et plus pure?
Que ne puis-je, ô Virgile!...
Mais du moins des regrets échappés à ta lyre,
Attestent des jardins et le charme et l'empire. »

On doit beaucoup aux chartreux pour la richesse des jardins :

« Les arbres et la vigne ombrageaint leurs réduits;
Ils surent les premiers en adoucir les fruits. »

Saint Bernard exigeait de ses moines la culture de leurs jardins.

« Partout le sol de France atteste les travaux
Et les vastes bienfaits de l'ordre de Clairvaux. »

François I.er donna une impulsion nouvelle à la formation des jardins;

____

(1) En 1821.

« Il orna ses châteaux de vastes boulingrins,
Et Chambord fut cité par ses nouveaux jardins. »

Le célèbre Palissy, le premier de nos chimistes, de nos agronomes et de nos plus chers philosophes, fut mis à l'index par les jésuites ; il a créé le parc de Chaulnes, qui a servi de modèle aux jardins que les Anglais ont fait, et que, par un vain orgueil, ils nomment, chez eux, *jardins chinois.*

Les jardins des presbytères, en France, méritaient de faire époque ; car ils ont été les premiers dépôts des plantes exotiques utiles. Suit l'éloge des curés de campagne.

« Un enfant venait-il au banquet de la vie,
Le pasteur l'inscrivant l'offrait à la patrie. »

Dans les grandes solennités, ce n'était plus un mortel ordinaire,

« Quand, précédé du peuple et des saintes bannières,
Il allait sur les champs répandre ses prières,
Jusque dans son jardin prêchant la vérité...
Il reprenait la bêche en quittant le bréviaire.
De maints arbres nouveaux il enseignait le prix...
Pasteurs, formez encor des vergers, des jardins :
Ils donnent plus de charmes à vos œuvres divins. »

Jadis, en France, il y avait émulation,

chez les rois, les seigneurs et les bourgeois,
à faire des vergers

« Où l'époque des fruits, pour les plaisirs trop lente,
Y rappelait toujours les courses d'Atalante. »

Suivent des préceptes didactiques pour former des vergers et pour y pratiquer la greffe.

« Au printemps, quand la sève est encore endormie,
Fends ce tronc vigoureux...
Et bientôt au sommet, cette tige étrangère
Ne te paraîtra pas avoir changé de mère. »

Virgile a consacré la forme du quinconce : elle est encore la meilleure et la plus agréable.

« Fais espacer les rangs par de grands intervalles,
Et mets tes fantassins à distances égales. »

Les vergers prospèrent toujours où il y a des irrigations.

« Heureux si ton terrain par ses pentes déclives,
T'offre encor d'un ruisseau les sinueuses rives ! »

Toutefois, il importe de varier les plants et les espèces, d'en combiner les alliances :

ce désordre même flatte à l'aspect. Tel un verger rustique,

« Dont le maître parfois néglige la parure,
Fait bien mieux ressortir et parler la nature. »

Episode sur un verger créé par le poëte. Il s'autorise de l'exemple de Virgile ; il dit de l'empereur : « Moins ambitieux,

« Premier consul, toujours il fixait la victoire ;
De tous les rois du monde il effaçait la gloire. »

Mais il suscite, à la fin, tous les Titans d'Europe.

« Le Jupiter du siècle ébranlé sur son trône,
A son fatal déclin m'arrache de l'Yonne.
J'avais fait un verger, simple, agréable, utile,
Il eût flatté Malsherbe, il eût flatté Virgile.
O muse! tu le sais, là, mes premiers accens...
Tous mes devoirs remplis, j'y reprenais mes chants :
A la patrie, ainsi, j'offrais tous mes instans. »

On n'a pu croire, dans le gouvernement de la restauration, aux vertus et aux talens de ceux qui étaient restés fidèles à la patrie. Le poëte s'est borné à dire :

« Né sous les lys, j'ai vu leur auguste retour,
Comme un ami des champs voit venir un beau jour...

Mais je suis moins heureux que le pauvre Myrtil ;
Car Paris pour mes goûts n'offre qu'un lieu d'exil. »

CHANT VIII.

« Gardons-nous d'oublier, comme l'a fait Delille,
Les plantes qu'à regret n'a pu chanter Virgile. »

Dans l'état agricole de la France, les potagers tiennent un rang précieux ; le poëte a donc dû s'en expliquer : il en bannit l'if, le buis et la symétrie. L'agriculteur, libre en son terrain,

« Doit varier son plan, et le rendre enchanteur
Par un circuit moelleux, par un aspect flatteur,
Ménager des abris et des routes fleuries,
Où loin des importuns on suit ses rêveries...
J'aime, dans un jardin de plantes potagères,
Rencontrer un lilas... »

C'est un excellent précepte d'élever en sillons, pendant l'hiver, le terrain d'un potager.

« Aplanis au printemps tous ces sillons poudreux,
Dont le sein plus actif sera plus amoureux. »

Toute plante a son climat propre : il importe donc d'en étudier les propensions. Ainsi, par exemple,

« Que la zone du nord , où ton art se déploie ,
Se trouve consacrée au grand chou de Savoie.
De tes pois variés fais des amphithéâtres ,
Pour égayer des choux les teintes trop bleuâtres. »

Un agriculteur digne de son titre, doit s'attacher à reconnaître s'il n'y a pas des antipathies dans les plantes. Le poëte cite des exemples pour les végétaux et pour les animaux.

« Mais ne voyons-nous pas des animaux paisibles,
Au seul bruit d'un insecte en devenir terribles ? η

Le plus bel ornement d'un potager est un ruisseau :

« On y trouve aux longs jours de l'ombre et du silence ,
Ou d'utiles trésors, ou la douce espérance. »

Malheureusement, les potagers n'ont trop souvent que des puits ,

« Où tu n'obtiens qu'à force et de soins et de peine ,
Les eaux que sur un tour une corde t'amène...
Que le lierre ou la vigne obombrent la toiture ,
Et les mornes contours de cette source obscure. »

Le poëte célèbre les jardins de Malmaison, où il a été témoin des bienfaits de Joséphine envers les agriculteurs. Auprès, se trouve la machine de Marli, où des orbes roulans ravissent à la Seine une partie de ses eaux pour Versailles.

« C'est là que Joséphine...
Sous un modeste cippe elle gît à Nanterre. »

Paris avait encore des jardins ; mais le chef de ses municipes les a fait tous disparaître : Tivoli, Marbeuf, Beaujon, Mousseau, et tous ceux de la Chaussée-d'Antin. Il a mis tout en coupe, et même les boulevards. M. le préfet aime, dit-on, beaucoup les arts ; mais toutes les statues de la vieille cour, qu'il commande, n'embelliront jamais autant la capitale que les arbres qui garnissaient les boulevards, et qui y avaient été plantés par lés prévôts des marchands. Le Jardin même du Roi est une triste compensation : il semble voué à la monotonie ; depuis quarante ans, il est toujours le même.

Les fourmis sont un fléau des jardins ; le poëte indique des moyens pour s'en délivrer.

« Tu dois bannir au loin ces êtres insoumis ;
Et dans l'art des combats dominer des fourmis. »

Les jardiniers sont partout désolés par la courtillère :

« Ce monstre, qui couvert d'écailles et de dards,
De cinq yeux à la fois peut lancer cinq regards...
Il se creuse un méandre immense en ses détours. »

Le moineau a occupé le gouvernement et les administrateurs : il fallait donc en faire mention dans nos géorgiques.

La taupe fait beaucoup plus de bien que de mal ; cependant on la poursuit comme un monstre dévorant, quand elle ne dévore que des vers, des courtillères, des mans, etc. Le gouvernement impérial s'en était occupé ; on avait même créé des écoles, et mis des *impôts*. Pauvre gouvernement !

La plus grande merveille des jardins de la France, est à Montreuil, près Paris.

« Admis dans leur enceinte, observe avec quel art,
Chaque pan de muraille est un heureux rempart ;
Vois ces globes moelleux et leur vif incarnat...
Sans blesser la pudeur, le brillant Helius
Semble prendre plaisir au téton de Vénus ;
Une robe de pourpre orne la cardinale,
Et du plus noble feu s'anime la royale. »

CHANT IX.

L'agriculteur fournit immensément à l'industrie manufacturière :

« Il veut, homme d'Etat, soutien de la patrie,
En ses champs étonnés porter son industrie. »

Il cultive avec succès la plante qui donne aux tissus une teinte éclatante, et que la France tirait autrefois de Smyrne et de Samos;

« Il la trouve aujourd'hui sur ses propres guérêts. »

Un grand nombre de plantes, d'arbres et de fleurs donnent des couleurs :

« Par la fleur d'un œillet et de la camomille,
L'art donne aux vêtemens l'éclat de la jonquille. »

Le chêne du midi fournit le beau noir.

Ici le poëte a placé le plus grand épisode du poëme, dont le sujet est la mode, qu'il personnifie; il dit sa naissance, ses essorts, ses trajets; elle se fixe à Lutèce, où Mercure lui prédit que cent rois à l'envi la feront prospérer, et qu'un nouvel Alcide un jour doit l'illustrer.

« Le Vatican se plaint de ces frivolités...
Dans les cloîtres, en vain à la règle on s'anime,
La mode, avant le prêtre, y flatte la victime :
C'est elle qui conduit jusqu'au pied de l'autel
La vierge qu'on ravit à l'hymen d'un mortel. »

Le sage dans la mode voit

« Pour nos grandes cités une heureuse industrie,
Et des moissons de plus aux champs de la patrie. »

L'industrie dans ces derniers temps a fait
des progrès immenses ; le poëte s'écrie :

« Tu foules des trésors , ô fortuné Français ! »

La théorie déroute sans cesse l'agriculteur :
elle prétend faire des vins exquis avec du sucre et des raisins de treille, pris à Paris. Elle
proclame des charrues à trois, six et neuf
socs, des machines pour faner, pour battre
le blé, pour labourer ; elle proscrit les jachères ; elle applaudit à la destruction des
bois ; elle protège tous les charlatans, et méprise la pratique seule.

CHANT X.

L'époque des moissons s'annonce : combien la nature est riche !

« Déjà, l'émail des fleurs embellit moins les champs,
Au lever du soleil tous les couples heureux
Font retentir les airs de leurs chants amoureux. »

Qu'on éprouve de charmes à participer à

cette joie commune ! qu'on se plaît dans un riant bocage !

« Et d'un nid fortuné, contempler le ménage ;
La nuit, l'un près de l'autre ; ensemble tout le jour ;
L'amant, jadis si fier, si coquet, si volage,
Encor brûlant d'amour, est l'époux le plus sage...
Tous deux veillent ensemble à leur progéniture,
Jusqu'à l'âge où sans eux doit veiller la nature. »

C'est le temps de faucher les prairies ; mais il y a du danger à serrer les fourrages encóre verts.

« Car souvent des moissons les gaz trop comprimés
S'échappent des abris en torrens enflammés. »

Le poëte fait observer que les mœurs ont bien changé dans les campagnes ; il dit : « Autrefois

« Le plaisir de faner assemblait les familles :
Les mères permettaient ces ébats à leurs filles.
Les mœurs ne donnent plus ces innocens penchans,
Qui font aimer la vie et les travaux des champs. »

Après la fauchaison, survient la moisson des blés.

« Prépare tes gerbiers, tes fléaux et tes aires. »

Occupe-toi des moissonneurs, que la chaleur peut accabler.

« A travailler soi-même on peut être réduit,
Et dans le champ d'un autre être à son tour conduit. »

C'était l'usage autrefois de lier les gerbes de blés avec la hart. Le poëte blâme cet abus, qui existe encore.

« Pour lier une gerbe, un beau chêne est détruit. »

Tous les poëtes du temps célèbrent la charité qui laisse glaner : le poëte en démontre l'abus ; c'est une école de vol ; car les adolescens

« S'exercent à ravir des épis dans les champs. »

Le poëte indique les préceptes pour la parfaite maturité des épis.

« Là, les feux du soleil et les pleurs de l'aurore,
Et l'air alors si pur les mûriront encore. »

Le poëte a dû s'expliquer sur les machines à battre les blés ; elles ne sont que des amusettes, dans lesquelles toutefois il faut louer le génie du mécanisme ; il préfère le fléau.

« L'homme qui bat le blé raisonne son fléau ;
La machine... frappe tout...... »

Les théoriciens, cent fois plus nuisibles que les charlatans, veulent qu'on fasse de suite sortir les grains des gerbes ; le poëte dit :

« Des gerbes de tes blés construis maints et maints dômes. »

Il accuse l'Académie de la manie des silos,

« Car son silence a fait cette silomanie. »

Le poëte décrit, à la suite des moissons, une fête villageoise. Il fait ensuite la critique de l'institution des rosières : la mère vertueuse

« Repousse pour sa fille une revue honteuse. »

Dans beaucoup de contrées les filles vendent leurs cheveux pour des étoffes ou dentelles ; comme c'est un fait de mœurs et de négoce, même important, le poëte a dû s'en expliquer ; ainsi les jeunes, déjà vieux, empruntent aux champs

« Quelqu'ombre de fraîcheur sous des cheveux nouveaux. »

CHANT XI.

Virgile était loin de se douter qu'un jour des femmes des Gaules seraient des chefs d'exploitations agricoles ; le poëte en dit :

« Ces mœurs sont un bienfait dans notre économie,
Et la femme en reçoit du bonheur dans la vie. »

Un concile de Mâcon a dit que les femmes ne faisaient point partie de l'espèce humaine. Le poëte les venge, et dit :

« Jeanne d'Arc des héros sera toujours la reine...
Dacier du grand Homère a sondé le génie,
Deshoulière à l'idylle a su donner le ton. »

Il ajoute :

« Souvent, il faut le dire, une épouse jolie
Se voit sacrifiée à de l'agromanie. »

Une femme sensible et vertueuse est un trésor aux champs.

« Elle peut aux beaux jours, temps des métamorphoses,
Donner à l'églantier une moisson de roses...
Elle peut en sa serre, imitant Joséphine,
Offrir à ses amis la rose sans épine. »

Le poëte cependant se permet de faire observer que l'orgueil ou la vanité fixe souvent des femmes à leurs terres, où elles étalent tout le luxe des pays des beaux-arts, et non celui de la belle nature.

« L'une, à sa laiterie impose un ton rustique,
Et met ses pots de lait sur une mosaïque,

Celle-ci se raffolant d'un châlet helvétique,
Donne à son beau château l'air d'une république. »

Après les moissons des céréales, il faut s'occuper de celles des plantes cosseuses, du maïs, pour lequel il dit :

« Attends qu'à l'horizon le soleil par ses feux
Dissipe la rosée et les souffles brumeux ;
Car le jour où le soleil est pur et sans nuage,
Pomone le réclame et le veut en hommage. »

La vendange suit de près les dernières moissons.

« Frappé de coup de feu partout le pampre étale
Des grappes de couleur, ou de pourpre, ou d'opale. »

Tous les hameaux retentissent du bruit des maillets sur les tonneaux : tel Vulcain

« Tel partout on entend retentir les tonneaux. »

Pour obtenir de bons vins et qui soient durables, on doit s'abstenir de mettre du fumier dans les vignes :

« Gardez-vous d'encenser le dieu Sterquilinus ;
C'est outrager Cérès, c'est outrager Bacchus. »

Le vignoble de Cîteaux était le premier de

la terre : tous les rois faisaient leur cour à l'abbé,

« Qui souvent réunit sous son modeste dôme,
Et des rois de l'Europe et le prince de Rome. »

Les eaux-de-vie constituent un très-grand et très-fructueux commerce.

« Un appareil chimique en extrait l'ambroisie,
Qui des fils de Neptune est vivement chérie. »

Le poëte a dû chanter la liqueur propre à la Neustrie, et le safran qui fut si cher autrefois ; quelques mots sur Malsherbes.

CHANT XII.

Dans une trop grande partie de la France, la moisson du blé noir succède aux dernières récoltes ; le poëte l'apprécie, et donne des préceptes, comme il en a donné sur l'avoine, dont la culture est également blâmée par Sully et par maints agronomes ; de là il passe à celle du châtaignier,

« Cet arbre nourricier, l'ornement des vallons,
Et l'un de nos remparts contre les aquilons. »

Le poëte décrit ensuite les veillées villageoises :

« C'est le temps des plaisirs, où l'on voit les familles
Traiter pour marier et leurs fils et leurs filles. »

Le hêtre subit la destruction imposée aux grands arbres.

« Le hêtre est l'olivier des provinces du nord. »

A la saison des ensemencémens le poëte se prononce pour les sillons,

« . . . . Qui frappés d'un air libre,
Donneront aux épis un plus ferme équilibre. »

A l'entrée de l'hiver, l'agriculteur donne la chasse aux animaux nuisibles.

Le poëte exprime des regrets sur la disparition des cerfs et des chevreuils en France ; il fait une description des tournois d'amour tenus par les cerfs.

« De leurs plus jeunes fils, les chastes étincelles,
De l'hymen de famille allument les flambeaux. »

Il fait la description d'une foire rurale en hiver :

« Mille mains à la fois se frappent à grand bruit.
On fait de grands sermens, un écu les détruit.
On monte et l'on descend par degrés les pistoles ;
Il n'est pas de marchés sans torrens de paroles. »

Il chante les pigeons des hauts colombiers.

Il donne des préceptes sur les moyens de gouverner les poissons dans les étangs, et sur la coupe des bois pour les harnais et les charrues. Il a dû aborder la question d'influence de la lune,

A la fin du douzième chant, le poëte rend hommage à l'héroïsme des Grecs; à celui du noble et grand Byron, qui voulut du monde entier fonder la liberté,

« Et dans la Grèce encor placer son sanctuaire. »

Voici les deux derniers vers des *Géorgiques françaises.*

« Partout le peuple enfin, aux champs de la patrie,
Bénit l'agriculture et la noble industrie. »

Deux motifs puissans m'ont déterminé à composer cet extrait; l'un dans les intérêts de la poésie géorgique, et l'autre dans ceux de l'histoire. J'ai déjà prouvé que les deux poëmes d'Homère contenaient l'histoire de la civilisation ou société des Grecs, et celle de leur agriculture; c'est dans le dessein de donner la même preuve que je vais reproduire le texte de Virgile, me bornant à ses *Eglogues* et à ses *Géorgiques.* J'ai voulu en-

core, en prenant pour modèle les *Géorgiques*
de Virgile, qui retracent l'histoire de l'agriculture des Romains, prouver que des géorgiques françaises, dans leur composition, devaient aussi donner l'histoire de l'agriculture
française; c'est au lecteur à juger si j'ai atteint
ce double but.

Je n'ai point à défendre mes *Géorgiques*,
comme poëte, ce que je confesse en toute
humilité; mais j'ai voulu rappeler dans mon
poëme, quel qu'il soit, que la gloire de notre
Parnasse était essentiellement attachée à la
composition de vraies géorgiques françaises,
pour lesquelles tous nos poëtes anciens, modernes et nouveaux se sont tenus en dehors,
et sans avouer leur impuissance. Les derniers croient justifier leur génie et leur goût
en affectant du mépris pour toute poésie qui
se rapporte à l'agriculture; quand dans tous
les siècles, depuis Auguste, le plus grand et
le plus heureux protecteur des lettres, on a
admiré et on admire encore les *Géorgiques*
de Virgile, dont le texte sert toujours de
preuves aux agronomes, aux historiens, aux
érudits et même aux poëtes; c'est ce que je
crois avoir démontré dans mon *Traité de
poésie géorgique*, faisant suite à mon poëme

(dont il se trouve encore quelques exemplaires).

Je ne crois pas qu'on puisse raisonnablement attaquer le plan, l'ordre et le didactique de mes *Géorgiques*, qui du moins ont le mérite d'être françaises; j'ai observé les climats, les saisons et les travaux divers. Quant au rhythme et à la facture des vers, s'il est vrai qu'il suffise aux aristarques de lire trente vers d'un poëme pour en juger, je viens d'en rappeler un assez grand nombre pour donner une juste idée des miens et de mes pensées.

Sans être un grand poëte, je connais du moins un peu le mécanisme du vers; j'aurais pu m'élancer aussi dans les régions éthérées des Lamartine, Saintine et compagnie, et offrir des compositions dignes de l'ébahissement des romantiques et de leurs affiliés, dont le nombre est si considérable; mais soit impuissance, soit bon sens, j'ai préféré la simplicité et la clarté du style et des préceptes, aux tours de force et aux inversions de Delille, Millevoie, etc. En principe, des géorgiques, dont les préceptes sont tracés pour la mémoire, doivent être simples, clairs et faciles; c'est une règle de goût que je me suis faite, d'après Homère et Virgile, les deux poëtes du monde qui se sont expliqués avec le plus de simplicité et de clarté.

Il m'a fallu sans doute accompagner les préceptes de quelques ornemens ; les divers épisodes donnent la mesure de mon imagination poétique ; j'ai tâché de les prendre dans le domaine même de mon sujet ; je ne les ai pourtant pas aventurés, car je les ai soumis à des hommes de goût que je nomme, et dont j'ai produit les témoignages raisonnés. Je ne cherche point à justifier mes *Géorgiques* comme poëme ; elles appartiennent à la postérité, qui en jugera : mais je désire laisser ici quelques notions historiques sur l'accueil qui en a été fait au premier essai qui a été publié. Je désire encore faire observer, à toute fin, que jamais les poëtes français ne se sont trouvés placés à une plus grande distance de la poésie géorgique ; et c'est à un tel point, qu'on prend en pitié ou en ridicule aujourd'hui, ceux qui se hasardent d'en offrir des essais, ou d'en faire l'éloge même en prose. On ne s'occupe plus que de romans et de pièces dramatiques : d'une part, c'est une spéculation, de l'autre, souvent, un triste et fatal désœuvrement. En administration, comme en poésie, tout se meut hors de ses gonds,

et ce désordre est commun aux provinces.
L'argent et les sinécures, voici les deux seuls
buts vers lesquels on se porte avec une ardeur progressive et scandaleuse. Ceux qui
ont lu mes *Géorgiques*, comme ceux qui me
connaissent, savent bien qu'elles ne sont pas
un ouvrage de spéculation; il m'a fallu tout
le zèle qui m'anime, pour oser combattre
aussi vivement les principes du programme de
l'Académie française, sur le domaine propre
de la poésie, et pour signaler, comme je l'ai
fait, les prétendues *Géorgiques* de l'abbé Delille. Etranger à toute coterie, je n'ai point
fait fumer l'encens qu'imposent les académiciens et les hommes du gouvernement. Je
n'ai eu qu'une seule vue, qu'un seul but, l'ac-
créditement de la poésie géorgique. J'ai hum-
blement adressé mes *Géorgiques françaises*
aux hommes du gouvernement et aux lettrés
de l'Académie; j'ignore encore s'ils les ont
reçues : j'avais soumis quelques chants à
M. Raynouard, alors qu'il était secrétaire de
l'Académie; je n'ai eu qu'à me louer de son
premier accueil; mais il paraît que mes réflexions sur le programme académique de
1820, qui était sans doute son ouvrage, ne lui
ont pas plu; aussi a-t-il fait l'éloge un peu af-

fecté de certaines géorgiques portugaises, qui n'ont que le titre de géorgique, et il a gardé un silence obstiné sur des géorgiques françaises. Je viens ainsi de dire que je l'avais supplié d'en rendre compte, et que je me suis offert par écrit en holocauste à toute critique, pourvu que l'opinion restât frappée du prix et de l'influence d'un vrai poëme géorgique. Je ne parle point de certains poëtes dramatiques qui, parce qu'ils ont eu des succès de circonstance ou de faveur pour une tragédie ou pour une comédie, blâment ou dénigrent tout genre de poésie d'un autre ordre que celui qu'ils affichent.

Je ne parlerai point du silence étrange de certains académiciens, traducteurs de poëmes latins, et qui n'ont pas même daigné faire savoir à l'auteur qu'ils avaient reçu son ouvrage. Voici, au vrai, l'accueil qui a été fait au premier essai de géorgiques françaises. Je ne parle point de ces prétendus lettrés ou poëtes qui jugent ou traduisent par spéculation; d'autres soins les occupent: ils ne m'entendraient pas.

Je ne sais si mes *Géorgiques* seront un jour relevées par quelques poëtes; je leur en jette le gant dans la carrière; qu'ils me traitent en

Ennius, et qu'ils fassent mieux, mes mânes s'en réjouiront. J'avais besoin de confier ces détails au lecteur, avant de lui soumettre, ou plutôt de lui rappeler les bases sur lesquelles Virgiles'est appuyé pour faire ses *Géorgiques*, et afin de lui prouver en même temps que l'histoire elle-même doit se déduire également d'une œuvre épique ou géorgique, dans laquelle, si elle est dignement composée, doit se trouver l'histoire vivante de l'agriculture de l'Etat qui en a fourni le sujet.

Avant de citer quelques passages des *Eglogues* de Virgile, je désire offrir au lecteur quelques réflexions sur les traductions qui en ont été faites. Deux motifs littéraires m'y déterminent : l'un a rapport à la question, si souvent débattue, que tout ouvrage poétique ne peut être bien traduit qu'en vers ; l'autre que, pour toute œuvre bucolique ou géorgique et même épique, il faut absolument connaître les usages, les mœurs et les travaux des champs des peuples pour lesquels on écrit.

Gresset, Léonard, Domergue ont essayé de traduire les *Eglogues;* mais ils n'ont eu aucun succès. Il est remarquable que l'abbé Delille, après avoir traduit les *Géorgiques* latines, n'a osé aborder la traduction des *Eglogues;* et cependant il a traduit l'*Enéide,* il a traduit le gigantesque Milton : il eût traduit de même, ou mis en vers, la *Théogonie* d'Hésiode, et le Koran.

Cet élan vers les traductions, ne décèle que trop que Delille était sans génie poétique ; il est seulement vrai, à son égard, qu'il a été le premier de notre Parnasse, dans l'art de faire des vers élégans : voilà, si je ne me trompe, son lot pour la postérité.

Il est juste d'excepter, parmi les traducteurs des *Eglogues* de Virgile, M. Tissot : sa traduction est remarquable, et lui fait honneur. Mais, s'il a été heureux dans les passages qui tiennent aux sentimens et aux passions, on n'en peut dire autant de ceux où il est question du domaine des champs et des êtres qui lui sont propres : cette différence provient de ce que le traducteur est absolument étranger aux travaux et aux mœurs champêtres.

Quand Mœlibée dit :

« . . . *Ergo tua rura manebunt,* »

M. Tissot dit ainsi :

« Tu gardes ton *enclos.* »

Il dit des chèvres :

« Et le cytise en fleurs, votre chère *pâture*. »

Les laboureurs, au retour des champs, imposent la charrue sur le joug des bœufs ; l'image en est charmante. M. Tissot dit :

« Vois le soc suspendu *revenir* de tes champs. »

Tout le monde sait ce vers :

« *Claudite jàm rivos, pueri, sat prata biberunt.* »

M. Tissot dit :

« Enfans, les prés *ont bu*, qu'on ferme les *fontaines.* »

Dans la quatrième églogue, il s'agit de *chèvres ;* M. Tissot dit :

« Pour toi de la *brebis* le lait coule en ruisseaux. »

Le laboureur ôte le joug du front des taureaux ; M. Tissot dit :

« Les taureaux ont *brisé le joug de l'esclavage.* »

Virgile dit que les taureaux font l'ornement des troupeaux ; M. Tissot dit :

« Le taureau *vigoureux orne ainsi ses campagnes.* »

Virgile indique les lieux où les troupeaux vont boire ; M. Tissot dit :

« Les troupeaux par ces prés iront à leur *breuvage.* »

Virgile indique l'heure où les taureaux rentrent sous les toits ; M. Tissot dit :

« Quand mes bœufs quitteront les prés pour *la litière.* »

A la huitième églogue, la génisse oublie ses pâturages ; M. Tissot dit :

« . . . Qu'elle oublie *la gerbée.* »

Virgile dit simplement sur les vaches :

Vaccœ ubera, etc.

M. Tissot dit :

« Que le lait gonfle encor le *pis* de ta génisse. »

Une génisse n'a pas de pis.

Virgile fait croître son amour, comme l'aulne aux bords des eaux ; M. Tissot dit :

« S'élève sur sa tige une verte *fougère.* »

En faisant ces citations, j'ai voulu prouver que le plus grand poëte ne pourrait jamais bien faire ni bien traduire des églogues ou des idylles sur le ton des mœurs champêtres, sans connaître préalablement l'agriculture, la physique rurale et les usages du peuple pasteur. Si M. Tissot eût été le fils d'un Lamerville, il eût infailliblement mieux traduit Virgile. Quoi qu'il en soit, sa traduction est encore la meilleure qui existe jusqu'à présent.

Si on ne peut refuser à Homère, à Virgile, à Horace, à Pindare et à Théocrite le sentiment de la noble poésie, le rappel spécial que je vais faire des choses qui constituent le genre bucolique et géorgique, doit convaincre enfin tout homme de lettres et tout homme de goût, que le domaine de la poésie embrasse toutes les parties qui intéressent la société, et conséquemment l'agriculture et la physique. Je n'ai point à expliquer ni à justifier les sujets et la contexture des *Eglogues* de Virgile, je veux seulement ici signaler les choses et les mots que ce chantre immortel, l'ami d'Auguste et d'Horace, a su assortir dans un genre qui lui seul comporte tant de beautés et de charmes, et dans lequel encore il s'est élevé souvent à la hauteur de la poésie épique et des odes les plus sublimes. Un misérable préjugé, dès la re-

naissance des lettres, a fait dire et consacrer
que la langue française était ingrate, pauvre
et timide, et il a pris une sanction en quelque sorte irrévocable sous l'empire des lettrés du grand siècle, à la tête desquels s'est
mis intrépidement celui qu'ils ont regardé et
qu'on regarde encore comme le législateur
du Parnasse français. Il paraîtra singulier,
quelque jour, qu'un simple ami des champs,
et poëte par circonstance, ait osé critiquer
le goût et les règles de Boileau, sur la foi
duquel on jure dans toutes les écoles. Fontenelle, qui a terminé la série des hommes
célèbres du règne de Louis XIV, s'était sans
doute flatté que le genre de ses pastorales
pouvait rappeler les *Eglogues* de Virgile ;
mais je ne sais si, plus vieux ou mieux instruit par quelques amis, il aura reconnu que
son génie était bâtard, sans goût, plein d'af-
féteries ridicules, et hors de tout bon sens,
sans lequel, au reste, il n'y aura jamais de
vraie poésie.

L'Académie française du dix-neuvième
siècle se met encore plus en dehors des voies
qui conduisent au Parnasse, que celle du dix-
huitième. Qu'on lise et qu'on articule seulement les noms des académiciens qui la com-

posent en 1830, on ne trouvera, parmi tous ces membres élus ou de facture, que des hommes absolument étrangers à la poésie bucolique et géorgique : sans médire, on peut ajouter à la poésie épique. Cette Académie, cependant, existe ou gît dans l'Etat le plus agricole de l'Europe ; cette Académie, cependant, a eu l'imprudence, pour ne pas dire plus, d'éliminer du vaste champ de la poésie le domaine physique et rural, et de décerner un prix au rhéteur qui avait le mieux loué son programme. Et il ne s'est pas trouvé un seul lettré qui ait réclamé contre ce décret impie ! Espérons que le temps, la raison et le recours aux anciens poëtes grecs et latins, nous ramèneront un jour au principe sacré qui a guidé Virgile.

ÉGLOGUES DE VIRGILE.

(Extraits.)

« La présence de Philis fera reverdir la forêt ; et Jupiter, en pluie féconde, descendra sur la terre (1). »

---

(1) *Philidis adventu nostræ nemus omne virebit :*
Jupiter et læto descendet plurimus imbri. (Egl. 7.)

« J'inscrirai le nom de mon amante sur de jeunes arbres, et mon amour grandira comme eux (1). »

« Le robuste laboureur déliera le joug du front des taureaux (2). »

« Regarde, César, tout te prédit un heureux avenir (3). »

« Déjà les bourgeons à fruits se gonflent à la tige féconde (4). »

« Je serai heureux de voir de loin mes chèvres au haut des rochers (5). »

« Je porterai des noix et des amandes que mon Amaryllis aimait (6). »

« Vois, déjà les bœufs du labour rentrent au hameau, apportant la charrue fixée sur leur tête (7). »

« La chèvre, en humeur d'amour, parcourt les cytises fleuris (8). »

« Tresse pour mon Amaryllis une ceinture à trois nœuds et en trois couleurs (9). »

« La sinistre corneille, du creux de son chêne m'en avait averti (10). »

---

(1) . . . *Tenerisque meos incidere amores,*
    Arboribus : crescent illæ; crescetis amores. (Egl. 10.)
(2) *Robustus quoque jam tauris juga solvet arator.* (Egl. 4.)
(3) *Aspice venturo lætentur ut omnia sæclo.* (Egl. 4.)
(4) . . . *Jam læto turgent in palmite gemmæ.* (Egl. 7.)
(5) *Dumosâ pendere procul de rupe videbo.* (El. 1re.)
(6) *Castaneasque nuces, meas quas Amaryllis amabat.* (Egl. 2.)
(7) *Aspice : aratra jugo referunt suspensa juvenci.* (Egl. 2.)
(8) *Florentem cytisum sequitur lasciva capella.* (Egl. 2.)
(9) *Necte tribus nodis ternos, Amarylli, colores.* (El. 8.)
(10) *Ante sinistra cavâ monuisset ab ilice cornix.* (Egl. 9.)

« Que les hiboux disputent du chant avec les cygnes (1). »

« La funeste ivraie et la folle avoine dominent les bons grains (2). »

« Les chênes les plus durs transpireront un doux miel (3). »

« L'ombre nuit à la maturité des fruits (4). »

« Maintenant, Mélibée, greffe des poiriers, et aligne ta vigne en rangées (5). »

« Comme pour les fruits de la terre, je veux pour Pollion une génisse bien nourrie (6). »

« Daphnis, greffe des poiriers, tes neveux en mangeront les fruits (7). »

« Le pauvre Ménalque arrive tout trempé de chercher des fruits dans la forêt (8). »

« Le divin Alcimédon faisait avec le hêtre des ouvrages de ciselure (9). »

« Jeunes garçons, faites paître vos bœufs comme avant ; domptez les taureaux au joug (10). »

---

(1) *Certent et cygnis ululæ....* (Egl. 8.)

(2) *Infelix lolium, et steriles dominantur avenæ.* (Egl. 5.)

(3) *Et duræ quercus sudabunt roscida mella.* (Egl. 4.)

(4) *. . . Nocent et frugibus umbræ.* (Egl. 10.)

(5) *Insere nunc, Mœlibœe, pyros! pone ordine vites!* (Egl. 1re.)

(6) *Vitulâ pro frugibus... vitulam pascite .. vitulâ dignus.*

(Egl. 3)

(7) *Insere, Daphni, pyros, carpent tua poma nepotes.* (Egl. 9.)

(8) *Uvidus hybernâ venit de glande Menalcas.* (Egl 10.)

(9) *Fagina, cœlatum divini opus Alcimedontis.* (Egl. 3.)

(10) *Pascite, ut ante, boves, pueri, submittite tauros.* (Egl. 1re.)

« On te connaît ; quand tu passes, les boucs te regardent de travers (1). »

« Regarde le ciel se balançant sous le poids de sa propre voûte, entraînant avec lui les terres, les mers, et la vaste profondeur des cieux (2). »

« L'honneur et la gloire rendront ton nom immortel (3). »

« Le frêne se plaît dans la forêt, le pin dans les jardins, le peuplier aux bords des fleuves, et le sapin sur les plus hautes montagnes (4). »

« Puisque le sort bouleverse tout, agriculteurs, abandonnez vos champs (5). »

« Nous avons souvent confié les orges aux larges sillons (6). »

« Au printemps, tous les champs, tous les arbres se reproduisent ; les forêts se couvrent de feuilles, l'année alors est magnifique (7). »

« César, riche de ses vertus, donnera la paix à l'univers (8). »

---

(1) *Novimus et qui te... transversa tuentibus hircis.* (Egl 3.)

(2) *Aspice convexo nutantem pondere mundum,*
   Terrasque, tractusque maris, cœlumque profundum. (Egl. 4.)

(3) *Semper honos, nomenque tuum, laudesque manebunt.* (Egl. 5.)

(4) *Fraxinus in sylvis pulcherrima, pinus in hortis,*
   Populus in fluviis, abies in montibus altis. (Egl. 7.)

(5) . . . *Tristes, quoniam sors omnia versat.* (Egl. 9.)

(6) *Grandia sœpe quibus mandavimus hordea sulcis.* (Egl. 5.)

(7) *Et nunc omnis ager, nunc omnis parturit arbos :*
   Nunc frondent sylvœ, nunc formosissimus annus. (Egl. 3.)

(8) *Pacatumque reget patriis virtutibus orbem.* (Egl. 4.)

« Il ne sera plus nécessaire de travailler la terre et de tailler la vigne (1). »

« Le sommeil est doux au bord d'un ruisseau qui murmure (2). »

« La vache nourrie de cytise remplira ses mamelles (3). »

« La vigne à demi taillée se charge de feuilles sur l'orme (4). »

« La vigne est un ornement pour les arbres (5). »

P. S. J'ai choisi à dessein, dans les *Eglogues* de Virgile, les divers passages qui peuvent prouver que les sujets champêtres, et ceux même que nous réputons les plus ignobles, peuvent être assortis au ton de la plus haute poésie. Or maintenant, je le demande, y a-t-il la moindre analogie entre les idylles ou pastorales françaises, et les élémens des *Idylles* ou *Eglogues* de Théocrite et de Virgile? Si ces deux poëtes ont constitué le genre, on doit convenir que nos idyllistes ne l'ont pas même connu ou senti : leurs idylles, en effet, n'offrent en général que des amours insipides, des scènes ridicule-

---

(1) *Non rastros patietur humus, non vinea falcem.* (Egl. 4.)

(2) *Sæpe levi somnum suadebit inire susurro.* (Egl. 1ʳʳ.)

(3) *Sic cytiso pastæ distentent ubera vaccæ.* (Egl. 9.)

(4) *Semiputata tibi frondosa vitis in ulmo est.* (Egl. 2.)

(5) *Vitis . . . arboribus decori est.* (Egl. 5.)

ment sentimentales, une sorte de libertinage précoce, trop souvent indécent, des circonstances ou des faits bizarres, des niaiseries fatigantes, etc. On s'est donc fait, jusqu'à présent, une idée bien fausse de l'idylle, qui est si riche d'ailleurs et si aimable.

On vient de voir que le chantre latin a fait résonner en grand maître le ton et le rythme bucolique : telles vulgaires ou infimes que notre goût répute certaines choses, il les nomme et les assortit; il ne fait point, de l'amour et de ses feux, le ressort principal de ses églogues; mais, toujours maître de son sujet, il s'y élève aux plus hautes conceptions : voyez sa quatrième églogue; Pindare n'a pas été plus loin.

L'amour de la patrie lui inspire l'éloge de César, et on sent néanmoins qu'il parle en faveur de l'agriculture. Il célèbre l'ordre de l'univers, et toutes les providences de la nature. Dans son style, pourtant, il nomme la vache, le fumier, la chèvre, la herse, le râteau, l'ivraie, la folle avoine, la châtaigne, les noix, la corneille, le hibou, etc. Quel décret du Parnasse a donc banni de notre littérature l'idylle, dont les élémens propres sont aux champs ? N'y a-t-il donc pour nous de véritables idylles que celles où il s'agit d'entreprises d'amour ? faut-il prendre, enfin, pour modèles de ce genre épuré, les Dorat, les Marivaux, les Florian, les Maugenot, les Berquin, les Jauffret, les Millevoie et Saintine, etc. ?

Mais c'est dans les *Géorgiques* que l'agriculture brille d'un plus noble éclat ; c'est là que Virgile lui a élevé un monument immortel, et que son génie en a suivi toutes les branches. Ce chef-d'œuvre, cependant, n'a pu jusqu'à présent faire changer l'opinion des recteurs ou dominateurs en littérature ; tous, et même les plus célèbres d'ailleurs, ont eu pour l'agriculture le sentiment du mépris, et tous, impitoyables comme des jésuites, l'ont mise à un index fatal et honteux. Henri IV et Sully ont honoré et servi l'agriculture : mais, à la cour du monarque superbe, elle a été précipitée avec une sorte de fanatisme dans les limbes du vulgaire le plus vil ; le législateur Boileau en a donné le signal, et la foule des lettrés y a répondu avec unanimité. L'abbé Desfontaines a hérité des opinions de Lamotte et de Boileau : cependant, à la honte du siècle, il a tenu et tient encore le sceptre de la littérature dans les écoles. L'Académie française elle-même a confirmé et sanctionné l'opinion qui repousse l'agriculture du ressort de la poésie.

Je prie le lecteur de faire bien attention au texte et aux pensées de Virgile dans ses *Géorgiques*; j'en prendrai à dessein dans tous les élémens qui se rapportent à l'agriculture; je dirai ceux qui se rapportent aux dieux, à César, à la haute physique, comme je dirai les noms des choses qui sont réputées les plus vulgaires ou rustiques.

Je ne connais pas, dans tout l'empire littéraire, de question plus simple et plus positive que celle-ci : *Tout le domaine de la nature est du ressort de la poésie.* Si cette proposition est incontestable, l'agriculture, qui n'est autre chose que la nature embellie par la science et le génie, doit nécessairement faire partie du domaine de la poésie ; je prends ici, de nouveau, pour juge Virgile contre Boileau, Lamotte, Desfontaines, et contre l'Académie française elle-même.

GÉORGIQUES LATINES.

LIVRE Ier.

« Prépare d'avance tout ce qui doit te servir pour bien

cultiver, si la gloire d'offrir une campagne riche des présens des dieux t'occupe (1). »

« Le soleil parcourt successivement le ciel, divisé par les zones et les astres, qui lui servent de limites (2). »

« La triste corneille alors demande à pleine voix la pluie, et, seule, elle se promène sur l'arène (3). »

« J'ai vu moi-même plusieurs laboureurs préparer les semences du blé, en le plongeant dans le nitre et dans le marc d'olive, alors qu'il est noir (4). »

« Souvent l'oie sauvage, les grues, les mauvaises herbes et l'ombre des bois détruisent l'espérance du laboureur (5). »

« N'aie point honte, pour fertiliser la terre, de recourir au gras fumier, et d'y répandre des résidus de cendres (6). »

« Lorsque les noyers et les noisetiers entrent en fleurs et répandent une douce odeur, c'est le pronostic d'une bonne année pour les blés (7). »

---

(1) *Omnia quæ multo antè memor provisa repones,*
   Si te digna manet divini gloria ruris. (Vers 168.)
(2) . . . . *Certis dimensum partibus orbem*
   Per duodena regit mundi sol aureus astra. (V. 232.)
(3) *Tum cornix plenâ pluviam vocat improbâ voce,*
   Et sola in siccâ secum spaciatur arenâ. (V. 388.)
(4) *Semina vidi equidem multos medicare serentes,*
   Et nitro priùs, et nigrâ perfundere amurcâ.
(5) *Nec tamen.... improbus anser....*
   Strymoniæque grues et amaris intyba fibris
   Officiunt aut umbra. (V. 120.)
(6) *Nec saturare fimo pingui pudeat sola, neve*
   Effœtos cinerem immundum jactare per agros. (V. 80.)
(7) . . . . *Cum se nux plurima sylvis*
   Induet et florem et ramos curvabit olentes,
   . . . . *Pariter frumenta sequentur.* (V. 191.)

« La terre éprouve quelque répit en changeant de semences (1). »

« Cherche dans les bois un jeune orme, et force-le à
prendre la courbure d'une charrue (2). »

« Donne huit pieds au timon, au soc deux oreilles, et
de chaque côté adapte des dentilles (3). »

« La culture du lin, comme la folle avoine, use le sein
de la terre (4). »

« Il faut laisser alternativement la terre en jachère ; mais
dans cet état elle offre encore des charmes (5). »

« Souvent l'horrible grêle vient assaillir et frapper les
toits (6). »

« Les villes voisines ont rompu leurs traités d'alliance,
et l'impitoyable Mars agite toute la terre (7). »

« Le véritable agriculteur doit s'attacher à observer les
vents et les diverses habitudes du ciel (8). »

« Si le cercle de la lune est nébuleux, attends-toi à la
pluie ; s'il est rouge, à un grand vent. Le soleil a aussi ses

---

(1) *Sic quoque mutatis requiescunt fœtibus arva.*

(2) *In sylvis.... et curvi formam accipit ulmus aratri.* (V. 170.)

(3) *Huic à stirpe pedes temo protentus in octo*
  Binæ aures, duplici aptantur dentalia dorso. (V. 172.)

(4) *Urit enim lini campum seges, urit avena.* (V. 77.)

(5) *Alternis idem tonsas cessare novales.* (V. 71.)
  Nec nulla interea est inaratæ gratia terræ. (V. 83.)

(6) *Tàm multa in tectis crepitans salit horrida grando.*
  (V. 449.)

(7) *Vicinæ ruptis inter se legibus urbes*
  Arma ferunt : sævit toto Mars impius orbe. (V. 510.)

(8) *Ventos et varium cœli prædicere morem*
  Cura sit.... (V. 11.)

signes : est-il noir, c'est de la pluie ; est-il en feu, c'est du vent (1). »

« La taupe aveugle se creuse des refuges dans les blés (2). »

« Les tempêtes s'annoncent semblables à un grand vent qui vient du rivage de la mer ou d'une forêt (3). »

LIVRE II.

« L'agriculteur, par sa charrue, est le soutien de la patrie et de sa famille : on lui doit les troupeaux et l'abondance des grains (4). »

« Le laboureur parcourt chaque année le cercle de ses travaux ; il semble que l'année elle-même s'assujettit au cours de ses travaux (5). »

« Lorsque tu veux transplanter des arbres, choisis avant un lieu qui soit semblable à celui qu'ils occupaient, afin qu'ils ne s'aperçoivent pas qu'ils ont changé de mère (6). »

(1) *Si nigrum..... maximus parabitur imber*
Vento... semper rubet aurea `Phœbe
Sol tibi signa dabit.... cœruleus, pluviam..... igneus Euros.
                                        (V. 453.)
(2) *Aut oculis capti fodere cubilia talpæ.* (V. 183.)
(3) *Nunc nemora ingenti vento, nunc littora plangunt.* (V. 334.)
(4) *Agricola incurvo terram dimovit aratro.*
Hinc patriam parvosque nepotes....
Sustinet, hinc armenta.... atque horrea. (V. 513.)
(5) *Redit agricolis labor actus in orbem...*
Atque in se sua per vestigia volvitur annus. (V 402.)
(6) *Ante, locum similem...*
Mutatam ignorent subitò ne semina matrem. (V. 268.)

« Quand les ensemencemens sont faits, il faut écraser les mottes avec de fortes houes à deux dents (1). »

« O fortuné laboureur ! tu ne connais pas tous tes biens : une paix tranquille, des richesses variées, un doux sommeil sous un arbre, des enfans accoutumés à travailler, et à vivre de peu, qui craignent les dieux et respectent leurs pères (2) ! »

« Multiplie les arbres, soit en séparant des tiges de leur mère, soit en prenant des sommités à des arbres ; quoique sans racine, ne balance pas pour les confier au sein de la terre (3). »

« La dent des quadrupèdes laisse un venin sur les tiges des arbres, et il s'y forme une cicatrice (4). »

« On reconnaît le coursier propre à la guerre, lorsque dans les pâturages il porte la tête haute (5). »

« Bacchus aime les côteaux découverts (6). »

---

(1) . . . . *Seminibus positis, superest...*
Duros jactare bidentes... (V. 355.)

(2) *O fortunatos nimiùm sua si bona norint.*
Secura quies... dives opum variarum.
. . . . *Mollesque sub arbore somni.*
Et patiens operum parvoque assueta juventus...
Sacra deûm, sanctique patres. (V. 458.)

(3) *Hic plantas tenero abscidens de corpore matrum...*
Nil radicis egent aliæ summumque putator,
Haud dubitat terræ referens mandare cacumen. (V. 28.)

(4) . . . . *Deniquè venenum...*
Dentis et admorso signata in stirpe cicatrix. (V. 380)

(5) *Hinc bellator equus, campo sese arduus infert.* (V. 145.)

(6) . . . . *Deniquè apertos...*
Bacchus amat colles... (V. 113.)

« La charrue a le pouvoir de faire briller un champ (1). »

« La greffe n'est point une chose simple ; soit par la fente, soit par l'écusson, on doit choisir le bouton le plus vif pour écussonner ; on fend la première écorce, et on y insère l'œil de l'arbre franc. D'autres prennent un germe tout formé, et coupent l'arbre à l'endroit où il est sans nœuds ; on le fend avec un coin, et bientôt l'arbre admire un feuillage et des fruits qu'il ne connaît pas (2). »

« Mets à couvert les sarmens et les échalas sortis de tes vignes (3). »

« L'expérience seule fait connaître la portée de chaque terre (4). »

« Dans une terre fertile, autant les troupeaux peuvent paître d'herbe dans les longs jours, autant la rosée en reproduit dans la nuit même, et alors qu'elle est le moins longue (5). »

« Les abeilles ne trouvent plus de vieux arbres pour y déposer leurs essaims et leur miel (6). »

---

(1) *At rudis enituit impulso vomere campus.* (V. 211.)

(2) *Nec modus inserere... simplex, medio de vertice geminœ,*
Et tenues rumpunt tunicas, angustus in ipso
Fit nodo sinus : huc alienâ ex arbore germen
Enodes trunci resecantur, et altè
Finditur in solidum cuneis via... nec longum tempus...
Exiit ad cœlum... arbos
Miraturque novas frondes et non sua poma. (V. 82.)

(3) *Sarmenta, et vallos primus sub tecta referto.* (V. 409.)

(4) *Illam (terram) experiêre colendo.* (V. 222.)

(5) *Et quantum longis carpent armenta diebus,*
Exiguâ tantum gelidus ros nocte reponet. (V. 202.)

(6) *Non apes . . . . condunt*
Corticibusque cavis vitiosœque illicis alveo. (V. 453.)

« Heureux celui qui a pu connaître les causes des choses (1)! »

« Les haies, pour être plus fortes, doivent être tressées (2).»

« Il importe de prendre de bonnes habitudes dans sa jeunesse (3). »

« La jeunesse de Rome s'exerçait à sauter sur des outres ointes d'huile (4). »

« Pour bien mûrir la terre, il faut exposer les glèbes au vent du nord (5). »

« Une terre novale exige trois à quatre labours : il faut encore en briser les mottes avec les houes à deux dents (6). »

« Au retour de sa charrue, le laboureur est heureux des embrassemens de ses enfans : la pudeur habite sa maison (7). »

« Il est doux de penser que les arbres que tu plantes donneront de l'ombre à tes petits-fils (8). »

« A peine une terre nue peut-elle donner des sucs aux abeilles, et des rosées aux végétaux (9). »

---

(1) *Felix qui potuit rerum cognoscere causas.* (V. 489.)

(2) *Texendæ sepes etiam....* (V. 371.)

(3) *Adeò in teneris consuescere multum est.* (V. 272.)

(4) *Mollibus in pratis unctos saliere per utres.* (V. 384.)

(5) *Terram excoquere....*
   Antè supinatas aquiloni ostendere glebas. (V. 260.)

(6) *Terque quaterque solum scindendum, glebaque versis*
   . . . . . Frangenda bidentibus. (V. 399.)

(7) *Intereà dulces pendent circum oscula nati*
   Casta pudicitiam servat domus.... (V. 524.)

(8) *Tarda venit, seris factura nepotibus umbram...* (V. 58.)

(9) *Vix humiles apibus casias, roremque ministrat.* (V. 214.)

« L'olivier sauvage est vivace ; il résiste même au feu (1). »

« Les arbres plantés en quinconce, doivent être alignés comme les rangs des soldats. Ainsi disposés, ils prospèrent toujours, parce qu'il en résulte une égale distribution des sucs de la terre, et une influence plus égale des rayons du soleil (2). »

« Au printemps, Jupiter lui-même descend en pluie féconde dans le sein de la terre son épouse, et donne une impulsion générale à tous les germes (3). »

« La terre veut être sollicitée et remuée à sa surface (4). »

« Choisis pour le labour les jeunes bœufs les plus robustes (5). »

« Que le coudrier ne fasse jamais ombre à la vigne (6). »

LIVRE III.

« Choisis de jeunes taureaux bien pareils ; attèle-les d'abord à un char vide ; force-les de se mettre au même pas ; tu les mettras ensuite à un char dont le timon d'airain se lie avec les deux roues par un essieu de hêtre (7). »

---

(1) *Infelix superat foliis oleaster amaris.* (V. 314.)

(2) *Indulge ordinibus....*
Arboribus positis secto via limine quadret...
Ut legio.... vires dabit omnibus æquas (V. 278.)

(3) *Tum pater omnipotens fœcundis imbribus æther*
Conjugis in gremium lætæ descendit et omnes
Magnus alit, magno commixtus corpore, fœtus. (V. 326.)

(4) *Sollicitanda tamen tellus pulvisque movendus* (V. 417.)

(5) . . . *Fortes ad aratra juvencos.* (V. 357.)

(6) *Neve inter vites corylum sere.* (V 299.)

(7) *Junge pares et coge gradum conferre juvencos :*

« Quand le printemps s'annonce, je veux que tu fasses un lit moelleux d'herbes et de fougère, afin de prévenir dans ton troupeau les atteintes de la froidure, de la gale et des sciatiques (1). »

« Les Gètes font une boisson avec du sang de cheval et du lait épaissi (2). »

« L'amour cause des transports de fureur, et surtout à la cavale : c'est Vénus même qui est en elle (3). »

« Dispose des élèves dans tes haras, qui puissent servir aux chars belges (4). »

« Un vrai cheval de guerre a la tête haute, sèche, effilée; il a le ventre court, la croupe large, le cœur plein d'ardeur; ses nerfs tressaillent au moindre bruit : ne garde point ceux dont la couleur est équivoque. Le coursier généreux ne sait point rester en place; ses narines jettent sans cesse du feu; il offre une double épine à ses reins; il frappe sans cesse la terre, qui retentit sous ses pieds (5). »

. . . *Post, valido sub pondere...*
Et junctos temo trahat æreus orbes... (V. 172.)
(1) . . . *Stabulis edico in mollibus herbam...*
Oves . . . Glacies ne frigida lædat.
Molle pecus, rabiemque ferat turpesque podagras. (V. 299.)
(2) *Et lac concretum cum sanguine potat equino.* (V. 463.)
(3) *Scilicet ante omnes furor est insignis equarum.*
Et mentem ipsa Venus.... dedit... (V. 266.)
(4) *Belgica, vel molli melius feret esseda collo.* (V. 204.)
(5) *Bellator equus.... ardua cervix....*
Argutumque caput, brevis alvus, obesaque terga...
Luxuriatque toris animosum pectus...
Collectumque premens volvit sub naribus ignem
Tellurem et solido graviter sonat ungula cornu. (V. 85.)

« Le cheval de race aime que son maître le caresse de la main (1). »

« Attends que la cigale par ses cris répétés fatigue le bocage (2). »

« Pour qu'une cavale soit féconde, on la fatigue à la course ; elle perd ainsi une substance fluide qui occupe et remplit les voies de la génération ; dispose donc ta cavale de manière qu'elle puisse garder et concentrer le flot spermatique du mâle (3). »

« Elève des taureaux qui soient capables d'ouvrir et de renverser la glèbe d'un champ hérissé d'épines (4). »

« Garde au toit l'étalon malade ou trop vieux ; pardonne à son âge : il a fait son temps. Un vieil étalon ne fait que du bruit ; c'est un feu de paille ; tes élèves s'en ressentiraient (5). »

« Les herbes coupées pour servir de fourrages doivent être entrées en floraison (6). »

« Les sorbes acides fermentées imitent le vin (7). »

––––––––––

(1) *Tum magis atque magis blandis gaudere magistri*
    Laudibus et plausæ sonitum cervicis amare. (V. 185.)

(2) *Et cantu querulæ rumpent arbusta cicadæ.* (V. 328.)

(3) *Sæpè etiam cursu quatiunt et sole fatigant*
   . . . *Nimio ne luxu obtusior usus*
   . . . *Et sulcos oblimet inertes...*
   Sed rapiat sitiens venerem interiùsque recundat. (V. 135.)

(4) *Et campum horrentem fractis invertere glebis.* (V. 160)

(5) *Hunc quoque... aut morbo gravis... aut segnior annis*
   ...Abde domo..., frigidus in venerem senior...
   ...Instipulis magnus sine viribus ignis. (V. 99.)
   Invalidique patrum referant jejunia nati. (V. 128.)

(6) *Pubentesque secant herbas.* (V. 126.)

(7) *Fermento atque acidis imitantur vitea sorbis.* (V. 380.)

« Le fromage, parsemé de sel, dure jusqu'à l'hiver (1) »

« Au moindre symptôme d'un mal qui attaque le troupeau, il faut se servir du fer (2). »

« La génisse de race doit participer de la forme et du regard du taureau ; sa tête est hérissée de poils et charnue ; toutes ses proportions doivent être grandes, même ses pieds ; ses oreilles, garnies d'un long poil, cachent la base des cornes, et de sa queue elle doit balayer la poussière (3). »

« La pluie froide qui séjourne sur le corps de la brebis nouvellement tondue, peut engendrer la gale (4). »

« Le laboureur revient des champs avec un seul de ses bœufs, triste comme son maître d'avoir perdu son compagnon de peine (5). »

« Pour empêcher les veaux de téter leur mère, on fait des muselières armées de pointes de fer (6). »

« Si les zéphyrs apportent seulement l'odeur de la cavale, il accourt vers elle (7). »

---

(1) *...Parco sale contingunt, hiemique reponunt.* (V. 403.)

(2) *Continuò culpam ferro compesce priusquam.* (V. 468.)

(3) *Optima... forma bovis cui turpe caput, cui plurima cervix...*
    . . . . *Omnia magna....*
    ....Pes etiam, et camuris hirtæ sub cornibus aures,
    Et gradiens, imâ verrit vestigia caudâ. (V. 55.)

(4) *Turpis oves tentat scabies, ubi frigidus imber...*
    . . . . *Cum tonsis illotus adhesit.* (V. 445.)

(5) . . . . *It tristis arator*
    Mœrentem abjungens fraternâ morte juvencum. (V. 518.)

(6) *Primaque ferratis præfigunt ora capistris.* (V. 399.)

(7) *Si tantùm notas odor attulit auras.* (V. 251.)

« Le poil des boucs et des chèvres sert à faire des voiles
et des tentes aux malheureux nautoniers (1). »

« La scille est un remède favorable aux quadrupèdes ;
mais souvent il est plus expédient de leur tirer du sang (2). »

« On doit abandonner tout le lait aux élèves qu'on veut
nourrir (3). »

« On est réduit quelquefois à couper le vin avec des
hâches (4). »

« Ce que les bergers nomment *hippomane* est un poison
que les cavales laissent tomber goutte à goutte (5). »

LIVRE IV.

« Pour chanter les abeilles le travail est minime, mais
on peut le faire avec gloire (6). »

« Les abeilles ne s'éloignent pas de leur toit quand la
pluie est imminente, ou quand il fait beaucoup de vent (7). »

« Les grands mouvemens des abeilles sont semblables au
bruit d'une mer agitée (8). »

---

(1) . . . . *Incanaque menta*
Usum in castrorum et miseris velamina nautis. (V. 113.)
(2) *Scillam... cum arida febris... et inter*
Ima ferire pedis salientem sanguine venam. (V. 460.)
(3) *Sed tota in dulces consument ubera natos.* (V. 178.)
(4) *Cæduntque securibus humida vina.* (V. 364.)
(5) *Hippomanes vero quod nomine dicunt*
Pastores, lentum distillat ab inguine virus. (V. 280.)
(6) *In tenui labor, at tenuis non gloria.* (V. 6.)
(7) *Nec.... pluviâ impendente recedunt*
Aut credunt cœlo... adventantibus euris. (V. 192.)
(8) *Ut sylvis immurmurat auster....*
Ut mare stridet.... refluentibus undis. (V. 262.)

« La division du travail des abeilles est admirable; les unes construisent des rayons, les autres font de la cire; celles-ci s'occupent du couvain, celles-là du miel, de nectar; toutes travaillent ou se reposent ensemble (1). »

« Le vieillard de Galèse, en cultivant ses champs, était riche et heureux; au printemps il cueillait la première rose, à l'automne les premiers fruits (2). »

« Peut-être eussé-je chanté les jardins légumiers et les soins qu'ils exigent (3). »

« On adoucit le vin trop rude en y ajoutant du miel (4). »

P. S. Le petit nombre de citations que je viens de faire dans les *Géorgiques* de Virgile, suffit au lecteur attentif pour le persuader du moins qu'elles recèlent tout ce qu'il y a d'essentiel dans l'histoire de l'agriculture des Romains; et c'est parce que j'en étais persuadé moi-même, que j'ai osé mettre en point de contact des géorgiques françaises avec l'histoire de l'agriculture de la France.

----

(1) *Aliæ favis.... aliæ cereas, fœtus.... aliæ mella, aliæ nectar*
Omnibus non quies operum, labor omnibus unus
Fessosque sopor suos occupat artus. (V. 190.)
(2) *Senex.... dapibus mensas onerabat inemptis*
Primus vere rosam, atque autumno carpere poma. (V. 131.)
(3) *Forsitan et pingues hortos, quæ cura colendi*
Ornaret..... canerem.....
(4) *Dulcia mella premens*
Et... durum bacchi domitura saporem. (V. 102.)

Toutes les citations que je vais faire sur l'histoire de l'agriculture des Romains, se rattacheront, comme texte d'autorité, aux *Géorgiques* de Virgile, non seulement pour les lois, les mœurs et les usages, mais encore pour le régime diététique, pour le culte, pour les divers acclimatemens, et pour les pratiques de l'agriculture ou de l'économie rurale.

Mais puisqu'Homère, Théocrite et Virgile n'ont pu jusqu'à présent faire mettre en crédit la poésie géorgique, je veux tenter un dernier moyen pour prouver aux poëtes, aux lettrés, et surtout aux romantiques qui sont encore corrigibles, que tous les sujets admis dans notre sociabilité et dans notre langue vulgaire ou nationale, sont dignes aussi du ton et du style de la poésie, comme de celui de l'histoire. Pour en convaincre et pour le prouver, je choisis Horace, qui, en puisant sans cesse dans l'histoire et dans la vie sociale de son siècle, a tenu néanmoins tous les tons de la poésie : si ce poëte ne corrige pas la fatale prévention de nos poëtes, il n'y a plus d'espoir de les ramener à l'ordre de la nature, qui est la source et le principe de tout. *Principium et fons.*

On ne peut, je crois d'ailleurs, lui refuser
une haute philosophie, beaucoup d'érudition, un goût parfait dans ses pensées et ses
expressions ; il rattache à ses œuvres toute
l'histoire de l'antiquité et celle des peuples
vaincus ou soumis par les Romains, et il est
encore un fidèle historien de mœurs.

Il ne s'est point fait un modèle parmi les
poëtes anciens, il s'est contenté de les citer
à l'admiration. Il a bien connu Homère, Hésiode, Théocrite. Il n'a point imité Pindare,
ni dans ses sujets ni dans son style ; mais il
a voulu, comme lui, être indépendant dans
les élans de son génie : ce caractère soutenu
dans toutes ses productions, en a fait un
modèle encore unique dans la littérature.

Ma tâche ou mon admiration pour lui ne
me porte pas à faire sentir toute l'étendue de
sa philosophie, de sa science, ni ses nobles
ou brillans écarts ; je désire seulement, simple et modeste chantre géorgique, offrir un
nouvel argument contre le constant dédain
des littérateurs, des lettrés, et surtout des
divers amateurs ; je désire encore appeler
l'attention des bienveillans lecteurs sur les
explications d'Horace, relativement à l'agriculture, à la physique rurale, aux mœurs et

usages des hommes des champs, à l'économie
domestique, au régime de vie, et à toutes
les nécessités de la sociabilité sous l'ère d'Auguste. Si je la remplis dignement, je laisserai
du moins la preuve qu'il n'y a pas de sujets
indignes de la lyre et de la langue française,
quand c'est le génie qui les inspire, et le goût
qui les guide.

Cet extrait, d'ailleurs, aura du moins le
mérite d'être nouveau; car nul, que je sa-
che, ne s'est avisé de faire considérer Horace
comme agronome.

Dans son ode à Mécène, il met au-dessus
de toutes les richesses celle qu'on acquiert
par l'agriculture; il cite la Lybie, qui était
encore, de son temps, la contrée la plus fertile en froment, et qui est devenue, par les
Romains et par les Turcs, un vaste et dangereux désert (1).

Il célèbre l'abondance qu'on trouve dans
les champs; il y trouve en réalités les trésors de la corne d'abondance (2).

---

(1) *Illum (hic), si proprio condidit horreo*
 . . . *Gaudentem patrios findere sarculo*
 Agros. (Od. 1, lib. 1.)
(2) *Manabit* . . . .

(99)

Le luxe des Romains avait fait négliger l'agriculture ; Horace s'en plaint : « Déjà, dit-il, on voit peu de charrues ; on élève des palais, on fait des lacs ; le platane chasse l'orme ; on cultive, de préférence, des roses, des violettes et des myrtes ; on remplace l'olivier par des arbres d'agrément : il n'en était pas ainsi du temps des Romains et de Caton (1). »

Tous les hommes de lettres savent par cœur l'ode où Horace fait l'éloge de la vie des champs. Il y signale « le bonheur de celui qui, fidèle à l'état et aux mœurs de ses pères, laboure ses terres avec ses bœufs ; il ne craint ni les usuriers, ni les flots de la mer irritée, ni le bruit des armes ; il évite d'aborder le forum et les portiques des

---

. . . *Ruris bonorum opulenta cornu.*

(Od. 17, lib. 1.)

(1) *Jàm pauca aratro jugera . . . .*
Regiæ moles.... undiquè stagna
Lacus....platanus.... evincit ulmos . . . .
Tùm violaria, myrthus et omnis
Copia narium.... olivetis . . . .
Non ità Romuli.... et intonsi
Catonis.... veterumque norma.

    (Od. 15, lib. 2.)

grands, mais il se plaît à marier la vigne aux peupliers : il en retranche les rameaux inutiles, et greffe les meilleures espèces. Il se plaît à voir errer ses troupeaux de bêtes à cornes dans une vallée profonde et sinueuse; il presse les rayons de miel, et il en remplit des amphores. Il tond les faibles brebis. Quand l'automne élève sa belle tête chargée de fruits au-dessus des humbles moissons des champs, comme il se réjouit de cueillir des fruits aux arbres qu'il a greffés, et de voir la pourpre ou l'ambre des grappes de raisins ! Tantôt il se repose sous une antique yeuse, tantôt sur un épais gazon, où il entend le doux murmure des eaux, le chant des oiseaux, et il s'abandonne aux charmes d'un léger sommeil. Quand Jupiter ramène les pluies et la neige sur la terre, il met ses chiens sur les traces des bêtes fauves ; il dresse des toiles pour en prendre ; il tend des rets aux grives, des lacets aux lièvres et aux grues : ce sont là le prix et les charmes de la vie des champs. Qui pourrait alors ne pas oublier les peines que cause souvent l'amour ? Le charme est plus grand encore, si sa maison est gardée par une femme chaste, à qui ses enfans sont chers. Telles sont les femmes de la Pouille : à l'arrivée des maris, elles font un grand feu pour les délasser. Les troupeaux sont enfermés dans des parcs faits de claies tressées ; on trait les mères réservées pour donner du lait ; on boit du vin de l'année, et on sert des mets qui n'ont point été achetés. Tous les coquillages du lac Lucrin, les divers poissons de la mer et les oiseaux du Phase me flattent moins que les olives cueillies sur un olivier, que l'oseille, que les mauves, si salubres pour la santé, ou que la modeste brebis qu'on offre ordinairement au dieu Terme. Combien il est doux de voir, chaque soir, rentrer les troupeaux de brebis, de voir les bœufs du labour apporter sur leur cou fatigué la charrue renversée, et de voir enfin toutes les dépendances du domaine dans un état heureux et prospère ! »

VITÆ RUSTICÆ LAUDES.

Beatus ille qui procul negotiis,
  Ut prisca gens mortalium,
Paterna rura bobus exercet suis,
  Solutus omni fœnore
Neque excitatur classico miles truci
  Neque horret iratum mare :
Forumque vitat et superba civium

Potentiorum limina.

Ergò aut adulta vitium propagine :
  Altas maritat populos :
Inutilesque falce ramos amputans ,
  Feliciora inserit :
Aut in reductá valle mugientium
  Prospectat errantes greges :
Aut pressa puris mella condit amphoris
  ˈAut tondet infirmas oves.
Vel quùm decorum mitibus pomis caput
  Autumnus arvis extulit ,
Ut gaudet insitiva decerpes pyra ,
  Certantem et uvam purpuræ !

. . . .

Libet jacere modo sub antiquá ilice
  Modoin tenaci gramine ;
Labuntur altis interim ripis aquæ
  Queruntur in sylvis aves ,
Fontesque lymphis obstrepunt manantibus ,
  Somnos quod invitet leves.
At quùm tonantis annus hibernus Jovis
  Imbres nivesque comparat ;
Aut tradit acres hinc et hinc multá cane
  Aut amite levi rara tendit retia
  Turdis edacibus dolos
Pavi tumque leporem et advenam laqueo gruem
  Jucunda captat præmia.
Quis non malarum quas amor curas habet
  Hæc inter obliviscitur ?
  Quod si pudica mulier . . . .
  Qualis. . . . Appuli

Sacrum vetustis extruat lignis focum
Lassi sub adventum viri
Claudeusque textis cratibus lætum pecus
Distenta siccet ubera :
Et horna dulci vina promens dolio,
Dapes inemptas apparet.
Non me Lucrina.... non afra avis
Jucundior, quàm lecta.... oliva
Aut herba lapathy, malvæ... vel agna....
Has inter.... ut juvat pastor oves
Videre properantes domum !
Videre fessos vomerem inversum boves
Collo trahentes languido
Vernas.... circum renidentes lares. (Epod. 2.)

Un commentateur de l'acabit des Lamotte et Desfontaines, a rangé cette ode au nombre des satires d'Horace ; et il s'applaudit de cette idée, parce qu'il s'agit, à la fin, d'un usurier : cette réflexion prouve bien encore que, du temps de M. Dacier, on était aussi étranger à la vie des champs, qu'on l'est encore aujourd'hui. Cette ode, au contraire, est une des plus parfaites du chantre de Tibur : cette vérité sera sentie par tous ceux qui ont habité ou observé le cours des choses dans les pays de bocage ou de petite culture, tels que le Berri, le Limousin, le Poitou, etc. Dirait-on qu'un Fénélon, un

Fléchier ou un Massillon, en faisant le tableau du bonheur d'un propriétaire agriculteur, d'un *homo frugi*, aurait voulu faire la satire d'un citadin qui, en sortant d'un de leurs sermons, serait parti pour aller à l'opéra ou à la comédie? Cette ode est, en quelque sorte, un petit poëme géorgique admirable. Mais, pour désabuser tous ceux qui penseraient comme cet interprète, il suffit de se reporter à tout ce que dit Horace sur le même sujet : on le trouvera toujours fidèle aux sentimens qu'il vient d'exprimer sur l'agriculture.

Dans l'ode qu'il adresse aux Romains, il fait un affreux tableau des guerres civiles ; il vante le bonheur qu'on trouve hors de Rome. Dans les champs, Cérès y donne toujours des moissons ; la vigne et l'olivier y donnent leurs fruits ; le miel y coulé des vieux chênes ; les chèvres y remplissent de lait leurs mamelles ; la terre n'y recèle point de vipères ; les orages n'y ravagent pas la terre ; la sécheresse n'y dessèche pas les germes ; jamais les troupeaux n'y sont frappés de contagion (1).

---

(1) *Arva petamus* . . . .

(105)

Horace vient de dire le bonheur de la vie
passée aux champs : mais, dans cette ode,
il reproche aux Romains leurs vices et leur
corruption ; il dit : « Ceux qui ont vaincu
les Carthaginois ne sont pas ceux de votre
temps. Les hommes qui naissent et vivent
aux champs, sont vigoureux et accoutumés
aux plus rudes travaux ; ils ne craignent pas
les fatigues : il n'en est pas ainsi de nous (1). »

Le poëte oppose au sort des Romains celui des Apuliens, qui sont heureux et labo-
rieux : lui-même y remplit toujours ses propres greniers ; il y jouit d'ailleurs d'un ruisseau formé par une source pure, d'un bois,
de quelques jugères de terre labourable. Ses

Reddit ubi cererem tellus inarata quotannis
Et.... floret vinea... et termes olivæ
Mella.... manant ex ilice.... capellæ....
Grex amicus ubera....
Nec intumescit alta viperis humus....
Neque.... eurus radat imbribus....
Pinguia nec siccis urantur semina glebis....
. . . . Nulla.... pecori contagia. (Epod. 16.)

(1) *Rusticorum mascula militum*
Proles.... ligonibus versare glebas
. . . Nos nequiores....
       (Od. 6., lib. 3.)

abeilles lui fournissent abondamment du miel, et il n'envie point aux Gaules leurs riches toisons (1).

Toujours à sa même philosophie, Horace assigne le vrai bonheur à celui qui possède une modeste maison de campagne, dans laquelle il y a un jardin, une source vive et un peu de bois (2).

Il met la vigne au-dessus de tous les autres arbres, et il ne dédaigne pas de donner des préceptes pour sa culture (3).

Comme Homère, Horace vante la fertilité de Rhodes, de Mitylène, d'Ephèse, de Corinthe et de la Thessalie : partout l'olivier y prospère. Les plaines d'Argos sont renommées par leurs coursiers; mais il préfère le

---

(1)   . . . *Quidquid arat, non piger Appulus,*
Occultare meis.... horreis....
Sylvæ.... mella ferunt apes
Puræ rivus aquæ ... jugerumque paucorum...
. . . Nec languescit. . gallicis... vellera pascuis
(Od. 16, lib. 3.)

(2) *Hoc erat in votis modus agri, non ità magnus,*
Hortus ubi et tecto vicinus jugis aquæ fons
Et paulùm sylvæ.. . foret... (Sat. 6, lib. 2.)

(3) *Nullam.... sacrâ vite priùs severis arborem.*
(Od. 18, lib. 1)

lac de Tiburne, et quelques moelleux ruisseaux à travers ses vergers (1).

Il fait observer que les anciens consacraient la fondation des villes par la charrue (2). (Ce trait seul, dans l'histoire antique, aurait dû inspirer d'autres sentimens aux écrivains.)

Peu de poëtes, depuis Anacréon, n'avaient mieux décrit le retour du printemps. On sent qu'Horace en avait constamment éprouvé les douces impressions : « La terre, dit-il à Sextius, est enfin délivrée du cruel hiver ; les marins disposent leurs carènes sur le rivage ; les troupeaux sont impatiens dans les étables ; le laboureur néglige son feu ; les gelées ne blanchissent plus les prairies ; c'est la saison de faire des sacrifices au dieu Faune : toute la jeunesse bientôt va sentir les doux feux de l'amour (3). »

---

(1) *Laudabunt, Rhodon, Delphos... Palladis olivam. ..*
Aptum equis Argos.... at Anio, Tiburni lacus....
. . . . Mollibus pomaria rivis.
(Od. 7, lib. 1.)
(2) *Funditùs.... muris.... aratrum.*
(Od. 16, lib. 2.)
(3) *Solvitur acris hiems ... et favoni.... trahunt siccas....*

Nos poëtes citadins ne peuvent douter qu'Horace s'occupait d'agriculture, quand il prévient Mécène qu'il ne lui fera pas voir dans sa campagne des charrues attelées de plusieurs paires de taureaux (1).

Horace n'est pas moins heureux ou fidèle à décrire l'hiver : « Le mont Soracte est couvert de couches épaisses de neige ; les forêts n'en peuvent supporter le poids. La gelée arrête le cours des rivières ; mais dissipons les rigueurs de la saison, faisons de grands feux, sortons des celliers les vins de quatre ans, et laissons aux dieux à faire le reste (2).

« L'hiver (continue Horace) ne dure pas toujours, et les pluies froides n'assiégent pas

---

carinas , ac neque jàm stabulis gaudet pecus , aut arator igni ; nec prata canis albicant pruinis. Jàm… Venus ducit choros… alterno terram quatiunt pede… Cyclopum. Nunc decet… caput impedire myrto… aut flore… seu agnum… sive hædum… juventus… Nunc omnis et mox virgines tepebunt. (Od. 4, lib. 1.)

(1) *Non ut juvencis illigata pluribus*

    Aratra nitantur meis. (Epod. 1.)

(2) *Altá stat nive… Soracte… nec jàm sustineant onus, sylvæ… geluque… flumina constiterint… dissolve frigus… ligna super foco… deprome quadrimum sabina… permitte divis cætera.* (Od. 9, lib. 1.)

sans cesse la terre ; il n'y a point de glaces ni souffles des aquilons dans tous les mois ; les chênes et les frênes ne sont pas toujours dépouillés de leurs feuilles (1). »

Comme Homère, Horace signale les contrées fertiles : la Sardaigne, la Calabre, par ses troupeaux. Lui-même est heureux à Tiburne, par ses olives, ses mauves et ses chicorées. Il célèbre, en outre, la fertilité de la Phrygie, la Grèce, et les pâturages de la Gaule (2).

Il n'y a qu'un chantre qui a bien connu toute la puissance de la nature, qui ait pu dire qu'un peuple généreux, mutilé, froissé, décimé, ressemblait à un chêne qu'on a coupé à sa souche, et qui n'en pousse qu'avec plus de vigueur de forts et nombreux rejetons (3).

La pensée d'Horace sur la génération des

------

(1) *Non semper imbres... manant in agros... nec stat glacies menses per omnes, aut aquilonibus... querceta... foliis viduantur orni.* (Od. 9, lib. 2.)

(2) *Opimas Sardiniæ segetes feracis... æstuosæ Calabriæ armenta... me pascunt olivæ... me cichoreæ... levesque malvæ.* (Od. 31.) *Aut pinguis Phrygia.... pinguia gallicis vellera pascuis.* (Od. 16, lib. 2.)

(3) *Duris ut ilex tonsa bipennibus... per damna, per cædes, ab ipso... ducit opes animumque ferro.* (Od. 4, lib. 4.)

hommes forts et vertueux, appartient à plusieurs philosophes ; mais Horace la fortifie et l'embellit, en ajoutant qu'il en est ainsi des belles races de taureaux et de coursiers (1).

Horace a cru faire un éloge digne d'Auguste, en disant que les bœufs erraient tranquillement dans les pâturages (2).

Dans son chant séculaire, il prédit aux Romains que les dieux et les parques seront toujours propices aux fruits et aux troupeaux du Latium ; que les agriculteurs ceindront leurs fronts de couronnes d'épis de blés ; que l'air et les eaux y seront toujours salubres, et qu'il y aura toujours des victimes blanches pour le peuple qui descend d'Anchise et de Vénus (3).

---

(1) *Fortes creantur fortibus et bonis, est in juvencis, est in equis patrum virtus.* (Od. 5, lib. 4.)

(2) *Tutus bos etenim rura perambulat.* (Idem.)

(3) *Fertilis frugum pecorisque tellus*
  Spicea donet Cererem corona...
  Fœtus et aquæ salubres... et Jovis auræ
  Quique vos bobus veneratur albis
  Clarus Anchisæ Venerisque sanguis.
       (Carm. sec.)

Il faut avoir une haute idée de l'agriculture, pour dire que la charrue, en défrichant, assure la paix publique (1).

Dans son *Art poétique,* Horace veut légitimer des mots nouveaux, en s'attachant aux étymologies : il rappelle, à cette occasion, l'origine du mot *pecunia* à *pecore* (2).

Poursuivant cette réflexion sur le langage, il fait observer qu'il y a dans le monde des vicissitudes continuelles pour les choses et pour les noms ; il compare les mots de la langue aux feuilles qui naissent les premières dans les forêts, et qui tombent aussi les premières (3).

Insistant sur la nécessité de conformer le langage aux évènemens et aux révolutions, il suppose qu'un roi ayant desséché un vaste marais stérile, sur le fond duquel on aura élevé des maisons, et où la charrue aura

---

(1) *Rusticus... et incultæ pacantur vomere sylvæ.*

(Epist. 2, lib. 1.)

(2) *Nova rerum nomina... licuit semperque licebit*
Signatum præsente nota producere nomen.

(Art poet.)

(3) *Ut sylvæ foliis pronos mutantur in annos*
. . . . Prima cadunt.... ità.... (Idem.)

remplacé les rames des navigateurs, il est indispensable de changer les dénominations (1).

Le poëte emprunte à l'arbre qui vieillit dans la forêt, une belle comparaison, dont il fait l'application à la renommée de Marcellus (2).

De savans physiciens nient l'influence des bois pour atténuer ou amortir les traits des aquilons : selon eux, le froid tombe du ciel comme la neige ou la grêle ; le baromètre et le thermomètre sont leurs guides exclusifs. Ce n'était pas la physique d'Horace, et ce n'est pas encore celle des agronomes, qui attribuent partout la cause des froidures à certains vents. L'aquilon, entre autres, ne tient pas les hauteurs de l'atmosphère, car il rase la superficie de la terre (3).

Il y avait donc, à Rome comme à Paris, des citadins qui s'éprenaient d'un vif amour

---

(1) *Regis opus sterilisque diù palus aptaque remis*
Vicinas urbes alit et grave sentit aratrum.
                     (Art poet.)
(2) *Crescit occulto velut arbor ævo... fama Marcelli.*
                   (Od. 12 , lib. 1.)
(3) *Aquilo radit terras.* (Sat. 5 , lib. 2)

pour les champs, et qui, comme nos amateurs, faute de science et d'expérience, après
avoir vu faillir les moissons, périr les bœufs
et les chèvres, revenaient à la ville (1).

Horace nomme *amateurs* ceux qui van-
taient avec enthousiasme la vie des champs,
et s'extasiaient sur les ruisseaux, sur la
mousse des rochers et sur les arbres. « Pour
y vivre selon la nature, il faut, dit Horace,
choisir le site et l'exposition de sa demeure;
mais les amateurs y veulent des colonnes de
marbre, et avoir une vue qui leur découvre
au loin les champs. Ils ne savent point prévenir les dommages, parce qu'ils ne savent
pas distinguer le vrai du faux (2). »

---

(1) *Ex nitido fit rusticus atque*
Sulcos et vineta crepat mera : præparat ulmos :
. . . . . Amore senescit habendi....
Verùm ubi oves furto, morbo periére capellæ,
Spem mentita seges, bos est enectus arando
Offensus damnis, mediâ de nocte caballum
Arripit... iratusque tendit ad œdes.

(2) *Ruris amatores... laudo ruris amœni... rivos et musco*
circum lita saxa nemusque, vivere naturâ si convenienter
oportet...domo quærenda est area...nempè inter columnas...
laudaturque domus longos quæ prospicit agros... damnum...
qui non poterit vero distinguere falsum. (Epist. 10, lib. 1.)

Horace ne juge point en maître les influences de la lune ; il est moins hardi que
nos grands académiciens astronomes, qui
les mettent au rang des préjugés ; mais il emploie la formule dubitative sur les mouvemens de la mer, sur le cours de l'année, sur
l'ordre des étoiles, sur les phases de la lune,
et laisse à décider quel est le meilleur système,
ou celui d'Empédocle, ou celui de Sterti-
nius (1).

Je me suis attaché d'abord à recueillir
quelques généralités sur l'art de cultiver ; telles
sommaires qu'elles soient, elles suffisent
pour donner une juste mesure des pensées
d'Horace sur l'ensemble des choses qui se
rapportent à l'agriculture, et pour convaincre tout lecteur impartial que, dans ses compositions poétiques, il s'est toujours attaché
à suivre les lois de la nature et les réalités de
l'histoire : il reste à prouver que pour lui il

----

(1) *Quæ mare compescant causæ ; quid temperet annum,*
Stellæ sponte suâ jussæ ne vagentur et errent :
Quid premat obscurum lunæ, quid proferat orbem,
Quid velit et possit rerum concordia discors :
Empedocli aut Stertinii deliret acumen.

(Epist. 12, lib. 1.)

n'y a point de noms et de choses qu'il ait jugés indignes de sa lyre.

Le mot *cavale* ferait reculer d'effroi un romantique et même un académicien (1). Il a comparé les amours d'une jeune femme atteinte des premiers traits de l'amour, à ceux d'une cavale de trois ans, qui désire un amant, et qui redoute néanmoins de s'abandonner à lui : c'était un trait hardi, même à Rome, où, malgré tous les libertinages possibles, le ton public des mœurs était néanmoins très-sévère (2).

Tout le monde savait à Rome que la chèvre et le bouc étaient lascifs ; à Paris, en général, on l'ignore. Il faut convenir aussi que l'on est très-étranger aux êtres qui n'habitent que les champs. Il y a d'ailleurs une si grande différence entre les boucs et chèvres de France sous le climat de Paris et celui de la Calabre, que la hardiesse de l'expression reste toute entière aux mots d'Horace : *la race du troupeau lascif* (3).

---

(1) *Amor et libido equarum.* (Od. 15, lib. 1.)

(2) *Veluti latis equa trima campis, ludit exultim, metuitque tangi.* (Od. 11, lib. 3.)

(3) *Lascivi soboles gregis.* (Od. 13, lib. 3.)

Lascivæ similem gaudere capræ. (Od. 15, lib. 3.)

On a regardé comme une témérité que
Delille ait osé prononcer le mot *vache;* nul
depuis lui n'a osé le faire. Horace le répète
souvent ; même dans ses Odes il dit à Gros-
phus : « Tu jouis de nombreux troupeaux de
vaches en Sicile, et tu y entends hennir les
cavales(1). »

Il nomme de même le *scorpion*(2).

Il peint comme un homme avide et criminel, celui qui arrache les *bornes* d'un champ
pour agrandir le sien : c'est une idée qui n'oc-
cuperait pas nos poëtes (3).

Il est assez souvent question, dans nos dou-
cereuses idylles, de l'agneau, mais rarement
de sa mère; Horace en fait un sacrifice en
l'honneur de Mécènes (4).

Tout ce qui intéresse les champs est cher
à Horace : les ruisseaux et les flots de miel
qui coulent des vieux arbres (5).

---

(1) *Siculæ circum mugiunt vaccæ... tollet hinnitum qua-*
drigis equa. (Od. 16, lib. 3.)

(2) *Seu me scorpius formidolosus.* (Od. 17, lib. 2.)

(3) *Revellis agri terminos... et ultrà limites.*

(Od. 17, lib. 2.)

(4) *Nos humilem feriemus agnam.* (Od. 17, lib. 2.)

(5) *Cantare rivos, atque truncis.. lapsa cavis iterare mella.*

(Od. 19, lib. 2.)

Les météores destructeurs des moissons occupaient également sa lyre ; il dit pour la vigne (1).

On sait, par l'ode à Néobule, qu'on chassait en Calabre les cerfs et les sangliers ; il fait tuer un de ces derniers dans un verger où le chasseur se tient à l'affût (2).

Horace, comme Virgile, fait atteler les *taureaux* à la charrue : c'est un point de fait que j'examine dans *l'Histoire de l'agriculture des Romains* (3).

Il n'a pas dédaigné de signaler les présages qu'annonce la corneille (4).

Dans un festin qu'il donne, il fait servir un *porc* âgé de deux mois (5).

Dans un jour de fête, il veut y faire participer ses troupeaux ; il en fait une image parfaite (6).

Pour exprimer qu'un vin vieillit, nous di-

---

(1) *Verberatæ grandine vineæ.* (Od. 1, lib. 3.)

(2) *Celer alto latitantem fruticeto excipere aprum.*

(Od. 12, lib. 3.)

(3) *Fessis vomere tauris.* (Od. 13, lib. 3.)

(4) *Nisi fallit augur annosa cornix.* (Od. 17, lib. 3.)

(5) *Et porco bimestri.* (Od. 17, lib. 3.)

(6) *Ludit herboso pecus omne campo.* (Od. 18, lib. 3.)

sons : *il tombe.* Horace dit de ces sortes de vins (1).

Il avait bien observé le caractère de *la truie*, dont le nom ne lui a point paru indigne (2).

Il désigne la rouille comme le fléau des blés (3).

Il est remarquable qu'en toute occasion il fait observer la différence qu'il y a entre le chêne et l'yeuse : pour les lettrés c'est un même être (4).

Peintre fidèle, il décrit l'instant du sacrifice aux dieux Lares, pour lesquels le far devait être béni, et où le sel crépitait sur le charbon (5).

Horace donne des détails historiques sur les pronostics; il signale une louve de couleur fauve sur un fond noir, une lice et une femelle de renard qui vont mettre bas, le serpent, le vol incertain de la corneille, les mouvemens désordonnés du chevreau (6).

---

(1) *Vina languidiora.* (Od. 21, lib. 3.)

(2) *Avidaque porca.* (Od. 23, lib. 3.)

(3) *Nec sterilem seges rubiginem.* (Od. 23, lib. 3.)

(4) *Pascitur... quercus inter et ilices.* (Od. 23, lib. 3.)

(5) *Farre pio et saliente micá.* (Od. 23, lib. 3.)

(6) *Prœgnans canis, rava lupa, fœtaque vulpes, serpens, vaga cornix, motus hœdi.* (Od. 27, lib. 3.)

Dans les grands sacrifices pour César, on immolait dix taureaux et autant de *vaches;* mais Horace lui réserve un jeune *veau* qu'il a lui-même élevé (1).

Horace caractérise les poissons comme muets, et il attribue aux cygnes la faculté de rendre des sons ; les naturalistes ne sont pas d'accord sur ce point, mais Horace est une autorité (2).

Plusieurs voyageurs lettrés ont fait observer que les vignes mariées aux arbres produisent un charmant aspect. Horace l'exprime par un seul mot : l'agriculteur rend la vigne aux arbres qui en étaient *veufs* (3).

Un poëte gascon a voulu donner à l'ail de la célébrité ; il dit que l'ail est excellent, et Horace dit que l'ail est plus mortel que la ciguë (4).

Les chiens dans la Calabre étaient utiles

---

(1) *Decem tauri , totidemque vaccæ..... me tener vitulus juvenescit.* (Od. 2, lib. 4.)

(2) *Dulcem strepitum... mutis quoque piscibus... donatura cygni... sonans.* (Od. 2, lib. 4.)

(3) *Et vitem , viduas ducit arbores.* (Od. 5, lib. 4.)

(4) *Edat cicutis allium nocentius.* (Epod. 3.)

aux troupeaux; Horace les nomme et les désigne (1).

Dans certains sacrifices on immolait un *bouc* lubrique et une vieille *brebis* noire (2).

Il a descendu sa lyre jusqu'à la fourmi, mais il l'élève en lui prêtant de l'intelligence pour l'avenir (3).

On apprend par Horace qu'on mettait une couverture sur les chevaux mis en vente (4).

On aime, on admire Horace, quand on a le bonheur d'aimer les lettres et l'agriculture; il n'y a qu'un agronome profondément versé en agriculture qui puisse faire observer, même par allusion, que la fougère s'empare des terrains négligés (5).

C'était un usage chez les Romains d'attacher un peu de foin aux cornes d'un taureau

---

(1) *Aut molossus, aut fulvus lacon.* (Epod. 6.)

(2) *Libidinosus immolabitur caper, et agna tempestatibus.*
(Epod. 10.)

(3) *Magni formica laboris… haud ignara futuri.*
(Sat. 1.)

(4) *Equos apertos inspiciunt : regibus hic mos est.*
(Sat. 2.)

(5) *Neglectis urenda filix innascitur agris.*
(Sat. 3.)

méchant; il mériterait de trouver place dans un code rural en France (1).

La verveine était admise dans le rite des sacrifices (2). Il nomme aussi *l'ache* le lierre. (Ode 19.)

Les érudits ont glosé sur l'origine du pressoir : Horace en dit l'usage (3).

Il ne craint pas d'offenser la majesté de César en le comparant à un épervier qui fond sur des colombes (4).

Quel poëte aujourd'hui oserait décrire la fureur d'un taureau en amour (5)?

Les brebis de la plaine du Galèse portaient des couvertures, afin de les garantir de la poussière (6).

Horace chérissait le platane (7).

Il est souvent question de la houe dans Horace (8).

---

(1) *Longè fuge, fœnum habet in cornu.* (Sat. 4.)

(2) *Verbennas pueri ponite.* (Od. 19.)

(3) *Prœlo domitam tu bibes uvam.*

(Od. 20, lib. 1.)

(4) *Accipiter velut, molles columbas.* (Od. 37, lib. 1.)

(5) *Tauri ruentis in venerem.* (Od. 5, lib. 5.)

(6) *Pellitis ovibus ad Galesi flumen.* (Od. 6, lib. 3.)

(7) *Alta platano... jacentes.* (Od. 11, lib. 2.)

(8) *Ligonibus duris humum exhauriebat.* (Epod. 5.)

Du temps d'Horace, on battait, comme en Grèce, les blés sur une aire (1).

Il nomme les *mittes*, la *teigne* qui rongent les vêtemens (2).

Il nomme encore les *pois*, les *fèves*, les *lupins* (3).

Il apprend qu'on semait les pepins des bons fruits (4).

Horace semble avoir fait une étude de l'art culinaire ; ses satires en sont une preuve : ainsi, il préfère le goût du chou qui provient d'un sol élevé, à celui d'un sol gras et humide (5).

Il apprend que pour rendre une vieille volaille plus tendre, il faut la plonger dans du vin (6).

---

(1) *Millia frumenti triverit area.* (Sat. 1.)

(2) *Vestes...... blattarum et tinearum , epulœ.*

(Sat. 2, lib. 2.)

(3) *In cicere , atque fabâ... lupinis in circo.*

(Sat. 3, lib. 2.)

(4) *Picenis excerpens et semina pomis.* (Sat. 2, lib. 2.)

(5) *Caule sub urbano qui siccis in agris*

Dulcior... irriguo nihil.... horto. (Sat. 4, lib. 2.)

(6) *Ne gallina... dura palato , mersare falerno.*

(Sat. 3, lib. 2.)

Les meilleurs champignons sont ceux des prés (1).

Les œufs de colombes éclaircissent mieux le vin (2).

En cuisine, il préférait le poivre blanc et le sel noir (3).

Horace dit le mot *avena*, mais ce n'était pas notre avoine ; il suffit de lire la sixième satire.

On frelatait les vins en Italie, et surtout celui de Chio. Ces vins frelatés ne pouvaient soutenir la mer ; Horace les caractérise par ces mots, *maris expers*.

Dans les repas, on servait de *petites raves*, des *laitues* et diverses racines pour exciter l'appétit. (Sat. 8.)

Pour faire cuire le poisson en perfection, il fallait du vin de cinq ans ; ce moyen serait encore le meilleur pour nous (4).

Je n'ai vu nulle part dans l'histoire des Ro-

---

(1) *Pratenstibus optima fungis.* (Sat. 3, lib. 2.)

(2) *Vina columbino limum benè colligit ovo.* (Sat. 4.)

(3) *Primus.... piper album, cum sale nigro.* (Sat. 4.)

(4) *Vino quinquenni.... dùm coquitur, non sine aceto, pipere albo.* (Sat. 8.)

mains, qu'on ait donné à un chef de troupeaux le titre de *convivateur* (1).

Il nomme le *chien* et la *truie* (2).

La génisse était la victime votive (3).

Il apprend qu'on mettait le vin dans des vases, à mesure qu'il sortait du pressoir (4).

Les vignes étaient sujettes à la grêle et à la sécheresse : ce dernier météore est singulièrement désigné (5).

La vulve d'une truie qui avait mis bas pour la première fois, était un mets excellent ; on faisait grand cas aussi de la grive (6).

On estimait l'onguent fait de pavot et de miel (7).

Faisons observer en terminant qu'on nom-

---

(1) *Sed convivatoris uti ducis.* (Sat. 8, lib. 2.)

(2) *Vixisset canis immundus , vel amica luto sus.*

(Epist. 2, lib. 1.)

(3) *Pascitur in vestrum reditum votiva juvenca.*

(Epist. 3, lib. 1.)

(4) *Vini bibes.... diffusa.* (Epist. 5, lib. 1.)

(5) *Grando... contundit vites oleasque momorderit œstus.*

(Epist. 8, lib. 1.)

(6) *Nil vulvâ pulchrius amplâ , nil melius turdi obeso.*

(Epist 15, lib. 1.)

(7) *Et crassum unguentum sardo cum melle papaver.*

(Ars poet.)

mait alors la jaunisse (l'*ictéria*), la maladie
des rois, *morbus regius.*

Si le lecteur veut maintenant résumer tous
les noms et toutes les choses qu'Horace a soumis à sa lyre, il s'étonnera sans doute aussi
de l'opinion et des règles de goût imposées
par les aristarques français aux œuvres poétiques : il s'étonnera bien plus encore que
l'Académie française ait de nouveau proclamé
l'hérésie, que le domaine physique de la nature ne donnait pas des inspirations dignes
de la haute poésie, et qu'elle en ait circons-
crit le champ dans la sociabilité, les familles
et la divinité. Eh quoi! il ne se trouvera pas
dans toute la France quelque homme de lettres jaloux de la gloire de sa patrie, qui s'em-
parera après moi des réflexions que je viens
de faire, et des preuves que je viens de donner! Que celui qui pourrait hésiter à se prononcer ainsi, lise attentivement les œuvres
que je viens de citer, il y trouvera une foule
d'autres choses et de noms qui sont en preuves de tout ce que je viens de dire relativement au style et au rythme poétique; il y
trouvera une preuve positive encore que les
œuvres d'Horace sont une mine féconde pour
écrire ou pour justifier les faits et gestes de

l'histoire civile, politique et religieuse des Romains. Le savant agronome d'ailleurs s'étonnera d'y trouver tant de rapports avec l'agriculture et l'industrie ; le philosophe y pourra suivre et composer même le tableau des mœurs du peuple-roi. Je laisse au lecteur à en juger par l'Histoire même de l'agriculture des Romains, que j'entreprends avec confiance, du moins pour la réalité des choses, et d'après le témoignage des grands hommes que je viens d'explorer.

Je me présente donc, comme on voit, pour écrire l'Histoire de l'agriculture des Romains, sous les auspices de Cicéron et de Columelle, et appuyé d'un côté sur Virgile, et de l'autre sur Horace ; leurs textes, quoique diversement poétiques, seront néanmoins des autorités irrécusables, surtout quand il sera prouvé qu'ils s'accordent avec les témoignages des plus grands écrivains des siècles ultérieurs.

HISTOIRE

DE L'AGRICULTURE

DES ROMAINS.

PREMIÈRE ÉPOQUE.

—

CHAPITRE PREMIER.

L'origine des Romains. — Leur premier roi. — Le partage de leur territoire. — Leur vie sauvage. — Leur régime diététique. — L'emploi des céréales.

———

Nous n'avons point d'histoire de l'agriculture des Romains; plusieurs auteurs, il est vrai, en ont écrit ou disserté; mais aucun d'eux n'a pris la peine de rassembler les matériaux épars dans les œuvres des savans de Rome, afin d'en composer une histoire spéciale, comme j'ai l'intention de le faire.

Cette histoire particulière offre pour moi un grand écueil, celui d'avoir à contredire souvent l'histoire générale même des Romains, de laquelle presque tous les écrivains, échos les uns des autres, ont plutôt fait un roman qu'une histoire.

Pour écrire au vrai l'histoire de l'agriculture des Romains, il est indispensable de remonter à l'origine de Rome, afin de faire mieux connaître les premiers élémens de leur sociabilité, d'en suivre la marche et les progrès, et d'en déduire les faits, sans lesquels il n'y a point d'histoire proprement dite. Il faut absolument d'ailleurs consulter les plus anciens poëtes et historiens, pour se faire une juste idée du premier état de Rome, et, par suite, de sa législation primitive, dans laquelle on trouvera les preuves les plus authentiques des origines de l'agriculture des Latins.

Parce que les Romains, toujours heureux dans leurs entreprises, se sont élevés rapidement au premier rang des peuples guerriers et civilisés; parce que, dans leur organisation, ils ont dominé les rois, les consuls et les césars, chaque historien s'est évertué à signaler des prodiges aux premiers élans du peuple-

roi vers la civilisation, voulant ainsi le flatter
et lui inspirer, comme à ses descendans, un
grand et noble orgueil. Le conte de la louve,
celui des oies, la scène de Camille devant
Brennus, loin d'avoir été contredits, ont été
consacrés de siècle en siècle par le culte et
par les arts ; ils ont fait partie du premier ca-
téchisme historique de Rome, et les générations se les transmettent fidèlement. Que des
historiens de Rome les aient admis et publiés,
on ne s'en étonne pas ; il eût été dangereux
même de les nier ou de s'en moquer : mais
quels motifs peuvent avoir aujourd'hui des
historiens libres de toutes craintes pareilles,
à reproduire tant de choses fausses ou absurdes? Le véritable historien ne doit s'attacher qu'à la vérité, à la réalité des choses,
surtout lorsqu'il s'agit d'agriculture, et non
des croyances d'un culte, pour lesquelles en
effet, la prudence commande presque partout une grande circonspection. L'histoire de
l'agriculture repose avant tout sur des faits,
ou sur des résultats qui en sont les conséquences. J'aurai donc à contredire souvent
maints auteurs, et surtout le fameux Tite-
Live, qui a le plus abusé de son style et de
son titre pour flatter Rome, le sénat et les

césars. Je n'opposerai point mon opinion ou un esprit de système, mais je suivrai les témoignages des anciens écrivains et poëtes du Latium. Je ne me dissimule point que l'opinion est déjà faite sur l'histoire générale de Rome, et que tout ce que je pourrai dire de contraire ne prévaudra point contre l'opinion arrêtée. Pourrais-je espérer d'ailleurs de la faire changer, ou d'accréditer d'autres opinions, quand il ne s'agit que de l'histoire spéciale de l'agriculture, dans laquelle les aristarques et les lettrés ne verront probablement qu'une partie à peine digne d'être produite ou remarquée dans la carrière littéraire.

L'existence de Romulus n'est pas plus réelle que celle des premiers rois d'Egypte, ou que celle du premier roi de Sparte ; je ne sais au reste quel grand peuple on pourrait citer, même chez les Francs, dont les premiers rois passent pour avoir eu une existence réelle, ou un nom identique ; mais il serait encore bien plus difficile de dire au vrai quelle a été l'origine du peuple romain.

Il y avait eu de grandes civilisations effectuées en Egypte, en Asie, en Grèce, en Afrique ; et les Gaulois, plus immédiats alors,

avaient déjà fondé des villes en Italie, conquis et formé des royaumes, que Rome n'é-
tait qu'un repaire de brigands sauvages et
féroces, vivant de rapines, sans culte, sans
lois et sans familles (1).

Il était dangereux d'aborder le site qu'ils
occupaient, parce qu'ils se retiraient dans
des bois et dés marais inaccessibles. Ce site
fut nommé *Latium*. Des érudits ont expliqué
cette dénomination par la facilité qu'avaient
les Romains de s'y cacher, rattachant ce mot
au verbe *latere à latendo*.

Dans toutes les anciennes émigrations con-
nues, dans celles des Scythes, des Gaulois,
des Daces, des Tartares, on a toujours remarqué des traces de mœurs et des habitudes
qui ont été des siècles à se confondre ou à
s'effacer. On ne pourrait se méprendre, par
exemple, sur celles des Parthes, des Scythes,
des Phrygiens; et, s'il n'est pas vrai que
Sparte ait été une colonie de Gaulois, on a

---

(1) *Quos autem Romanos esse? nempè pastores qui la-
trocinio, justis dominis ademptum teneant... qui denique
urbem ipsam parricidio condiderint.* (Justin.)

Et tamen...

Nomen ab infami gentem deducis asylo. (Juv.)

vu du moins qu'il y avait une analogie frap-
pante dans les parallèles qui ont été faits sur
ces deux peuples : mais nul historien, tel
intrépide flatteur qu'il ait été du peuple romain, n'a pris le soin, ou n'a pas osé s'aven-
turer à dire d'où étaient provenus les hommes du Latium.

Le plus érudit parmi les modernes, n'oserait encore assigner une origine aux Romains, par des analogies de mœurs, de cultes
ou de lois, avec d'autres peuples plus anciens. On ne peut croire qu'ils soient sortis
de la grande officine des régions hyperbo-
rées, ce qui a tant préoccupé Platon et Bailly;
car tous les peuples du Nord avaient un caractère positif, sur lequel on ne s'est jamais
mépris; ce caractère se faisait surtout remarquer par une grande ardeur pour les combats, par les croyances religieuses et par le
régime diététique.

Cependant, pour prendre à l'égard des Romains un point de départ, admettons que
Romulus ait été leur premier roi; ce titre
d'abord ne leur donne pas un plus beau lus-
tre; car Tite-Live lui-même nous apprend
que Rémus avait souvent franchi d'un saut le
mur d'enceinte de Rome. Il est d'ailleurs dans

l'ordre de toute réunion, de tribus, de clans ou de familles, et même à l'égard des animaux des champs, espèce par espèce, qu'il y ait toujours un chef auquel tous les autres individus obéissent; c'est ordinairement pour ces derniers, le plus fort et le plus beau. On doit présumer cependant que Rémus et Romulus, à raison de leur enfance, étaient les fils d'un chef estimé. Quoi qu'il en soit, admettons que Romulus, parvenu à l'âge adulte, ait eu la sagesse ou l'inspiration de vouloir donner à ses compagnons un ordre social, stable et successif, et que dans ce dessein il ait fait une distribution du territoire central; d'après l'histoire, ce fut de donner à chaque chef deux mesures de terres ou *jugères,* transmissibles par succession, aux familles des donataires, et desquelles encore il aurait indiqué la culture qu'il fallait exercer (1).

Cette distribution est digne de remarque,

---

(1) Cicéron fait observer que ces deux arpens avaient été le premier prix des victoires remportées sur des peuples voisins : *En agros quo bello Romulus..... divisit viritus civibus.* (Cic., *de Republica.*)

Le *jugerum* des Romains contenait à peu près les sept huitièmes de l'arpent de roi.

car elle sera la preuve d'origine des premières familles de Rome; c'est ainsi, au surplus,
que celles de Sparte, d'Athènes, de Corinthe
ont fait remonter leur noblesse d'origine,
afin d'en exclure le vulgaire, les parvenus et
les citoyens nouveaux.

Si on juge de l'ancienne Rome par son enceinte, on reconnaît aussitôt que le territoire
n'était pas étendu, et que le nombre des compagnons de Romulus était peu considérable;
en les assujettissant d'ailleurs à travailler leurs
portions congrues, on voulait faire trouver
dans le territoire propre, ce qu'on était obligé
d'aller chercher au loin dans les forêts, ou
enlever aux pays voisins.

Cette vie errante et sauvage donne la mesure de la sagesse de Romulus, puisqu'il a
rendu ses compagnons propriétaires, et qu'il
les a ainsi fixés au centre de leur patrie adop-
tive; l'obligation de cultiver les deux arpens
en plantes nourricières, prouve encore que
jusque-là leur régime de vie avait été fortuit.

On remarque avec étonnement que cette
peuplade, car on ne sait si elle est sortie du
Tibre ou des monts qui dominent ce fleuve,
était habituellement nue, et qu'elle parcou-
rait ainsi les bois et les marais. L'homme

du monde regardera infailliblement ce fait
comme une conjecture hasardée, parce que,
se repliant sur les climats qu'il connaît par
l'histoire, il regardera cette nudité impossible; mais l'homme digne de comprendre la
nature à son origine, ne s'étonnera pas plus
de voir dire qu'il y a eu des hommes nus en
chasse et en guerre, que de lire qu'il y en a
eu qui sont sortis du sein des eaux et qui y
vivent habituellement. On trouve la preuve
de cette nudité commune, au moins pour les
hommes, dans celle qui se faisait remarquer
encore, deux siècles après la fondation de
Rome. Tout le monde sait qu'un messager du
sénat fut chargé d'aller annoncer à Cincinnatus qu'il était nommé dictateur, qu'il fut
trouvé nu, labourant son champ, et que le
messager lui dit de se vêtir, parce qu'il lui
apportait un décret du sénat.

Dans une telle vie sauvage, on voit que le
peuple du Latium vivait exclusivement des
proies de sa chasse et de sa pêche; l'immensité des bubales qui peuplaient ses marais et
ses bois, et à l'occasion desquels les Grecs
ont donné le nom d'Ιταλους à cette partie de
l'Italie, prouve également qu'ils vivaient de
la chair de ces quadrupèdes et de laitage.

Un tel peuple ne devait vivre qu'au jour le jour ; ses premiers vêtemens ont été incontestablement faits de peaux d'animaux, puisqu'ils étaient tels encore au troisième siècle de la fondation de Rome. Pline l'ancien a mis en fait qu'au cinquième, ils ne savaient employer et consommer le blé qu'en bouillie(1). Caton, au surplus, a déclaré qu'il n'y a eu de boulangers à Rome que l'an 580 de sa fondation(2). Sur ce double témoignage de Pline et de Caton, Juvénal a dit qu'on voyait dans les rues de pleines chaudières de bouillie fumante (3).

---

(1) *Pulte autem, non pane, vixcisse lungo tempore Romanos manifestum est.* (Plin.)

(2) *Pistores Romæ non fueré, annis ab urbe condita super* 580 *apud eos pultis usus, quam panis esset.* (Cat., l. 2.)

(3) *Grandes fumabant pultibus ollæ.* (Juv.)

CHAPITRE II.

Le règne de Numa. — Sa politique et ses bienfaits.

Après toutes les merveilles écrites ou contées sur Romulus, on sent le besoin de s'appuyer sur Numa, le second roi de Rome, et dont le nom seul fixe et rappelle à jamais la première loi religieuse du peuple romain à son origine. Romulus avait entretenu le peuple dans une ardeur guerrière : il regardait comme légitime tout ce qui pouvait accroître la puissance et les satisfactions des Romains; ainsi, sous le prétexte d'une célébration de jeux et de fêtes, il avait attiré des femmes sabines dans une enceinte, et il les avait retenues pour donner des femmes à ceux des Romains qui n'en avaient pas.

Numa, profondément sage, sentit le besoin de rendre les Romains religieux (1), afin d'en adoucir le caractère superbe et les mœurs sauvages. Comme dans tous ses actes il manifestait beaucoup de sagesse, on fut prompt à penser et à divulguer qu'il était en communication avec le ciel par l'intermédiaire d'une nymphe qu'on nommait *Egérie;* Numa profita de ces dispositions dans les esprits pour établir un culte et des cérémonies religieuses. Il leur enseigna à cultiver des fruits et des grains; à composer des pains sacrés faits avec des grains torréfiés, parce que, disait-il, le far n'est pur et ne plaît aux dieux, qu'autant qu'il a subi l'action du feu (2).

Pour le bonheur des Romains, Numa eut un long règne; il eut le temps ainsi de dompter la violence de leur caractère, d'amortir les habitudes de brigandage : c'est à lui qu'on

---

(1) Dans les *Géorgiques françaises*, on a dit :

Et toi, divin Numa, qu'on bénit et qu'on aime,
Des antiques Romains et le père et le roi,
Qui, pour leurs premiers champs fis la première loi..
Des sauvages Romains tu vainquis la fierté...

(Ier CHANT.)

(2) *Numa instituit . far torrere ... statuendo non esse purum ad rem divinam, nisi tostum.* (Plin.)

doit l'institution des vestales, et celle des lustrations dans les champs pour invoquer les dieux sur les fruits de la terre (1).

Il y avait aussi autour de Rome plusieurs petites nations qui étaient déjà civilisées, et dont les unes semblaient provenir de la Grèce et les autres de l'Egypte. Il ne faut pas douter que le bonheur dont Numa faisait jouir les Romains n'ait déterminé plusieurs de ces nations à s'allier aux Romains, que d'ailleurs ils redoutaient, ce qui sans doute aussi était le but de Numa. Son règne se rattache à l'histoire et à l'origine des Romains, comme dans la nature, les êtres se rattachent tous les ans avec une nouvelle ardeur au soleil qui les réchauffe et les ranime ; tel aussi le règne de Numa a imprimé dans l'histoire des rois du monde un respect universel. Dans cette pensée, moi-même j'isole ce règne, et je le place seul au fronton du vaste édifice de l'empire romain.

____

(1) Ce n'est qu'au onzième siècle que les papes ont adopté nos rogations, qu'on dut à un évêque de Grenoble.

CHAPITRE III.

Première guerre des Romains. — Servius-Tullius divise le peuple
en six classes. — Système du sénat dans le partage des terres
des vaincus. — Nouvelle distribution de ces terres. — Création
des décemvirs. — Ils sont chassés de Rome. — Lutte des patriciens contre le peuple qui demande un nouveau partage. —
Règne de Tarquin l'ancien. — Expulsion des Tarquins. — Les
tribuns et le peuple accusent les patriciens sur le partage des
terres.

TULLUS-HOSTILIUS, qui avait succédé à
Numa Pompilius, ne se tint pas long-temps à la
politique sage et modéré de son prédécesseur.
Tite-Live nous apprend que pour accroître
le territoire de Rome, déjà trop petit pour sa
population, il avait porté la guerre dans la
ville d'Albe, où il fit un butin immense qu'il
enleva, forçant en outre les Albains à le suivre et à s'établir à Rome.

L'an 175, Servius-Tullius divisa le peuple
romain en six classes; pour être de la première, il fallait avoir 100,000 as; des som-

mes proportionelles en as firent déterminer les cinq autres.

Par ses premières conquêtes, Rome avait jeté une sorte d'effroi parmi les autres nations, qui craignaient à leur tour de subir le sort de la ville d'Albe. Il convient cependant de faire observer que Rome, dans ce temps, faisait déjà précéder toute hostilité par des propositions d'alliance, ou par des conditions que sa politique lui dictait, et presque toujours par celle d'adopter ses lois. Si dans la nation qu'elle convoitait, il y avait un chef ou un parti dont la défection lui vaudrait des droits ou du butin, elle ne manquait pás d'offrir des secours ou son appui. Ainsi, Cœlius mécontent de sa patrie, quitta l'Etrurie avec ses hommes d'armes et ses bagages, et se rendit à Rome : ainsi, en 240, Lucumon, selon Tite-Live, quitta Tarquinie, et porta toutes ses richesses à Rome : Appius-Claudius, Sabin, en fit autant, et déclara en outre qu'il abandonnait à Rome toutes ses terres : aussi lui donna-t-on 25 arpens, et deux à chacun des Etrusques qui l'avaient suivi.

On conçoit que par de tels renforts, Rome devenait chaque jour et plus riche et plus puissante. Les deux arpens donnés par Ro-

mulus n'étaient déjà plus qu'une sorte de fic-
tion ; Rome d'ailleurs se remplissait de nouveaux hôtes qu'il fallait doter à l'instar de ses
premiers citoyens.

Servius-Tullius fit une distribution nouvelle, mais sans spécifier les quotités d'arpens ; il donna en masse, et à partager entre
les Romains non dotés et les alliés, tout le
territoire qui se trouvait au-delà du Teve-
ron (1).

Dans chaque partage, le sénat s'appropriait
les parties à saconvenance et les meilleures,
afin de se créer, disait-il, un revenu, et de
pourvoir aux dépenses publiques comme à
celles du culte ; ces dotations déterminées
par le sénat, excitèrent des murmures dans
le peuple ; le sénat fut obligé de céder, afin de
satisfaire ceux qui n'avaient pas encore ob-
tenu des fonds de terre.

Après la prise de Veïes, on fit une distribution d'une partie de son territoire ; chaque
citoyen put avoir sept arpens (2).

---

(1) *Agrum de publico..... suis omnibus viritim divisit*
(Din. d'Halic., I. 5.)

(2) *Ut agri veientini septem jugera plebi dividerentur.*
(Tit.-Liv.. I. 5.)

Il en fut ainsi des terres du Samnium ; le sénat, par reconnaissance, crut devoir déférer 25 arpens à Curius, qui avait vaincu les Samnites ; mais il les refusa, déclarant qu'il devait se contenter de la portion qui était dévolue à chaque citoyen (1).

Il importe de faire observer que pour tous ces dons ou mouvemens de terres, le consentement du peuple romain était absolument nécessaire, ce qui explique les recours si fréquens des tribuns et du peuple, à des lois nouvelles agraires.

Plus les Romains faisaient de conquêtes, plus il y avait d'agitations dans Rome pour participer au butin et au partage des terres ; les familles des patriciens néanmoins conservaient précieusement les deux arpens de première origine, comme une preuve de leur ancienneté reconnue par Romulus.

Pour calmer tant d'agitations et réprimer les entreprises des ambitieux, on prit le parti, à peu près l'an 310 de la fondation de

---

(1) *Repudiato publico munere, plebeia mensurá contentus.* (Col., l. 1.)

Perniciosum civem, cui septem jugera non essent satis. (Plin.)

Rome, de créer des décemvirs chargés de rédiger des lois fixes : ils devaient les soumettre à l'assentiment du peuple.

Ils eurent d'abord la sagesse de s'enquérir des lois des autres peuples; un fugitif d'Ephèse, nommé *Hermodore*, leur offrit une traduction de quelques lois de la Grèce. On s'étonne qu'ils n'aient pas connu à cette époque la législation des Hébreux, qui, étant essentiellement pastorale, pouvait aussi leur offrir des matériaux précieux.

Soit que les décemvirs, dominés par les patriciens, aient eu l'intention de favoriser le sénat, soit que l'ignorance les ait forcés de se jeter dans le vague, il en est résulté un code bizarre, ambigu, et souvent inexécutable. Ils crurent qu'il était sage et politique de ne pas rédiger leurs lois en style vulgaire, ce qui précisément avait déterminé leur institution, afin qu'en tout temps le peuple pût juger avec connaissance de cause. Ils ne rejetèrent point les caractères de la langue latine, mais ils multiplièrent à un tel point les abréviations, ils embarrassèrent tellement la ponctuation, que leurs lois pouvaient prêter à toutes sortes d'interprétations : elles furent donc au fond un mélange de philosophie et de barbarie. Il est juste pourtant de faire observer qu'elles contenaient beaucoup de garanties pour les propriétés, et pour l'ordre public des troupeaux et des moissons; mais l'homme un peu versé dans la législation des Egyptiens et des Grecs, y reconnaît facilement encore celle qui a été empruntée à ces anciens peuples, et celle qui appartient en propre aux décemvirs; ainsi, par exemple, on ne peut qu'attribuer aux hommes du Latium la loi qui permet à des créanciers de se partager les membres de leur débiteur(1). Il faut en dire autant de celle qui punissait de mort le propriétaire qui avait tué son propre bœuf, et celui qui avait causé quelque dommage à un champ de blé, quand on était indulgent pour celui qui avait tué un homme(2).

---

(1) *Debitoris corpus inter creditores licebat... quid efferatius quam membra..... laniatu distrahantur.* (Aulug., Tertull.)

(2) *Antiqui, capite sanxeré, si quis bovem occidisset.* (Varr.)

Quei... nox... frugem aratro quæsitam... secessit... arbitratim verberatus... (Fulv., *not. in Leg.*)

XII Tabulis capitale erat... gravius, quàm in homicidio. (Plin., l. 18.)

Voilà pourtant ces Romains pour lesquels nous faisons brûler l'encens, même pour leurs lois de première origine ; voilà ces Romains si fameux auxquels tous les lettrés et les érudits de France accordent une immense supériorité sur les Gaulois nos aïeux, qui étaient mille fois plus braves, plus savans et plus civilisés que les Romains, au quatrième siècle même de la fondation de Rome.

On oserait à peine assurer que les Romains, déjà éclairés par leurs contacts avec d'autres peuples civilisés, aient fait un usage commun des lois des décemvirs ; il est plus certain que les douze Tables d'airain sur lesquelles ces lois avaient été inscrites, furent presqu'aussitôt, comme l'arche des Hébreux, reléguées hors des communications, et qu'elles furent elles-mêmes dévorées par la rouille. Les lois furent d'autant plus promptement méconnues et repoussées, que les décemvirs eux-mêmes étaient devenus odieux au peuple romain, en ce que, pour se soutenir, ils avaient osé corrompre la jeunesse (1). Trop confians encore dans leur

----

(1) *Juventus nobilis corrupta..... propalam licentiam suam malle, quàm omnium libertatem.* (T. L.)

mission ou leur caractère sacré, ils s'étaient accoutumés à exercer une censure, et même une juridiction arbitraire : comme leur ouvrage ne prenait point de fin, ils devinrent à leur tour le sujet des plaisanteries des poëtes et des gens d'esprit; les vengeances que les décemvirs voulurent exercer, irritèrent le peuple romain, qui lui-même les chassa; car ils avaient porté la peine de mort contre ceux qui les avaient censurés.

Dans la suite des temps cependant, et alors même que les Tables d'airain n'existaient plus que par fragmens, il s'est élevé, même à Rome, une sorte de vénération pour les lois des douze Tables; on a voulu en recueillir l'ensemble : Cicéron lui-même en a fait l'apologie. Il n'en a pas fallu davantage pour que les légistes et les érudits modernes aient exprimé les mêmes regrets; et, s'il faut en croire certains livres, le recueil complet en existerait, mais avec des commentaires, qui seuls en démontrent la non existence.

Les patriciens n'étaient occupés qu'à neutraliser l'action publique des tribuns, et à détourner la colère du peuple; après les lois des décemvirs, qui leur étaient favorables, ils s'attachèrent à faire revivre leur ancienne et

noble origine, qu'ils établissaient sur le partage que Romulus avait fait à leur égard, en
leur assignant deux arpens dans l'enceinte de
Rome, pour eux et leurs descendans. Selon
eux, le premier roi avait fait une distinction
de nobles et de plébéiens ; ces derniers, par
état, devaient être les cliens, à toute occasion,
des nobles patriciens : c'est du moins ce qui
résulte du témoignage de Denis d'Halycar-
nasse et de Cicéron, dans son discours contre Verrès (1).

L'esprit de corps de l'aristocratie était si
puissant, que, même avec l'assentiment et
toute la faveur du peuple, Spurius, chevalier, qui avait nourri la ville de Rome et
l'avait sauvée d'une famine, ne put jamais
parvenir au rang de sénateur; mais le peuple,
plus juste que le sénat, lui éleva une statue
au Capitole, et voulut le porter à ses funérailles.

Cependant on en revenait sans cesse à

---

(1) *Illustres genere, virtute et opibus celebres…. secrevit
(Romulus) ab obscuris, abjectis et egenis… inferiores, ple-
beios vocavit.* (Den. Halyc.)

*Hi clarissimi viri…. pulcherrimum ducebant, a clienti-
bus… injurias propulsare.* (Cic., *in Verr.*)

(149)

Rome à demander une plus juste et plus grande distribution des terres ; c'était avec bien de la peine qu'on avait fait agréer la loi de Licinius Stolo, qui portait à sept arpens la portion afférente à chaque citoyen.

Les conquêtes devenaient si rapides, qu'à chaque victoire les patriciens et le peuple se plaignaient simultanément de la modicité de sept arpens. On porta d'abord le nombre à deux cents, qui seraient possédés par cent personnes, ce qui fut nommé une *centurie* (1).

Sous le même tribun Licinius, on porta le nombre à cinq cents arpens, mais avec la défense la plus formelle de ne jamais l'excéder (2).

Chaque victoire ou conquête en pays étranger faisait renouveler le désir de prendre part aux territoires conquis ; mais l loi était formelle et terrible ; et pour obtenir une ampliation, il eût fallu un plébiscite ; on eût

---

(1) *Ducenta jugera, centenis hominibus, ex eo facto centuriata appellata.* (Flacc., *de Cond. agr.*)

(2) *Quingenta jugera agri civem Romanum habere.* (Varr., l. 1.)

Vetat nè, quis plus quingenta jugera possideat. (Tit.-Liv., l. 6.)

recours alors à de faux sénatus-consultes : on supposa des noms d'emprunt. Les uns ayant plusieurs enfans, augmentaient la quotité d'arpens, parce que la loi en accordait deux cent cinquante à chaque enfant(1).

Les autres prétendaient que s'ils ne pouvaient pas recevoir en pur don de la république au-delà de cinq cents arpens, il n'était pas défendu par la loi d'en acheter (2).

On ne tarda pas à reconnaître que de toutes parts la loi même des cinq cents arpens était éludée ; ceux qui étaient restés religieux observateurs de ses dispositions, jetèrent les hauts cris contre les infractions à la loi ; les édiles crurent devoir ordonner des enquêtes ; mais on ne trouvait que des infracteurs : à peine, dit Tite-Live, s'en trouva-t-il un seul qui fût sans reproches (3).

Les tribuns mêmes qui avaient provoqué la dernière loi, étaient trouvés en contravention ; les consuls, d'autre part, se moquaient de ces clameurs : car dans ce même temps,

____

(1) *Additum..... licere filiis familias habere hujus modi dimidium.* (App., *de Bello civ.*)

(2) *Non vetat, amplius portiones alienas coemere.* (App.)

(3) *Nec quisquam fermè est purgatus.* (Tit.-Liv., l. 10.)

Posthumius occupait deux mille légionnaires à travailler dans ses vastes propriétés.

Cependant Rome était parvenue à son cinquième roi; Tarquin était monté sur le trône : quoique né dans l'Etrurie, il était Grec d'origine; Ancus-Martius l'avait jugé digne du sceptre des Romains : il ne démentit pas cette bonne opinion, comme guerrier et comme premier magistrat; il augmenta les conquêtes; il embellit la capitale par un grand nombre d'édifices et de monumens d'utilité publique. Son petit-fils succéda à Servius-Tullius en 533; son insolence et sa tyrannie le firent abhorrer; l'outrage qu'il fit à Lucrèce révolta les Romains, qui le chassèrent, et abolirent la royauté.

Après l'expulsion des Tarquins, Rome éprouva immédiatement une tourmente intérieure; le peuple était mécontent du sénat et des consuls; il refusa nettement de servir dans les légions, laissant, disait-il, aux patriciens, qui s'emparaient de toute la fortune publique, le soin de défendre la patrie, et d'aller chercher de la gloire dans les combats (1).

---

(1) *Patres militarent, patres arma caperent..... penes quos præmia essent.* (Tit.-Liv., l. 2.)

Les tribuns, de leur côté, cédant aux plaintes du peuple, accusaient le sénat et les consuls, et demandaient l'exécution littérale de la loi licinienne. Les patriciens sentirent le danger de ces clameurs; ils firent périr Sempronius Gracchus, dont la mort laissa quelque calme aux agitations : chaque citoyen romain d'ailleurs sentit que cette loi licinienne était tombée en désuétude, et qu'il fallait laisser un libre cours aux voies de droit, pour posséder et pour vendre des propriétés foncières.

CHAPITRE IV.

Les grandes et rapides conquêtes des Romains firent encore changer la législation sur les possessions foncières. — On crée un fisc
à Rome. — La loi agraire est de nouveau mise en question. —
On impose un cens pour légitimer les infractions à la loi licinienne. — On institue des duumvirs pour veiller aux intérêts
du fisc. — On devient libre enfin d'acheter et de vendre des
biens-fonds. — Le gouvernement de Rome méconnaît tout à fait
les bienfaits de l'agriculture. — Vains efforts de Caton pour ramener les Romains à de plus sages principes.

Rome par ses armes avait acquis déjà d'immenses et riches territoires dans la Bithynie,
la Chersonèse, la Macédoine, l'Espagne,
l'Afrique, la Grèce, etc.; le sénat et les consuls, d'accord avec les tribuns, s'arrogeaient
les meilleures parties. Pour faire taire les ré-
criminations, ils faisaient annoncer que les
territoires réservés par eux, avaient pour
destination la solde et l'entretien des légions.
On avait cependant reconnu qu'il était trop
violent de dépouiller entièrement les peuples

vaincus ; il fut décrété que chaque territoire
d'un peuple vaincu serait désormais partagé
par égale portion entre lui et le fisc romain.
Quand ce partage était effectué, le gouvernement de Rome envoyait des colonies dans
sa partie réservée ; s'il n'y avait pas lieu d'envoyer des colonies, on déléguait des agens
du fisc pour faire cultiver ou pour affermer ;
quelquefois même on vendait des portions,
et le prix de la vente était envoyé au fisc de
Rome ; quelquefois encore on donnait à cens
les terrains ingrats, inoccupés (1).

On eut recours aussi au mode des ferma-
ges ; les fermiers devaient payer au fisc ou au
propriétaire le *cinquième* des récoltes diverses, et pour les grains le *dixième* (2).

Il y eut une si grande émulation parmi les
patriciens, les consuls et les riches de Rome,
pour posséder des terres dans les pays conquis, que toute la magistrature civile, militaire et sacerdotale était coupable d'infractions
à la loi licinienne : cette violation suggérait

------

(1) *Agros Bithyniæ, deinde agros in Chersoneso, in
Macedonia... certissimum vertigal.* (Cic., *de Leg. agr.*)

(2) *Ex arbustis proventûs parte quintâ ; frugum verò,
decima.* (App., *de Bell. civ.*)

sans cesse aux religieux observateurs de la loi, au peuple nécessiteux et aux vétérans, le cri d'une nouvelle loi agraire, dont le simple rappel révoltait les patriciens, et, parmi eux, la famille des Scipions, qui jouissait d'un grand ascendant dans le sénat et le gouvernement.

Une guerre civile tumultueuse allait éclater; les tribuns d'ailleurs, quoique possesseurs eux-mêmes de biens considérables dans les meilleurs pays conquis, étaient forcés de faire cause commune avec le peuple mécontent; un simple tribun, Bœbius, proposa d'imposer un cens sur tous les biens qui étaient possédés contre le texte de la loi licinienne, avec la condition que la somme qui en proviendrait, serait partagée parmi les Romains qui avaient droit à des dotations; le sénat et le peuple y consentirent, et Rome ainsi devint tranquille (1).

______

(1) *Ne agri ampliùs dividerentur, sed possessores in iis relinquantur, vectigal pro iis populo romano solventes, eaque pecunia plebi divideretur.* (Sigon.)

Si, en France, on avait eu recours à ce moyen si juste, si simple et si politique, on eût tranquillisé tous les acquéreurs de domaines nationaux, et on eût satisfait les émigrés; mais on a préféré charger l'Etat d'un milliard,

L'an 400 de la fondation de Rome, il y eut enfin dans l'empire, droit et liberté de vendre et d'acheter des propriétés foncières, et cette époque est mémorable.

Rullus proposa ensuite d'établir des *duumvirs* pour suivre et diriger la vente des biens attribués au domaine public, et pour employer l'argent qui en proviendrait, à doter les citoyens de Rome qui étaient sans biens-fonds.

Il est presqu'inutile de faire observer que les patriciens, les consuls et tous les grands fonctionnaires de Rome, se mettaient toujours sur les rangs pour s'emparer du butin et des bénéfices de chaque nouvelle conquête ; leur luxe, leurs richesses et leur insolence révoltaient le peuple ; car dans la réalité, les chefs patriciens, les consuls et même les tribuns, n'étaient que des Tarquins en robe.

---

et faire contribuer à son acquittement les *deux tiers* au moins des citoyens qui ne possèdent aucun des biens de cette double catégorie. Les simples matrices de 1791 suffisaient pour l'assiette du cens ou bill d'indemnité, et nous aurions de moins une loi inextricable qui mécontente tout le monde, et qu'on reprochera sans cesse à la session législative de l'époque, comme à l'auteur des *catégories*.

J'ai cru devoir faire précéder l'histoire proprement dite de l'agriculture des Romains, par ces réflexions préliminaires, afin que le lecteur pût lui-même disposer ses idées sur le sort de l'agriculture autour de Rome, et sur les grandes conséquences ou révolutions qui en seront la suite; j'ai voulu encore, dès le principe de cette histoire, faire observer, à toutes fins, à ceux qui gouvernent des Etats agricoles, qu'ils creusent leur abîme, comme les Romains ont creusé le leur, en méprisant et opprimant l'agriculture; j'ai voulu encore avertir les despotes qui peuvent mettre un million d'hommes sous les armes, et qui, pour se soutenir, créent des colonies militaires, au lieu d'instituer des colonies agricoles *libres*, s'exposent à voir tomber tout à coup en ruines leur coupable édifice politique, car il n'y a d'armées solides et propices, que celles des Etats libres, où les soldats sont fils de citoyens.

Il y avait déjà plus de dix siècles que la Grèce avait signalé au monde une agriculture prospère et bien composée, en raison de ses climats, de ses besoins et de sa sociabilité, quand Rome commençait à lever sa tête superbe au-dessus de tous les potentats. Elle

avait d'abord semblé vouloir fonder sa prospérité, ses lois et sa puissance sur l'agriculture : ses premiers rois, ses premiers citoyens et magistrats en avaient donné la leçon
et l'exemple ; mais semblables à des parvenus
qui ont à la fois trouvé de l'or et du pouvoir,
et trop fiers de leurs richesses et dominations, ils ont hâtivement abandonné un ordre de choses qui ne donnait que peu de
profits, point de gloire, et jamais de triomphes.

L'exaspération était au comble dans le peuple de Rome; mais les patriciens, trop riches
et trop puissans, ne comptaient plus que sur
leur or et les légions; ce fut au point qu'ils
abandonnèrent à l'envi la culture des terres du
Latium, et que, pour en soutenir le cours, ils
firent acheter dans l'étranger des agriculteurs et des bergers, afin de ne pas détourner les citoyens de Rome du noble métier
des armes (1). Voilà certainement la première
cause de la décadence de Rome, et on doit
s'étonner que Montesquieu et Hume ne l'aient
pas signalée.

---

(1) *Coemptis cultoribus et pastoribus, nè ab armis avo-
carentur ingenui.* (App., *de Bell. civ.*)

Caton seul a lutté contre cette fatale ten-
dance; mais sa voix disait et criait en vain
que l'agriculture était la source ou le ferment
d'un sage esprit public et de bonnes mœurs;
que c'était aux champs seulement qu'on exerçait les vertus les plus pures; il joignait à ses
leçons de grands et nobles exemples; il voulait, avant tout, un dévouement sans bornes
à la patrie, et une juste liberté; il honorait
l'armée, il reconnaissait qu'il y avait des guerres légitimes, mais il voulait que tout citoyen
fût soldat, et qu'à la paix chacun rentrât
pour cultiver son champ; il a parlé en vain:
le prestige de la gloire, le glaive et l'avidité
du butin l'ont emporté sur le soc de la charrue
et sur le cours des moissons.

CHAPITRE V.

De la différence des Grecs et des Romains pour leur agriculture respective. — Le bœuf était très-rare chez les Romains, et les bubales très-communs à Rome. — Des fêtes en l'honneur des bœufs. — La charrue des Romains était inférieure à celle des Grecs. — Quels bois propies à faire des charrues et des jougs, etc. — Explication sur le taureau et sur le bœuf employés à la charrue.

LE lecteur peut se ressouvenir qu'il a été établi, dans mon *Histoire de l'agriculture de la Grèce*, que les Grecs exerçaient leur charrue avec des bœufs, des mules et des mulets; Caton sans doute, Cicéron et Virgile, ont vu l'emploi de ces animaux dans les deux poëmes d'Homère, qui n'avait point dédaigné, dans un poëme épique, de faire observer que les mules, au labour, étaient bien plus expéditives que les bœufs, et de donner en même temps une notion suffisante sur la différence de la charrue simple avec la charrue composée.

Cet avis précieux n'a point occupé les Romains érudits ni les agronomes étrangers; car, d'une part, les agriculteurs du Latium n'ont connu les bœufs que fort tard, et, de l'autre, ils n'ont formé qu'une seule et même charrue.

Il est encore certain, d'après l'histoire, que sous les premiers rois, et jusqu'au troisième siècle de la fondation de Rome, les Romains n'employaient que rarement les bœufs, et que ceux qu'ils exerçaient provenaient exclusivement de la grande Grèce, où alors on ne labourait qu'avec des bœufs, et non avec des mules, comme dans l'Attique et la Béotie. On sait, au surplus, que le bœuf de labour était si précieux qu'on avait porté la peine de mort contre le propriétaire même qui en aurait tué un. On n'y connaissait donc pas l'art de dompter les taureaux, ni le mode de la castration; il n'y avait donc pas de vaches proprement dites dans le Latium : tout porte à croire que les Romains faisaient venir leurs bœufs et leurs vaches par la voie du commerce, ou de la Thessalie, ou du Péloponèse.

L'Italie avait alors incontestablement un grand nombre de bubales ou buffles, puisque c'est à cause du grand nombre des fils de çe quadrupède, que les Grecs avaient donné à

la partie basse du Latium, le nom *ιταλους ἀ
vitulis;* mais il n'était pas venu dans l'idée aux
Romains d'en dompter et d'en assujettir au
joug, tant ces animaux étaient féroces et dangereux.

Les Romains s'étaient d'abord prononcés
en faveur du bœuf, à cause de sa grande douceur, de sa force et de sa docilité, et c'est
dans un sentiment de reconnaissance, qu'il
faut trouver la cause de la férie instituée en
l'honneur du bœuf (1).

On ne voit point l'époque historique où
les bœufs sont devenus plus communs dans le
Latium, ni celle où l'éducation et la multiplication des vaches de la Grèce ait permis d'é-
lever des taureaux et de les soumettre à la
castration : les conquêtes, le commerce et le
nombre immense des prisonniers en sont,
il semble, les premières causes.

Il faut se hâter d'arriver à Virgile, pour se
faire une plus juste et plus réelle idée de la
charrue des Romains ; car ce grand poëte
l'avait bien étudiée, et sans doute exercée ;
mais, pour ne pas mettre les Romains au-des-

---

(1) *Bubatios vocant, ludos causá boum.* (Pl.)

sous des Grecs, pour les inventions utiles à l'homme, il a supposé d'abord que Triptolème, à qui Cérès avait confié l'enseignement de l'agriculture, avait parcouru l'Italie, et montré à composer une charrue, qui consistait alors dans la disposition d'un bois arqué et propre à tracer des sillons (1).

La charrue d'Homère était bien autrement composée que celle des Romains ; Hésiode même en a laissé une description plus détaillée ; mais Virgile s'est abstenu, par égard pour les Romains, de remonter à la source historique de la charrue ; il s'est borné à en dire les premières formes, afin d'en faire naître l'invention dans sa propre patrie. Ainsi, dans ses *Géorgiques*, il conseille à son agriculteur de chercher dans les bois un jeune arbre, propre, par sa courbure, à composer une charrue (2). Il désigne spécialement un orme (3) ; il donne ensuite le détail des pièces qui composent une charrue ; le timon devait avoir huit pieds ; il fallait de chaque côté du soc deux oreilles, et au milieu, une ou deux

---

(1) . . . *Uncique puer monstrator aratri.*

(2) *Vomis et inflexi primum grave robur aratri.*

(3) *In burrim et curvi formam accipit ulmus aratri.*

dentilles : *temo, octo pedes, binæ aures, dentalia.*

Virgile a fait un précepte de l'usage de faire durcir les bois d'attelages à la fumée des foyers : il serait encore utile (1).

Le joug faisait partie de l'attirail de la charrue; il était ordinairement de bois de hêtre ou de tilleul : dans la Grèce, on les faisait de buis pour les mules; ceux qu'on fait en France encore sont en bois de hêtre (2).

Virgile ne s'est point expliqué sur la manière de fixer le joug sur la tête des bœufs; Homère, au contraire, n'y a jamais manqué, pour toute espèce d'attelage; il rappelle constamment *lora jugalia.* Horace et Catule y ont suppléé. Quand le premier invite Mécène à venir à sa maison de campagne, il lui dit : « Je ne vous ferai point voir des charrues auxquelles seront attelées plusieurs paires de taureaux (3). »

Dans les lustrations, Tibulle, par une pen-

---

(1) *Et suspensa focis explorat robora fumus.*

(2) *Cæditur et tilia antè jugo levis, altaque fagus.*

(3) *Non, ut juvencis illigata pluribus*

   . . . Aratra nitantur meis.

sée toute géorgique et pieuse, dit qu'il faut
ôter les jougs aux bœufs (1).

Par ses expressions alternatives de bœufs
et de taureaux mis à la charrue, Virgile laisse
dans l'incertitude les commentateurs et les
poëtes, qui dans le doute, à cause du style,
préfèrent toujours les taureaux. Dans ses
Géorgiques comme dans ses *Bucoliques*, Virgile se sert alternativement des expressions *juvenci, tauri, boves;* il est à présumer que par le mot *juvenci*, il désignait de
jeunes taureaux soumis à la castration; il
n'eût pas attribué à des taureaux proprement
dits ce vers qui fait image, et qui seul désigne le pas tranquille du bœuf (2) : on ne retrouve plus la même image dans le vers où il
spécifie le taureau sous le joug (3).

Au retour du printemps, Virgile appelle
aux champs le laboureur, et il veut que le
taureau commence à gémir des efforts qu'il
fait pour défricher une novale, et à faire re-
luire le soc usé par les sillons (4).

---

(1) *Solvite vincla jugis....* (Tib.)

(2) *Adspice aratra jugo referunt suspensa juvenci.*

(3) *Robustus quoque jam tauris juga solvet arator.*

(4) *Depresso incipiat jam tum mihi taurus aratro
    Ingemere et sulco attritus splendescere vomer*

Plus bas, il veut que de vigoureux taureaux renversent bien la glèbe : ailleurs, il demande de forts jeunes bœufs pour ouvrir des sillons (1).

Il désigne encore des bœufs adultes pour labourer à travers les ceps de vigne : ce vers est précieux, en ce qu'il nous apprend qu'on cultivait la vigne à la charrue ; il fait juger encore de la différence qu'on faisait de l'emploi des jeunes bœufs ou des taureaux, qui n'auraient pas été assez dociles pour tenir exactement les lignes ou les rangées de la vigne (2).

Il est à présumer que l'homme qui avait connu l'usage de la charrue et les modes d'attelage, a d'abord employé le taureau, qui a plus d'ardeur et une force bien supérieure à celle du bœuf. De tels essais, au surplus, ont encore lieu dans nos pays de petite culture, où l'on fait des élèves ; mais ce n'est jamais après l'âge de trente mois ou de trois ans ; parce qu'alors un taureau peut prendre un

---

(1) . . . *Pingue solum... fortes invertant tauri.*

(2) . . . *Et validis terram proscinde juvencis*
Aut presso sub vomere...
Flectere luctantes inter vineta juvencos.

accès d'amour ou de fureur : son caractère n'a pas changé. Faisons observer en passant, à nos moralistes, que dans plusieurs métairies où l'on fait travailler les vaches à la charrue, le taureau d'âge, et même vigoureux, reste constamment paisible à côté de sa compagne : on a même remarqué, lorsqu'il s'agit d'efforts, qu'il s'en charge seul.

Nos poëtes, qui parlent des taureaux à la charrue, ne manquent jamais de leur enfoncer l'aiguillon dans les flancs ; si ceux d'Italie, comme ceux de France, étaient ainsi traités, ils auraient bientôt mis la charrue hors du sillon, et même hors du champ. Tibulle le savait fort bien, car il ne permet l'aiguillon que pour les bœufs (1).

On a remarqué déjà que les Romains n'attachaient autant de prix aux bœufs, qu'à cause de leur patience et de leur docilité ; car certainement ils eussent préféré les taureaux, comme plus forts, plus agiles et plus vigoureux. Virgile a dit dans une de ses églogues, et non sans motif : Bergers, faites paître, comme auparavant, vos *bœufs*, et domptez

---

(1) *Aut stimulo tardos increpuisse boves.* (Tib.)

vos taureaux (1). Dans une autre églogue il s'est borné à dire : *Pascite taurum.*

Ceux qui ont quelque connaissance du caractère du taureau, savent bien qu'il serait impossible d'en réunir et d'en tenir plusieurs en troupeau, car ils s'extermineraient dans les combats.

Virgile veut qu'on désigne, d'après certains indices, ceux qu'on destine à la charrue (2). Il ne laisse pas de doute sur le caractère du taureau, quand il donne l'avis de le tenir loin du troupeau commun, et de le reléguer seul dans un pâturage ; il ne veut pas même qu'aux toits on le laisse dans la même étable où seraient d'autres taureaux : il aurait pu ajouter, d'autres bœufs, car les taureaux ont de l'antipathie contre les bœufs (3).

Il est reconnu, au surplus, qu'au temps de Virgile, il n'y avait que les pâtres en chef et les herbagers, qui tenaient des taureaux pour la monte des vaches ; c'était seulement alors une spéculation.

---

(1) *Pascite ut antè boves pueri, submittite tauros.*

(2) . . . *Seu quis fortes ad aratra juvencos.*

(3) *Tauros procul... relegant in pascua...*
   Nec mos bellantes unà stabulare.

Il faut conclure de toutes ces observations, que Virgile s'est servi indistinctement des mots *tauri, boves* et *juvenci*. L'expérience des siècles, au surplus, a démontré que le bœuf seul est patient et docile dans ses travaux, et qu'à un certain âge le taureau est féroce et indomptable. Les hommes du monde confondent encore, comme les ménagers, le mot *bœuf* et le mot *taureau*. Les villageois pudibonds disent encore, dans plusieurs pays, qu'une vache demande le bœuf, au lieu de dire le taureau.

Ajoutons que dans l'économie domestique, la viande seule du bœuf est saine et sapide, tandis que celle du taureau est rouge, coriace et nauséabonde, si même elle n'est pas malsaine et dangereuse ; elle n'est pas cependant, comme on le dit, un poison, mais elle peut réellement faire du mal.

CHAPITRE VI.

Erreur de quelques commentateurs sur la charrue des Romains.—
La forme et le mode du labourage. — Précepte sur les novales
ou défrichemens. — Les terres réputées les plus fertiles. — L'al-
ternat des terres en pacage et en labour était un principe rural.
—Virgile approuvait les jachères. — Les Romains n'attelaient, à
la charrue, ni les mules, ni les mulets, ni les chevaux ; l'âne
seul a eu l'accident de l'exception.

LA question de la charrue des Romains montée sur des roues, a fait faire quelques commentaires ; Servius (Honoratus) a prétendu qu'il y avait des roues à la charrue, au temps de Virgile, et il a cru le prouver par ce vers, dans lequel le mot *currus* est exprimé (1).

Des roues étaient trop importantes dans l'agencement ou le mécanisme d'une charrue ;

----

(1) *Stivaque quæ currus a tergo torqueat imos.*

Hic currus, propter morem provinciæ suæ, in qua aratra habent rotas quibus juvantur. (Serv., *Comment.*)

elles eussent été d'ailleurs d'une invention trop nouvelle, pour que Virgile eût omis d'en spécifier la forme et la différence avec une autre sans roues, ainsi que ses effets dans le labourage. Il est de fait bien avéré que la charrue des Romains n'a jamais eu de roues; c'est cette même charrue qui a été imposée à la Provence, au Languedoc, et à toutes les Gaules occidentales ; c'est celle-là même encore qui trace des sillons dans le midi, et qu'on retrouve presque jusqu'à la Loire, sous le nom d'*araire* ou d'*arau*. Il est facile de concevoir, au surplus, que par le mot *currus*, Virgile n'a entendu parler que de l'assemblage de la charrue, dont le manche en effet, *stiva*, sert à la détourner; mais il semble que c'est une fatalité imposée à tous les commentateurs, d'embarrasser ou d'obscurcir les faits et les vérités les plus simples. Quoi qu'il en soit, je ne dois pas omettre de rappeler à ceux qui imputent toujours aux Gaules un état de barbarie, que la charrue avec des roues y a été inventée; ils le croiront peut-être, car c'est un Romain qui le dit(1).

-----

(1) *Gallos adinvenisse formam aratri cum rotis* (Pl., l. 18.)

Le labourage des Romains s'est toujours fait remarquer par le mode des sillons et par celui des billons pour l'ensemencement; il est encore celui des pays dits *de petite culture,* où on raisonne mieux les labours, que dans les pays dits *de grande culture,* dans lesquels presque par-tout on laboure à plat, et sème avec la herse. Un poëte a dit sur ce sujet :

> Fais élever l'hiver des sillons que l'air frappe,
> Et que de leur sommet l'eau s'écoule et s'échappe;
> Aplanis au printemps tous ces sillons poudreux,
> Dont le sein, plus actif, sera plus amoureux (1).

Dans une de ses églogues, Virgile désigne les sillons pour la grande orge(2).

Il veut, dans ses *Géorgiques,* si le terrain est riche et tenace, que le sillon soit large et

----

(1) Ces vers seront jugés prosaïques par les amateurs de la poésie du jour, et, bien entendu, par les romantiques. Mais les hommes vraiment lettrés, qui ne mettent pas la poésie didactique à l'index, en jugeront autrement, car il est impossible de rendre, du moins plus fidèlement, ce genre de préceptes.

(2) *Grandia sæpè quibus mandavimus hordea sulcis.* (Virg.)

profond; et qu'il soit léger ou superficiel, si le sol est sablonneux (1).

Les Romains, comme nous, avaient leur saison de labour; elle était celle du retour du soleil : cette pensée fait le début des *Géorgiques* latines (2).

Indépendamment de la levée de terre du défrichement, Virgile voulait qu'on laissât la terre long-temps en mottes exposées à l'action du vent du nord, afin de pouvoir plus facilement les rendre meubles et friables par le moyen des herses et des rateaux (3).

On ne se bornait point à de simples sillons; il était de règle encore, d'après Virgile, de fendre les sillons droits, par d'autres qui étaient obliquement exécutés (4), ce qui est en opposition avec les leçons de nos théori-

---

(1) *Pingue solum primis extemplò a mensibus anni*
Fortes invertant tauri... at si, non secunda tellus....
Arcturum tenui sat erit suspendere sulco.

(Virg., l. 1, v. 68.)

(2) *Quo sidere terram vertere......* (Virg.)

(3) *Antè supinatas aquiloni ostendere glebas.*
Multùm... rastris... juvat arva.

(4) *Rursus in obliquum verso perrumpit aratro.*
Exercetque frequens tellurem.... (Virg.)

ciens, qui abolissent toute jachère, car ils laissent à peine le temps de semer sur les refroissis (1).

Tant que le Latium et les pays circonvoisins se sont soumis à la tenue alternative du sol en pâturage et en labour, le système commun des Romains a été de rechercher les terrains qui étaient restés le plus long-temps en pâturage, parce que l'expérience avait enseigné que la terre en était plus féconde, et que les ré-coltes en étaient plus belles et plus abon-dantes : cette observation était de toute jus-tesse : il est toujours utile de la rappeler.

Tous les ans aussi, les agriculteurs for-maient un défrichement; c'était leur champ d'abondance. On juge du prix qu'ils y atta-chaient, par ce que dit Mœlibée, qui sans doute avait travaillé à bras sa novale : Eh quoi! j'aurais ainsi travaillé pour un cruel soldat étranger (2)?

Cependant, à la longue; cette fertilité pre-mière devait s'amoindrir, et s'épuiser même,

---

(1) On nomme *refroissis*, dans la grande culture, le défrichement d'un trèfle ou d'une luzerne, et qu'on ense-mence immédiatement en blé-froment.

(2) *Impius hæc tam culta novalia miles habebit.* (Virg.)

en raison des retours fréquens de la charrue
sur un même sol; les céréales, d'autre part,
devenaient de plus en plus nécessaires à un
peuple qui avait perdu l'habitude de vivre
de viande et de laitage. Virgile, grand observateur, avait remarqué lui-même qu'il fallait
laisser un plus long laps de temps au sol en
pâturage, avant d'y remettre la charrue, afin,
ajoute-t-il encore, de laisser à la terre le temps
de se tasser. C'est à de petits traits de ce
genre qu'on reconnaît le véritable agriculteur, éclairé par la pratique et par un juste
esprit d'observation (1). Virgile n'avait pas,
comme nos agriculteurs de Paris, une sorte
d'horreur des jachères; car, disait-il, elles
offrent encore des charmes : pensée fort juste,
qui n'a été sentie ni par les agronomes parisiens, ni par les poëtes : toutefois, il veut
qu'on fasse succéder des graines diverses à
chaque ensemencement (2).

Nous avons déjà fait observer que les Ro-

---

(1) *Alternis idem tonsas cessare novales.*

Et segnem patiere situ durescere campum.

(2) *Sic quoque mutatis requiescunt fœtibus arva.*

Nec nulla interea est inaratæ gratia terræ.

mains n'attelaient point à leur charrue, ni mules, ni mulets, ni chevaux ; mais l'âne, toujours malheureux, en a subi les exceptions (1).

---

(1) *Aut ad arandum, ubi terra levis.* (Varr., l. 2.)

CHAPITRE VII.

L'orge a été le premier grain adopté par les Romains. — Sa culture, son emploi et les causes de préférence des Romains —
Discussion sur le far. — Ses synonymies. — Le bran des Gaulois.
— Le siligo; opinions diverses sur sa culture, et préjugés relatifs. — Confusion du siligo avec le far. — L'origine du blé-froment; ses variétés.

L'ORGE a été incontestablement, comme chez les Grecs et les Egyptiens, le premier grain céréal que les Romains aient cultivé ; ce point de fait seul, et généralement avoué, doit encore convaincre le lecteur que plus d'un siècle après la fondation de leur ville, les Romains n'avaient aucune connaissance ni des Grecs, ni des Egyptiens, ni des Hébreux, et qu'ils n'étaient que des barbares isolés vivant de brigandages.

Rome, il faut le dire, a eu plus de motifs que la Grèce pour préférer l'orge au froment, en ce que le climat, plus chargé de vapeurs et de brouillards causés par les eaux immenses des rivières affluentes, par les marais et par les rosées, plus abondantes et plus long-temps concentrées près des bois et des forêts, faisait éprouver chaque année le fléau de la rouille. L'expérience fit bientôt reconnaître que l'orge y était moins exposée que le froment : Pline affirme le fait, et il en donne l'explication (1). L'orge d'ailleurs était plus précoce; dans les deux premiers siècles, on ne cultivait le froment que pour les festins.

Virgile vient de nous dire que de son temps on semait l'orge à grands sillons; on l'ensemençait en automne, parce que, dit Columelle, elle résistait mieux aux vapeurs tièdes du printemps; parce qu'encore on pouvait en jouir plus de deux mois avant la moisson du froment (2).

Ils semèrent ensuite une autre variété d'orge qu'ils nommèrent *disthicon,* ou orge des pays de la Gaule ; elle avait plus de poids

---

(1) *Hordeum ex omni frumento minimè calamitosum, quia antè tollitur, quam triticum occupet rubigo; itaque sapientes agricolæ, cibariis tantùm, triticum serunt.* (Pl., l. 18.)

2) *Quod veris lepores sustinet.* (Col., l. 2.)

et de blancheur que l'orge hivernale; mêlée avec la fleur de froment, elle faisait un
pain excellent (1); elle s'y semait avant le
mois de mars.

Quoique j'aie fait toute ma vie une étude
de l'agriculture des anciens, et surtout de
celle des Romains, puisque c'était par elle
que je pouvais mieux connaître l'origine de
toutes les choses qui se rapportent à l'agriculture française, je n'aborde néanmoins
qu'avec une extrême défiance, et avec des
doutes, la question historique du *far* chez les
Romains, sur lequel il y a eu tant de gloses
et de définitions. Je ne l'ai pas trouvée éclair-
cie dans l'ouvrage de mon respectable ami
M. Dumont, mon ancien collègue à la Société
royale d'agriculture (1787), auquel je dois des
renseignemens précieux et des pensées fort
justes sur l'agriculture et l'économie des Romains. Je vais donc mettre sous les yeux du
lecteur ce que je crois plus conforme aux
réalités sur le far.

---

(1) *Alterum genus hordei quod distichon gallaticum ap-
pelant... ponderis et candoris eximii.... tritico mixtum
egregia cibaria familiis præbebat..... seritur ante mensem
martium.* (Col., l. 2.)

Pline, qui pouvait si bien spécifier ce que c'était que le far, lui donne au contraire plusieurs appellations ou définitions. Les anciens, dit-il, ont donné le nom de *far*, qui est immensément vulgaire, au siligo, à l'adoreum, au triticum (1).

Columelle, de son côté, déclare qu'il y avait quatre sortes de far, celui de Cluse, celui de Venuse; qu'il y en avait qui était blanc, et un autre roux foncé; que ce far mûrissait trois mois après son ensemencement (2), et que pour cela on le nommait *un grain trémestrel* (3).

Quant à l'*ador* ou l'*adoreum*, Festus prétend que ce mot est synonyme de far; il pense qu'il est ainsi nommé, parce que, dans les sacrifices, on le faisait brûler, *quod aduratur*.

---

(1) *Far vulgatissimum, quod adoreum veteres appellavére, siligo, triticum.* (Pl., l. 18.)

(2) *Adorei, in usu quatuor genera; far quod appellabatur clusinum, far venunculum, rutilum, alterum candidum...... semen trimestre quod dicitur halicastrum.* (Col., lib. 2.)

(3) Ce qui se rapporte au nom *trémois*, qu'on donne en France aux grains de printemps.

Pline affirme que le far est le plus robuste de tous les grains (1).

Pline rapporte que Verrius avait supposé que les Romains avaient exclusivement vécu de far pendant trois cents ans (2).

Il paraît, d'après Pline encore, que ce que les Gaulois nommaient *bran*, n'était autre chose que le far des Romains (3).

Dans le Poitou, on nomme encore *bran*, la partie qui ne passe pas au tamis.

Il y avait un far, ou une variété d'orge qui n'avait point de barbe à l'épi, tandis que celui de Laconie en était hérissé (4).

Dans un grand nombre de livres d'économie, on nomme *far* la bouillie.

Il règne une même incertitude sur le mot

---

(1) *Ador, farris genus, quod aduratur ut fiat tostum..... in sacrificio, mola salso efficitur.* (Fest.)

Ex omni genere durissimum et contra hiemem firmissimum, far. (Pl., l. 18.)

(2) *Farre tantum* ccc *annis usum, Verrius tradit.* (Pl., lib. 18.)

(3) *Galliæ genus farris quod* bran *vocant, nos sandala, nitidissimi grani.* (Pl., id.)

(4) *Far, sine aristá est, excepta quæ laconica appellatur.* (Pl., id.)

siligo, dont les auteurs et les dictionnaires font tantôt une plante, et tantôt de la fleur de farine ; ainsi Pline, après avoir dit que le siligo ne mûrissait jamais également, et qu'il ne craignait pas la rouille, parce qu'il portait un épi droit, et que la rosée qui fait la rouille s'y attachait moins, dit ensuite qu'on faisait un pain excellent avec le siligo (1).

Il dit en outre, qu'au-delà des Alpes, après deux ans d'ensemencement, le siligo devient froment (*triticum*) (2).

Columelle, de son côté, affirme qu'à la troisième année, tout froment semé sur un sol uligineux, se change en siligo (3).

Mais que faut-il conclure de ces variantes et de ces préjugés? c'est que Pline lui-même a trop souvent écrit sur les ouï-dire populaires, et qu'il n'a point pratiqué les choses sur lesquelles il s'explique. J'ose à peine pronon-

---

(1) *Siligo numquam maturescit pariter... minus periclitatur, quoniam semper habet rectam spicam , nec rorem.... qui rubiginem faciat.* (Pl., l. 17.)

Siligine lautissimus panis. (Pl., l. 18.)

(2) *Trans Alpes , biennio in triticum transit.* (Pl., id.)

(3) *Post tertiam sationem , omne triticum, solo uliginoso, convertitur in siliginem.* (Col., l. 2.)

cer mon opinion sur un ordre de choses aussi anciennes; mais je le dois, puisque c'est le but et le devoir de tout historien; je le fais encore pour détruire tant de fausses impressions données par les dictionnaires, dans lesquels les erreurs se transmettent, comme les héritages dans les grandes familles.

Le far était infailliblement la grande orge, que nous nommons *escourgeon*, et dont les épis, en effet, sont droits, gros et garnis de pointes; la paille en est forte et pleine. On vient de voir que les Romains avaient vécu de far pendant trois cents ans, et qu'ils ne cultivaient le *triticum* que pour les repas de luxe et de cérémonie. Ce témoignage nous révèle assez que la préférence donnée au far, était fondée sur ce que ce grain était plus robuste que le froment pour résister à la rouille et à l'action des coups de soleil; tandis que le triticum (*froment*) était infiniment fragile et délicat, et qu'il ne pouvait résister à la fois aux froidures, aux vapeurs et aux rosées printanières.

Virgile me semble avoir expliqué la différence qui existait entre la culture du froment et celle du robuste far. Il dit à son agriculteur : « Si, dans le plan de tes travaux, tu n'as en vue que des récoltes de froment, ou le robuste far, tu feras.... (1). »

Quant au siligo, dont on fait arbitrairement, ou selon les commentaires, tantôt de la fleur de blé-froment, tantôt une plante végétative, je suis fort porté à croire que le siligo était le far. L'orge du printemps, au surplus, avait un grain éclatant, et sa farine d'une grande blancheur, mêlée à celle du froment, donnait un pain parfait dans les boulangeries (2).

Cette différence dans les résultats pour le goût et pour la blancheur, est justifiée parmi nous ; car il est de fait que la farine de blé de mars, mêlée avec de la farine de blé hivernal, fait un pain excellent. Si on n'adoptait pas cette distinction, il resterait une confusion de mots qui embarrasseraient de nouveau les voies qui font retrouver l'agriculture et l'économie des Romains.

Il ne faudrait pas cependant juger de l'a-

---

(1) « *At si triticeam in messem robustaque farra....*
   « *Exercebis humum....* »
(2) *Genus farris, nitidissimi grani, eximii candoris.....
siligine, lautissimus panis, pinistrinarumque opera laudatissima.* (Pl., l. 18.)

griculture des Romains et des effets du climat
ou des intempéries, par les siècles de Virgile,
de Pline ou de Columelle, parce qu'alors la cli-
mature était bien différente ; parce qu'alors
les Romains commençaient à jouir des lumières et des perfectionnemens des peuples
qu'ils avaient conquis ou fréquentés. Il importe de faire observer encore que les Romains, depuis plus de trois siècles avant l'ère
de Virgile, avaient fait céder en grande partie la culture de l'orge à celle du blé-froment.
Sous les premiers consuls, il n'était déjà plus
question du tribut qu'on payait en orge à
chaque chevalier romain (1). Mais, hélas! il
faut dire, à la honte des Romains, que l'orge,
au temps de Virgile, faisait toujours le pain
du soldat (2) : dans ce temps-là même elle
faisait aussi la ration des quadrupèdes domestiques. (L'usage du pain d'orge pour le soldat sera suivi en France.)

Il y avait plusieurs sortes de fromens. Les

----

(1) *Hordearium œs, quod pro hordeo equiti romano
dabatur.* (Fest.)

(2) *Quadrupedum ferè cibus.... milites, pro frumento,
hordeum cogebantur accipere* (Pl., l. 18)

Romains réputaient ce grain originaire de l'Egypte ; Justin a eu la même opinion. Les Grecs croyaient l'avoir reçu du roi Arrèthée; les modernes le disent originaire de Crète, et ils fondent cette opinion sur ce qu'on y a trouvé une plante analogue, que les habitans nomment l'*agriostari*, et sur ce que les Egyptiens, dans leurs cérémonies religieuses, se servaient, pour leurs aspersions, d'une plante ou gramen qu'ils nommaient *agrostis*.

Le froment que les anciens Romains estimaient le plus, était celui qu'ils nommaient *robus;* il était fort blanc, et d'ailleurs plus pesant (1).

Il convient de faire observer que, plus de quinze cents ans avant l'ère vulgaire, le froment d'Italie était renommé à Athènes, et ce témoignage est donné par Sophocle.

Voici, au surplus, l'ordre dans lequel les Romains classaient leurs variétés de froment; 1° celui du Pont, très-léger; 2° celui de Sicile, très-pesant; 3° celui de Béotie, plus lourd encore; 4° celui de Laconie, assez lé-

---

(1) *Tritici genera complura cognovimus..... maxime serendum quod robus dicitur, quoniam pondere et nitore prœstat.... tritici species multiplex.* (Col., l. 2.)

ger ; 5° l'italique proprement dit, le plus estimé par sa blancheur (1).

On s'adonna dans la suite à cultiver un
froment de printemps, que Théophraste a
dit avoir été apporté de l'Eubée, île située à
l'orient de la Béotie; on le nommait pour
cela *triticum euboïcum* (2), et vulgairement
halicastrum.

Quant à la transmutation du siligo en blé-
froment et à celle du blé-froment en siligo,
il suffit aujourd'hui de l'énoncer pour la faire
apprécier; il est seulement pénible de faire
observer que Pline et Columelle l'aient accré-
ditée; mais n'avons-nous pas à l'Académie
des sciences des membres qui, dans le dix-
neuvième siècle, ont promulgué la contagion
de l'épine-vinette sur les fromens, et dit que
pour assurer les vendanges, il suffisait au
printemps de cerner avec un fer les jeunes
pousses de la vigne? etc.

---

(1) *Ponticum triticum levissimum , siculum ponderosis-*
simum, beoticum gravius judicatum, laconicum satis leve ,
italicum eximie laudatum à candore. (Pl.)

(2) *Triticum euboicum : in Euboeá genus quoddam intra*
quadraginta, crassari, perficique posse inventum ob nimia
frigora. (Pl.)

CHAPITRE VIII.

Du panis, du mil, du lupin, de la fève, des lentilles, des pois, de la vesce, de l'orobe, du pavot, du lin, du chanvre, de la garance, de la saponnaire.

Les Romains cultivaient d'autres plantes qu'on pourrait rigoureusement nommer des céréales; car une grande partie se panifiait ou se consommait en polente ou en bouillie: tels étaient les lupins, les fèves, les lentilles, les vesces, les pois. (*Voyez* le chap. xvii, sur les plantes légumières.)

Le mil ou millet servait principalement à faire de la bouillie; c'était même celle qui prenait et conservait le plus de consistance; on pilait le grain dans un mortier; dégagé de sa balle et poussière, on le faisait amollir et crever, ou dans de l'eau, ou dans du lait; c'est encore ainsi qu'on le prépare dans le midi de la France; on faisait même du pain avec le

(189)

mil : Columelle a dit qu'en mangeant ce pain
avant qu'il fût refroidi, il avait assez bon
goût (1).

On cultivait plusieurs sortes de panis ; le
rouge, le blanc, le noir, le pourpre ; celui de
Campanie était réputé le meilleur, pour la
bouillie comme pour le pain. Pline dit que
dans les Gaules on ajoutait des fèves au panis ;
il paraît que, sans ce mélange, le pain n'eût pas
levé ; cet usage existe même encore dans
plusieurs parties du midi de la France (2).

Les lentilles étaient plus spécialement cultivées comme légumes ; les meilleures, dit
Virgile, provenaient de Péluse (3).

Les fèves n'ont point eu chez les Romains
la vogue qu'elles avaient eue en Grèce ; cependant, si on voulait se reporter franchement
aux époques où la fève a été admise pour la
première fois à occuper les organes digestifs
de l'homme, si on voulait en même temps
avoir égard à l'influence combinée du climat

---

(1) *Panis è milio antequam refrigescat sine fastidio ab-
sumi potest.* (Col., l. 2.)

(2) *Panico, Galliæ... additá fabá... sine quá nihil con-
ficiunt.* (Pl.)

(3) *Nec pelusiacæ curam aspernabere lentis.* (Id.)

et du régime de vie, on serait moins étonné des pensées ou des observations de Pythagore, qui n'était ni un homme ordinaire ni un homme crédule. Serait-on mieux fondé à nier aujourd'hui les premiers charmes, les transports et les inébriations qu'ont donnés le vin, le café et le pavot? (Nous reviendrons sur ce sujet en traitant des plantes légumières.) Quoi qu'il en soit, les Romains ont fait une grande consommation de la fève, en sec comme en vert.

Pour eux, les pois étaient plus nouveaux et très-estimés ; on les semait ordinairement au printemps ; la paille était estimée pour fourrage.

On a fait un grand éloge du lupin dans les *Géoponiques;* mais ce qu'on en dit prouve trop que cet ouvrage n'a été qu'une spéculation, ou l'œuvre de théoriciens absolument étrangers à la pratique ; auraient-ils dit que la farine du lupin était employée à faire du pain (1)? car elle serait encore mauvaise en la mêlant avec du froment. Quelques faits isolés, dans des temps de famine ou de di-

---

(1) *Lupinum… panificio aptum.* (Geopo.)

sette, ne rendraient pas la mention plus digne de foi. On a fait aussi du pain avec du gland, des faînes, des potirons ; mais le véritable agronome ne les mettra jamais dans l'ordre des choses propres à l'économie domestique.

La vesce que les Romains nommaient l'*orobe*, et que nous devrions nommer comme eux, a joué aussi un grand rôle dans l'agriculture des anciens ; c'est par elle que les Romains ont réputé fertilisans les enfouissemens des végétaux ; nul encore, qu'il soit adepte ou simple théoricien, ne manque de citer l'exemple d'un champ de vesces qui, froissé, foulé et occupé au printemps par la cavalerie des Allobroges, et livré immédiatement à la charrue, donna dans l'année même une récolte superbe en seigle : cet accident, toutefois, ne peut servir de préceptes ; mais si on voulait seulement le raisonner, on reconnaîtrait que cette fertilité prodigieuse a moins été occasionnée par l'enfouissement de la plante, que par l'amalgame des urines et des fientes des chevaux, qui, combinées aussitôt avec les résidus de la vesce, ont jeté dans le sein de cette terre un ferment qui a puissamment favorisé la végétation du gramen sécale. Ainsi donc, profitant de ce raisonnement, tous ceux qui enfouissent des végétaux pour servir d'engrais, devraient de règle, *et absolument,* couvrir l'herbage d'une couche de fumier; mais la théorie ne va pas si loin: elle prêche uniquement d'enfouir les végétaux (1). On ne peut dicter ou suivre un plus chétif système de culture.

La vesce avait été observée par Théophraste, et c'est depuis lui, que Pline a dit que les colombes (pigeons) en étaient si avides, qu'il était presqu'impossible d'en garantir les ensemencemens (2).

Le pavot a joui d'une très-grande faveur chez les Grecs et chez les Romains; mais c'est bien là une réputation usurpée; car on ne sait trop à quoi l'attribuer, si ce n'est à l'éclat de la couleur de sa fleur, qui composait toujours, et de règle, la couronne de Cérès. Le divin Virgile en a dit : *et cereale papaver,* mais on s'en étonne encore; car, d'une part, sa préparation n'offre pas de substance nourrissante; et, de l'autre, on

---

(1) Ainsi, parmi nous, ont été les conseils de Tessier, Yvart, François de Neufchâteau et compagnie.

(2) *In tantùm columbis grata est, ut negent.* (Pl., l. 18.)

n'avait pas encore trouvé sa qualité la plus
essentielle, celle de donner de l'huile. Quoi
qu'il en soit, la graine de pavot servait à
saupoudrer le pain sur lequel on avait étendu
une couche de miel mêlé de jaune d'œufs;
ce n'était encore là qu'une friandise (1).

Les orientaux se sont attachés à trouver
dans l'incision de sa tige et l'expression de sa
fleur, des qualités soporifiques; et c'est au
pavot qu'il doivent, les uns des instans de
délices, et les autres l'oubli momentané de
leur esclavage ou de leurs tourmens. Pour
être juste, selon l'histoire, il faudrait confondre ou ramener l'ancienne réputation du
pavot aux causes de la nouvelle; l'on devrait
y ajouter les bons offices de l'opium appliqué
à l'art de guérir et d'adoucir les douleurs, et,
philosophiquement parlant, mettre le pavot
en plus grand crédit encore, par le soulage-
ment qu'il apporte aux révoltes progressives
des nerfs. Ces maladies étaient fort rares en
France autrefois; la vieille médecine, celle

---

(1) *Panis crusta effuso inherens ovo inspergitur.*
Cocetum, edulii genus ex melle et papavere factum.
(*Festus.*)

même du dix-huitième siècle, en avait à peine fait l'observation ; et aujourd'hui, cette maladie atteint, frappe et terrasse et la robuste femme des champs et la femme des cités, que le luxe élève ou nourrit. Combien donc la philosophie aurait de choses nouvelles et curieuses à dire sur la physiologie de l'homme et de la femme, et sur les révolutions qui s'ensuivent! Revenons aux considérations agronomiques.

En agriculture, le pavot est une très-mauvaise herbe, parce qu'il épuise considérablement la terre ; c'est un point de fait irrévocablement jugé, et même par Virgile (1). Il semble qu'il affecte plus spécialement les terres maigres et légères, ou plutôt les terres négligées ; il offre, il faut en convenir, l'émail le plus éclatant dans nos champs, et surtout, lorsqu'à cet émail s'unissent et se confondent les bluets et les épis, qui tous ont pour base la verdure, et dont les nuances variées ajoutent un charme infini à cet aspect enchanteur.

Le véritable agriculteur, au temps de la

---

(1) *Urunt letheo perfusa papavera somno.*
Urit enim lini campum seges. (Virg.)

moisson, doit mettre et battre à part ces sortes de plantes, qui ont la merveilleuse.faculté de se conserver en terre, d'y résister aux gelées, et de se reproduire quand la température leur est favorable : nous donnerons ultérieurement, sur ce sujet, de plus amples développemens lorsqu'il sera question des plantes potagères, sèches ou verdurières.

Les Romains, qui n'ont jamais eu beaucoup de goût pour les œuvres industrielles, ont fait peu de cas du lin; Virgile d'ailleurs ne l'avait pas recommandé, en déclarant qu'il épuisait le sol, ce qui, au surplus, est une vérité justifiée par l'expérience des siècles : il n'a rien dit du chanvre.

Les plus beaux lins d'Italie, d'après Pline, étaient ceux des vallées du Tésin et du Pô (1); mais pour quel usage y cultivait-on le lin? car on n'y connaissait pas l'usage du linge (2); était-ce pour faire des cordages? le lin, par lui-même, est peu propre à cet usage. Les Romains, sans doute, connaissaient déjà les

____

(1) *In Alliá regione, inter Padum Ticinumque amnes... in Europá lino, palma.* (Pl., l. 19.)

(2) *Apud Romanos, non nisi serò..... nulla ferè mentio lineorum... de re vestiaria, fer.*

beaux tissus de Sidon et de Tyr; mais, selon eux, il était bien plus glorieux de les acheter, ou d'en commander un butin, que de fixer la culture du lin et l'industrie qu'il comporte.

Cependant les Romains, pour leur navigation, avaient absolument besoin de voiles et de cordages; ils tiraient en conséquence beaucoup de chanvres des vallées des Abruzzes. Quand ils furent les maîtres du pays des Allobroges, ils y trouvèrent de grandes ressources pour les chanvres. Faisons observer qu'ils s'attachèrent à en encourager la culture dans le bassin de l'Isère et dans la plaine de Grésivodan, où ils établirent un intendant sous le titre de *procurator linifex* : ce même pays est encore, au surplus, le plus renommé dans notre industrie, pour la beauté, la souplesse et le nerf des chanvres.

Les Romains, comme tous les peuples barbares ou sauvages, ont toujours aimé la couleur rouge; c'est par suite de cette prédilection, qu'ils ont recherché la garance, qui était la pourpre des simples citoyens : on ne leur fait point injure en disant qu'ils tenaient des peuples de la Grèce la culture et l'industrie de la garance, car ils n'ont connu que celle qui était sauvage ou indigène à leur sol,

et qui, ainsi que la saponaire, y était très-
commune ; indépendamment des tissus, ils
teignaient encore le cuir (1). Rien n'était plus
rare à Rome, et dans sa campagne, au surplus, qu'un atelier d'industrie.

On ne peut affirmer également que les
Romains aient cultivé la saponaire, parce
que cette plante, fort vivace, croissait naturellement le long des fleuves et de tous les
cours d'eau ; la garance y croissait aussi, puisqu'elle y était indigène ; aussi, Pline en a dit :
Omnes provinciæ scatent eâ. Cette indigénéité
même avait ôté aux Romains jusqu'à l'idée de
soumettre ces plantes à une culture réglée; il a
fallu des siècles pour déterminer les agriculteurs du Languedoc à cultiver la garance, tant
on avait mauvaise idée des productions agricoles de la France ; cependant, la garance du
Languedoc est peut - être la meilleure de la
terre : on n'en peut douter, quand le célèbre
agronome Dambournai l'a ainsi jugée et cultivée, même en Normandie, où cette culture s'est
généralisée. N'a-t-il pas fallu des siècles d'in-

---

(1) *In primis rubia tingendis lanis et coriis necessaria....
laudatissima Italica, omnes penè provinciæ scatent eâ.*
(Pl., l. 19.)

dustrie en France, pour mettre en culture réglée le chardon, utile à la fabrication des draps?

La saponaire, chez les Romains, servait à laver, à dégraisser les laines, et à leur donner de l'éclat et de la souplesse (1).

____

(1) *Quæ radicula lavandis lanis succum habet.... conferens, candori, mollitiæque.... Nascitur sativa ubiquè.* (Pl., l. 19.)

CHAPITRE IX.

Des ensemencemens divers chez les Romains. — Virgile le premier conseille de recourir aux fumiers des étables, pour rendre à la terre sa fertilité. — Le parcage des troupeaux. — Les composts. — Epoque du recours aux substances fossiles pour amender les terres. — Le culte au dieu Stercutius. — Ce qu'était le zéa; notice historique et statistique. — Ce qu'étaient le sésame, l'ormin, l'irion, l'olura. — Quelques mots sur le riz, l'avoine et le scigle. — Leurs origines.

LES fléaux et les intempéries désolaient chaque année les agriculteurs; ceux-ci en étaient venus à se faire la règle générale de choisir, pour les ensemencemens, les meilleurs grains ou graines, parce qu'ils ont plus d'énergie pour végéter et parcourir plus rapidement les périodes de la végétation : c'est un précepte qu'il est toujours à propos de redire, et de l'importance duquel on ne se doute pas en France; car en général on y sème le blé sans choix et sans discernement. Pour convaincre, Virgile ne pouvait mieux dire et faire, quand il déclarait : « J'ai vu des agriculteurs choisir grain à grain leurs blés de semence, et pour en hâter la germination, pour en soutenir la force, soumettre ces grains d'élite à une immersion d'eau nitrée, chargée en outre de marc d'huile d'olive. » L'accompagnement poétique de ce précepte, fait d'ailleurs un des beaux passages des *Géorgiques*.

Virgile a omis de dire le mode d'ensemencement; il est à présumer qu'il se faisait à la volée et sous doubles sillons; mais Ovide, qui ne dédaignait pas, comme nos Florian et nos Millevoie, les traditions agronomiques, ne nous laisse plus en doute par ce vers expressif(1).

Quand, au Latium, on changea de système agricole, lorsqu'on en vint à préférer la culture des céréales aux pâturages, Virgile, un des premiers, s'était aperçu de l'amoindrissement de la fécondité naturelle de la terre; pour prévenir donc un plus grand épuisement, il conseille de recourir aux fumiers des étables; mais comme c'était une innova-

______

(1) *Obrue versatâ cerealia semina terrâ*. (Ovid.)

tion, il eut recours à une circonlocution :
« N'ayez point honte de couvrir vos terres
d'un bon fumier, et d'y jeter des cendres (1). »

Varron, de son côté, avait reconnu que,
pour suppléer aux engrais, dans les ensemencemens on enfouissait des végétaux, et spécialement le lupin, avant qu'il commençât à
former sa silique; d'autres employaient les
fèves au même usage (2).

Les Romains enfin avaient fini par trouver
que la fiente des volières était un excellent
engrais (3).

Pline dit, de son côté, qu'on faisait par-
quer les troupeaux en les renfermant dans
des filets (4); mais il ne dit pas si ce parcage
avait lieu sur des novales herbeuses ou sur
des guérets. Le procédé, au surplus, était
également bon dans une novale, surtout si

----

(1) *Ne saturare fimo pingui pudeat sola...*
   Effœtos cinerem immundum jactare per agros.

(2) *Quœdam autem serenda... quœ faciunt terram me-*
liorem...... lupinum, cùm necdum siliculam cepit, nonum-
quam fabalia, pro stercore inarare solent. (Varr., I. 1.)

(3) *Stercus optimum, volucrum quod sit callidissimum et*
fermentare possit terram. (Var., Col., *id.*)

(4) *Sunt qui optimè stercorari putant subdio retibus in-*
clusœ pecorum mansiones. (Pl., I. 18.)

on avait immédiatement soin de retourner à la charrue la partie parquée.

On ne peut regarder comme un mode fertilisant l'usage presque général alors de mettre le feu aux chaumes des céréales, parce que ce qu'il en restait de cendres était à peine appréciable. C'est pourtant par le motif de l'engrais que l'usage a prévalu, quand son utilité ne pouvait se rapporter, tout au plus, qu'à l'effet de détruire instantanément les mauvaises herbes en graines et les œufs ou chrysalides des vermisseaux ou des insectes : car la flamme, par elle-même, faisait plus de mal que de bien à la surface de la terre, en ce que nécessairement elle en interrompait la transpiration. Virgile, néanmoins, a mis ce mode au nombre de ses préceptes : il suffit qu'il ait un côté utile pour justifier le poëte (1).

Columelle a conseillé de faire chaque année des amas de feuilles, d'herbages, de gazons, de fougère, de cendres, de boue et de chaume (2) (ce qu'on nomme aujourd'hui

---

(1) *Sæpè etiam steriles incendere profuit agros.*

(2) *Quamlibet frondem.... vepribus compitisque congesta colligere, filicem, cinerem, cænumque cloacarum et culmos in unum congerere.* (Col., l. 2.)

des *composts*). Caton, il y avait long-temps, avait réduit le grand principe de fertilité à ces trois maximes : Bien préparer le sol, le bien labourer, et le bien fumer (1).

Columelle avait réduit à trois les espèces de fumiers : ceux des oiseaux, des hommes et des troupeaux (2).

Pline apprend que de son temps les Gaules et la Grande-Bretagne fertilisaient leurs terres avec de la marne (3).

Il dit encore qu'en Italie on venait de constater que les résidus des fourneaux à chaux étaient excellens pour faire prospérer les oliviers (4).

Le grand besoin des céréales avait fait imaginer aux Romains un culte et un dieu pour favoriser les moissons : le dieu Stercutius, sur ce point, y était en vénération. C'est en

---

(1) *Benè colere, benè arare et benè stercorare.... stercus omne sedulò conservato.* (Cato , l. 36.)

(2) *Tria stercoris genera præcipua.... ex avibus , ex hominibus, ex pecudibus.* (Col., l. 1.)

(3) *Britannia et Gallia invenére quod margham vocant.* (Pl., l. 17.)

(4) *Nuper repertum oleas gaudere maximè cinere, è calcariis fornacibus.* (Pl.)

usant ainsi de la faculté indéfinie de tout déi-
fier, qu'ils ont avili le culte de l'Olympe, et
qu'ils ont retardé l'essor de la raison ou du
raisonnement sur les choses les plus simples
de la nature. Leurs prêtres ont été les premiers punis de leur avidité à multiplier les
cultes et les autels. Pline, Isidore et Ma-
crobe ont voulu relever le dieu Stercutius;
ils ont prétendu que ce dieu n'était autre que
Saturne, en ce que ce dernier avait lui-même
enseigné à fertiliser les terres par le fumier (1).

Indépendamment des grains que nous venons de nommer, il y en avait encore, ou plutôt il y avait des noms qui n'ont fait que jeter
de la confusion sur l'agriculture des Romains.
Ainsi, par exemple, le zéa était considéré
tantôt comme un apprêt économique, tantôt
comme une plante. Il en était de même de
l'*arinca*, qu'on disait provenir des Gaules.

D'après Mathiol, le commentateur le plus
estimé de Dioscoride, le zéa n'aurait été que
l'épautre, qu'il nomme *spelta*. Ce nom, au

----

(1) *Primus quidem nomine Stercutius in Italiâ..... cujus
ara Romæ dedicata....... Saturnius, quod primus fæcundi-
tatem agri comparaverit.* (Macrob., I. 1.)

surplus, se justifie par la dénomination qu'on donne en Provence à l'épautre, qu'on y nomme *spéauté, spéauton,* et en France, comme en Belgique, *épautre,* dont le mot *spelta* est bien la racine.

Avec le zéa on faisait l'alinca, qui était une préparation de la farine du spelta.

L'alica la plus recherchée était celle faite avec le zéa de Campanie, et de laquelle on faisait un grand commerce ; mais ce qu'il y a de plus curieux dans cette composition, c'est que le poids, la blancheur et le goût, peut-être, étaient dus à un amalgame de fleur de craie. Plaute, en faisant allusion aux filles publiques, qui aimaient beaucoup ces friandises, a nommé ces alica *alicariæ meretrices,* attendu que les femmes galantes faisaient foule aux portes des boulangers, où se rendaient aussi beaucoup d'hommes (1).

L'addition de la craie, à l'occasion de laquelle Pline a dit *mirabile dictu,* mérite une explication. Il faut croire d'abord que le ma-

____

(1) *Alica adulterina…. zea africana…. spicæ latiores…. pisunt harená…. posteaque gypsi pars, cribro farinario secernunt, rursùs cribro angustissimo et tantùm harenas transmittentes.* (Pl., l. 18.)

gistrat et le peuple de Campanie n'avaient pas jugé nuisible la mixtion de la craie et de la farine du zéa ; il paraîtrait même plutôt qu'elle était agréable au goût. Pline dit que la craie passait facilement dans l'estomac, et qu'elle donnait plus d'éclat et de finesse à l'alica (1).

Ce n'était pas seulement en Italie qu'on préparait ainsi le zéa ; car celui d'Afrique jouissait d'une grande réputation : on y surnommait cet alica *adulterina*. Pline fait observer seulement que les épis du zéa d'Afrique étaient plus larges. On pilait les grains dans un mortier avec une certaine portion de sable et de gypse ; on passait le tout à travers un tamis, dont le tissu était extrêmement fin.

En physique, des savans ont déclaré que le gypse qui n'était pas calciné contenait des parties alimentaires.

Le zéa servait encore à faire de l'amidon.

Il me reste à parler de certaines plantes mixtes et de quelques autres qui sont adirées

______

(1) *Admiscetur creta quæ transit in corpus, colorem tenuitatemque affert.* (Pl.)

ou méconnues ; car les unes participent des gramens nourriciers, et les autres, quoique souvent citées , n'ont pas l'existence identique indiquée par les anciens. Je citerai le sésame, l'irion, l'ormin , l'olura ou l'olyra : je dois ajouter l'avoine et le seigle, le riz et le blé noir.

On a sans cesse confondu le sésame, tantôt avec les grains frumentacés , tantôt avec les graines oléagineuses ou avec les légumineuses. Théophraste en est en grande partie cause, pour n'avoir pas assez positivement caractérisé cette plante, qu'il place dans plusieurs catégories. Selon lui, et même selon Dioscoride , la graine en était fine comme celle du pavot. Dans la suite des temps, les orientaux, et après eux les Romains , ayant trouvé des graines plus agréables et plus profitables, ont successivement renoncé à la culture du sésame. J. B. Porta en répute la graine oléagineuse ; il dit que les Grecs en composaient une pâte grasse (1), qui est telle encore chez les Turcs. Gallien a dit que la

______

(1) *Apud Græcos sesamum paratur..... lentitiæ et oleaginei liquoris.* (J. B. Porta.)

graine de sésame, soumise à la trituration, devient rapidement huileuse (1).

Mathiol, commentateur de Dioscoride, prétend que nous ne connaissons pas la plante que les anciens nommaient *sésame*. Ce n'est pas, au surplus, la seule plante renommée par les anciens qui soit perdue ou méconnue (2).

Les auteurs que je viens de nommer ne sont pas plus d'accord sur l'irion ; mais cela n'empêche pas les compilateurs de nommer toujours l'irion comme une plante usuelle.

L'olura ou l'olyra des anciens était incontestablement le riz ; mais ce n'était que le riz sauvage, dont la graine, selon les contemporains, était infiniment petite. La tige haute et les feuilles ténues avaient, d'ailleurs, beaucoup de ressemblance avec les graminées. Les chevaux, est-il dit, recherchaient cette plante avec avidité. Elle croissait principa-

---

(1) *Sesami semen pingue est..... celerrimè fit oleosum.* (Galen.)

(2) *Meo judicio.... notœ, veri sesami non respondent.... in errore , qui secùs opinantur.* (Mathiol.)

In dubium vocari potest, an planta quæ passim pro sesamo ostenditur. (*Ex Comm.* Thoph Bodœus.)

lement dans les lieux marécageux. Soumis à la culture, l'olura des Grecs est devenu peu à peu un grain nourricier; ce qui est bien plus probable que la conjecture de Buffon, qui dit le froment un grain de l'art (1). M. Shaw, qui a bien plus approfondi que lui les questions qui se rapportent au règne végétal, ne fait pas même de doute que l'olura d'Homère ne soit le riz.

Théophraste a mis sur la voie de l'origine du riz, qu'il nomme, ainsi que Dioscoride, *oriza sativa*. Sa description, au surplus, se rapporte assez exactement à la plante qui

---

(1) Buffon n'était pas agriculteur, et, par cette cause, il a induit en erreur; le blé-froment est un dans la nature, et jamais l'art n'a pu former un pareil grain que l'analyse également reconnaît unique dans sa composition.

M. Desplaces, dans son *Histoire de l'agriculture ancienne*, attribue aux Romains plusieurs sortes de fromens, mais il se trompe. Nous avons un grand nombre de variétés inconnues aux Romains; et ce nombre résulte de la différence des climats, des sites et des terrains avec lesquels nous nous sommes mis en communication : tels sont les blés à épis nus ou barbus, et ceux dont les hastes sont noires, fauves et plus ou moins longues. Plusieurs de ces variétés s'arrangent de nos climats, de nos cultures et de nos terrains.

porte le riz, et dont le genre humain ne pro-
fitera que dans quelques siècles. (*Voy.* la
2ᵉ part. de l'*Agriculture des Grecs.*)

Les auteurs qui, à toute force, veulent absolument faire d'Hérodote un génie universel, un grand historien et même un grand
poëte, ont prétendu qu'il avait découvert et
désigné le riz; mais on ne peut le reconnaître
à la grosseur de son grain, qu'il compare à
celui du millet. Il paraît évident qu'il n'a
voulu parler que de la plante qu'on nomme
sorgho, qui en effet croissait près des eaux,
et dont la tige élevée était couronnée par des
touffes de capsules qui renfermaient de petits grains ronds.

Faisons observer, en attendant de plus
amples considérations, que le riz aujourd'hui
nourrit peut-être la moitié des hommes du
globe, et que sa culture, à laquelle l'Europe
même est soumise, tient à une grande influence politique, dont le gouvernement anglais s'est fait le régulateur par une manœuvre
infâme, puisqu'il en fait le monopole dans
l'Inde. Après avoir acheté au comptant toutes
les récoltes qu'il trouve, les agens de la Compagnie des Indes attendent l'heureuse occasion d'une famine pour ouvrir les magasins,

et vendre le riz au centuple du prix qu'ils l'ont acheté. Voilà pourtant ce grand peuple qui veut civiliser le monde par des Bibles qu'il donne à dix sous pièce, et qui recule d'horreur maintenant contre la traite des noirs, dont il jouit et qu'il fait lui-même dans ses colonies ; qui, pour un vil négoce, laisse neutraliquement assassiner les Grecs, dont il a usurpé une des nobles parties de leur territoire ! Mais, pour lui comme pour les Carthaginois, le temps de la justice divine viendra, et plus tôt qu'il ne pense.

Les Romains n'ont connu que fort tard la culture et le prix du riz ; il en est ainsi du blé noir, *fago pirum*, que l'Europe occidentale doit à l'invasion des Maures. Il est de fait, cependant, que ces mêmes Romains avaient envahi et conquis les pays de l'Asie et de l'Afrique, où on cultivait ce grain, et que Théophraste dit qu'on l'y nommait *trigis ;* tant il est vrai encore que les Romains ont plutôt fait la guerre en Barbares qui ne cherchent que du butin, que pour s'enrichir des productions de la nature et de celles de l'industrie !

L'avoine et sa culture ne confirment que trop cette pensée importune sur le peuple-roi, car il aurait dû en remarquer la culture dans les pays des Allobroges et des Eduens. Cette graminée pourtant méritait bien d'être comprise au nombre des céréales, puisque son gruau est éminemment nourricier : comme tel, il a sauvé bien des peuples dans les Gaules et dans la Germanie.

On peut affirmer que ni Virgile ni Columelle n'ont connu l'avoine, car ils n'eussent pas manqué de la spécifier, et surtout de faire observer la forme de l'épi, qui est en effet très-singulière, pour ne pas dire inverse de celle des autres grains.

Virgile a nommé les avènes stériles, *et steriles dominantur avenæ;* mais il est évident qu'il ne désigne là que les grands herbages à tuyaux et avec des nœuds. Cette désignation spéciale est justifiée par ce vers :

Sylvestrem tenui musam meditaris avenâ.

Le mot *avena*, donné à l'avoine céréale, a seul fait la confusion des applications.

Ovide et Virgile ont signalé l'avoine comme une mauvaise herbe qui infeste les blés.

Quoi qu'il en soit, il est certain que la culture de ce grain et sa manipulation économique appartiennent exclusivement aux Gaulois, auxquels on n'accorde en France que la
barbarie et un culte homicide. C'est un bienfait que les Grecs auraient célébré, et duquel
on ne tient aucun compte à Paris, parce que
l'avoine est devenue le partage des chevaux.
Demandez à nos académiciens ce qu'ils en
pensent; ils souriront de pitié. Eh bien! qu'ils
sachent donc que le gruau d'avoine est le
meilleur de tous, et qu'il fait des miracles,
car il rend la vie à des hommes que les excès
ont exténués : sur ce point, on peut consulter les premiers médecins.

Les Romains également n'ont fait aucun
usage du seigle, qui aussi avait été inconnu
aux Grecs, et même aux Aristote, aux Théophraste, etc. Pline n'en a parlé que pour signaler sa malfaisance : il regarde le pain qu'en
faisaient les Gaulois comme le plus détes-
table de tous ; il conseille à ceux qui seront
réduits à la triste nécessité de s'en nourrir,
de mêler par moitié de la farine d'épautre,
afin, dit-il, d'en corriger l'amertume et les
ravages qu'il peut occasionner dans le ventre.
Du reste, ajoute-t-il, il est très-fécond, car

il produit cent grains pour un. Voici encore
comment Pline porte ses jugemens (1).

---

(1) *Secale, panem deterrimum et tantùm ad arcendum
famem.... admiscetur far et mitigat amaritudinem... ingra-
tissimum ventri.... nascitur qualicumque solo.... cum cente-
simo grano.* (Pl., l. 18.)

CHAPITRE X.

Les modes employés par les Romains pour faire leurs moissons, pour battre les blés, pour les vaner. — Quels étaient leurs moulins. — Vitruve est l'inventeur des moulins à eau. — L'influence des moulins sur le sort des esclaves.

LES Romains faisaient leurs moissons de trois manières : la première consistait à ne couper que les épis ; la seconde à laisser la moitié de la paille ; la troisième à couper le blé par le pied. Ils se servaient d'une faucille courbe, comme celle des Grecs ; mais ils en avaient une autre dentelée, dont la forme et l'usage se sont transmis jusqu'à nous : *Falx rostrata, falx denticulata.*

Lorsqu'on se bornait à moissonner les épis seulement, on les mettait dans des sacs, où ils se conservaient sans aucune altération. Quand on moissonnait le blé à la moitié de sa hauteur, le chaume était destiné à être brûlé immédiatement. Si on coupait le blé

rez de terre, c'était pour avoir de la paille
propre à couvrir les toits.

Quant au panis et au millet, la moisson
s'en faisait au peigne (1).

C'était ordinairement à la moisson que les
colons (*politores*) payaient leurs redevances
aux maîtres. La condition du partage variait
de la moitié au huitième. Le partage se faisait, le plus souvent, à l'aire même où on
battait la moisson (ce qui se fait encore dans
le Midi).

Les Romains n'ont rien inventé pour battre
leurs épis : tantôt ils se servaient d'une herse
dont les traverses étaient garnies de pierres,
ou de chevilles en bois ou en fer; tantôt ils
se servaient du chariot carthaginois (*plaus-
tello punico*). Les savans de Rome, du moins
les Caton, Varron, etc., devaient connaître
le mode des Grecs, qui faisaient fouler leurs
blés par des bœufs; c'était encore celui des
Hébreux : Columelle, cependant, s'est prononcé pour le fléau (2); et il avait raison,
quoi qu'en puissent dire nos amateurs, nos

---

(1) *Panicum et millium singulatim pectine manuali legunt*
(Col., l. 20.)

(2) *Ipsæ autem spicæ meliùs fustibus tunduntur.* (Id.)

Molard et leurs adhérens, dans la Société d'agriculture de Paris.

Les Romains vanaient leurs blés au vent, à la pelle creuse, comme les Grecs, et au van. Columelle a parfaitement bien exprimé ces divers modes ; il dit : « Lorsque le temps est calme, il faut avoir recours au van (1) pour nettoyer le blé et le séparer de la paille. Le meilleur vent, en Grèce, était le zéphyr. Voici, au surplus, quel en est le mode encore (2) : Lorsque tout le blé est en tas, avec sa poussière et la menue paille, on le lance au loin avec une pelle creuse ; toutes les parties qui sont plus légères que le grain de blé, tombent près de celui qui jette (3) : c'est le meilleur moyen de se faire un blé d'élite. »

Les Romains, il faut en convenir, apportaient le plus grand soin à bien nettoyer leurs blés, parce que, dans leur économie publi-

______

(1) *Si pluribus diebus undiquè silet, aura, vannis expurgetur.* (Col., l. 2.)

(2) *Paleis immixta frumenta vento separantur ; favonius, eximius habetur.* (Id.)

(3) *Cum acervus, paleis, granisque mixtus, paulatim ex eo, ventilabris, per longius spatium jactetur, palea quæ levis est, citra decidet.* (Id.)

que, ils étaient obligés de faire de grands
amas, dans lesquels le charançon aurait fait
ses ravages : aussi Columelle a fort sagement
fait observer que les blés se conservaient
plus long-temps nets et purs, quand ils avaient
été bien nettoyés au vanage.

La science de Columelle est restée étrangère à nos économistes, qui, dans le siècle
dernier, ont épuisé tous les moyens que la
science et la chimie leur ont suggérés, et qui
n'ont pu parvenir à sauver le blé de ses ava-
ries. Des entrepreneurs sont survenus, qui,
faisant avec audace abstraction de toutes les
tentatives déjà mises en avant pour conserver long-temps les grains intacts, ont proposé des greniers d'abondance, qui, fussent-
ils aussi grands que tout le faubourg Saint-
Antoine (de Paris), et à trois étages, ne

---

(1) Le calcul géométrique sur l'espace nécessaire en a été
donné dans mon *Cours d'agriculture pratique*, relativement
à Paris : il met en évidence qu'un grenier d'abondance
pour la capitale, serait à la fois insuffisant, dangereux, et
d'une dépense excessive pour la construction, pour l'entretien et la manutention générale. Les vrais greniers, pour
Paris, sont chez les fermiers, et son approvisionnement
dépend de toute liberté dans le commerce des grains.

pourraient suffire à l'approvisionnement de la capitale, pour six mois seulement. Que le lecteur qui en doute, et qui vante peut-être cette mesure, ordonnée par un décret impérial, prenne la plume ; qu'il calcule l'espace qu'il faudrait, pour de tels greniers, à plus de huit cent mille consommateurs. On a fait plus ensuite ; sans égard pour le climat de Paris, on a proposé des silos en terre, comme *en Nubie;* et chaque année, les journaux s'extasient sur le génie d'invention qui y préside.

L'Académie des sciences lit ou voit tout cela par des commissaires, et laisse un champ libre aux flatteurs et aux intéressés. Il semble pourtant que la chose est assez importante pour mériter son attention et son rapport au gouvernement. On se rappelle qu'elle intervint pour la construction des hôpitaux ; l'existence et le repos public d'une si grande capitale exigeraient également son intervention et sa sollicitude.

Le mode le plus simple pour la conservation des grains est à côté de nous ; l'expérience le justifie, le signale, et on le regarde comme une routine indigne d'un siècle de lumières! Je veux parler des meules de blé, qu'on bat au fur et à mesure, et qu'on réduit en farine éminemment pure.

L'art de moudre les grains, chez les Romains, a subi tous les tâtonnemens de l'enfance ; car ils pilaient et torréfiaient encore leur grain, plus d'un siècle après qu'ils avaient pu voir et observer les moulins des Grecs et des Hébreux.

Les premiers moulins des anciens étaient tournés à bras : tels étaient ceux qui sont décrits dans Homère et le Deutéronome. Les Romains se sont attachés promptement à cette forme de moulins, parce que c'était un moyen d'occuper les esclaves, dont le grand nombre était une sorte de luxe. Dans leur législation, d'ailleurs, ils condamnaient à perpétuité à la peine du moulin (1).

Le premier essor de perfectionnement a été d'atteler des ânes à ces meules ; ce qui faisait distinguer *molas, manuales, asinarias et jumentarias*. On en fut si satisfait à Rome, qu'on y institua une fête en l'honneur des ânes, et pour laquelle ces animaux, couronnés de fleurs, portant des colliers faits avec

____

(1) *Ferratusque in pistrino ætatem conteras.* (Plaute, *de Bachidis*.)

de petits pains, étaient ainsi promenés dans les rues.

On ne saurait trop dire si les moulins à vent ont précédé ceux à eau : je pencherais beaucoup pour les moulins à eau, car il est constant qu'il y avait très-anciennement en Grèce des machines hydrauliques fort ingénieuses. Il était si facile de faire l'application de la force du courant de l'eau à l'usage des moulins, qui, pour être mis en action, n'en demandent qu'un minime !

La construction des moulins à vent, au contraire, est une œuvre de vrai génie ; l'invention mérite d'en être mise au premier rang industriel, car c'est une œuvre toute géométrique : elle est telle, que ceux qui ont voulu la perfectionner n'ont jamais pu s'écarter de l'angle qui a été primordialement déterminé pour faire mouvoir les bras armés de voiles. C'est une telle invention pourtant que M. Michaud, le grand glossateur des *Croisades*, n'a pas daigné comprendre au nombre des choses dont l'Orient a doté l'Occident ! Combien de gens à Paris, en voyant tourner les moulins de Montmartre, pensent encore, sur ce point, comme M. Michaud de l'Académie française !

Il y a un fait constant, cependant : c'est que Vitruve est l'inventeur des moulins à eau chez les Romains. Faisons observer que cette invention a fait diminuer le nombre des esclaves occupés à tourner les meules : cette influence est digne de remarque pour le philosophe et pour l'homme d'Etat.

CHAPITRE XI.

Quels étaient les troupeaux dans l'agriculture des Romains. — Considérations sur les buffles et sur leur origine. — Les bœufs employés aux charrues provenaient de la Grèce. — L'ordre et la police des troupeaux dans les pâturages. — Les revenus qu'ils donnaient. — Les bêtes à laine tenaient le premier rang dans l'économie. — L'ordre habituel du parcours des grands troupeaux. — Un chef pasteur était considéré dans l'Etat.

Pour me conformer à l'ordre qui a été suivi par les Romains pour leurs troupeaux, je devrais peut-être commencer par ceux des bêtes à laine, et même par ceux des chèvres; mais je ne crois point l'intervertir, sous le rapport historique, en traitant d'abord des bêtes à cornes.

C'est un point de fait attesté par les Grecs, et même par les Romains, que les basses contrées de l'Italie étaient immensément peuplées de bêtes à cornes, à l'occasion desquelles Calpurnius Pison aurait dit que le grand nombre de veaux qu'on y rencontrait

aurait fait nommer cette contrée ιταλους *a vi-*
tulis. Ici s'élève un grand doute sur l'espèce des
bêtes à cornes qui peuplaient le Latium et ses
contrées inférieures et supérieures. Etaient-
elles de la race des buffles ou de la race des
bêtes à cornes des Gaules, de la Grèce et des
Hébreux, dans lesquelles on formait des bœufs
pour la charrue ? Mais les naturalistes nous
disent encore aujourd'hui que les buffles qui
peuplent les marais de l'Italie sont originaires de l'Afrique ; quelques - uns même vont
jusqu'à assigner l'époque où cette acclima-
ture a eu lieu : comment concilier cette trans-
lation africaine avec la législation et l'opinion des Romains, qui attachaient un si grand
prix à l'espèce des bœufs de la Grèce pour le
labour, qu'ils avaient porté la peine de mort
contre le propriétaire même qui tuerait un
des siens ?

Virgile, qui connaissait si bien toutes les
parties de l'agriculture des Romains, n'eût
pas manqué de dire et l'historique et les préceptes qui se rapportaient à la manière d'é-
lever et de dompter les bêtes à cornes qui
peuplaient les bois et les marais de l'Italie ;
mais, au contraire, il ne cesse, dans ses *Eglo-*
gues comme dans ses *Géorgiques*, de parler

des vaches, des taureaux et des génisses, tous
soumis à une domesticité positive ; et jamais
il ne dit le moindre mot qui rappelle les buffles et les bufflesses. Une seule fois le chantre
géorgique a signalé ces animaux, en conseil-
lant d'entourer de haies les champs cultivés,
pour les préserver des buffles et des chè-
vres(1). Le mot *uri* ne peut s'appliquer qu'aux
bubales, car il ne peut être question de ces
uri ou urochs, dont l'espèce, au temps de Virgile, était déjà bien loin du littoral de la Mé-
diterranée. (Voy. l'*Agriculture des Gaulois.*)

Il est à présumer plutôt que Virgile ne
voulant pas retracer au peuple romain les
temps de sa barbarie, aura considéré les
bœufs et vaches de Grèce comme indigènes
au Latium, et qu'il se sera abstenu à dessein
d'en parler, pour ne pas faire voir que les
Romains n'avaient su ni les dompter ni les
attacher à leur économie.

On ne pourrait dire à quelle époque les
Romains, du temps des Césars, ont assujetti
les buffles au joug, et leurs femelles à donner

---

(1) *Texendæ sepes.... ne sylvestres uri assiduè capreœque
sequaces.*

du lait. Martial, le premier, je présume, a dit que de son temps on attachait les buffles aux chars (1). Je serais même tenté de croire cette innovation fort moderne. D'ailleurs, on doit facilement croire que dès que les Romains ont connu l'espèce bovine de la Grèce, ils se seront préférablement attachés à la multiplier, à cause de sa douceur, de ses services et des qualités du lait.

Il convient de faire observer qu'il y a eu constamment aux environs de Rome une espèce de vaches tout à fait différente de celle de Grèce et des bufflesses, et je n'oserais pourtant la déduire d'un croisement des deux espèces ci-dessus.

Pour achever de se convaincre, il suffit de se reporter au système commun des exploitations rurales chez les Romains; on n'en peut trouver un meilleur type que dans la ferme de Caton, à laquelle étaient attachés des troupeaux. Elle consistait en soixante-dix journaux, dont vingt-cinq en blé, et vingt-cinq en fèves, pois, millet et panis, et le reste en plantes légumières; l'arpent était l'espace

______

(1) *Turpes esseda quod trahant bisontes.*

de terres que deux bœufs, sans les forcer, pouvaient labourer en un seul jour (1).

Au sixième siècle de la fondation, les Romains n'avaient encore dans leurs domaines respectifs qu'un petit nombre de bœufs et de vaches de la race grecque.

Dans un tel état de choses, on doit penser que les buffles, naturellement sauvages et féroces, n'auraient pas supporté le pâturage commun des bœufs dans leurs bois et marais, car il y a entre les deux espèces une constante antipathie (2).

Aussi voit-on que les agriculteurs romains étaient dans l'usage de faire rentrer tous les soirs leurs bœufs et vaches domestiques. Dans le jour, les bouviers les gardaient dans des pâturages enclos, ou sur des parties que ne fréquentaient pas les buffles. Les taureaux ne faisaient point partie du parcours commun ; les vivandiers seuls en gardaient, par

-----

(1) *Quod uno jugo boum, in die exarari possit impetu justo.* (Pl.)

(2) On a essayé en vain de faire saillir des bufflesses par des taureaux, et des vaches par des buffles ; et si on y est parvenu par des excitations lubriques, il n'y a point eu progéniture.

spéculation, pour faire saillir les vaches.

Les troupeaux destinés à la boucherie allaient paître sur les monts qui dépendaient
du fisc ; des gardiens leur étaient préposés ;
on retirait de ces troupeaux des animaux,
afin de les engraisser sous les toits : on sait,
au surplus, que les hommes riches regardaient comme un déshonneur de recourir
aux boucheries publiques (1).

Il faut conclure de cet exposé, que les Romains ne considéraient les buffles, leurs femelles et leurs petits, que comme des animaux sauvages dont ils faisaient leur proie,
et qu'ils n'attachaient de prix qu'à l'éducation des bêtes à cornes de la race grecque,
tant pour la charrue et la viande de boucherie que pour le laitage.

Dans tous les temps, sous les rois, sous
les consuls et les Césars, le sénat de Rome
a toujours préféré, dans sa législation, les
moyens violens ou prohibitifs à ceux que
l'expérience et la raison lui révélaient : ainsi,
pour les bêtes à laine, desquelles il tirait tant
de ressources, et dont il devait favoriser la

____

(1) *Ignavum potius ab laniario quam ex domestico
fundo.* (Varr.)

multiplication, il rendit des décrets d'après lesquels il était défendu d'en posséder plus de cinq cents (1).

Cependant les bêtes à laine, dès le principe, avaient été mises par les Romains au premier rang des animaux utiles. Ils trouvaient, en effet, dans cette espèce, la laine et la peau pour leur servir de vêtemens ; ils fournissaient en outre aux vivres de Rome, par la chair des agneaux et par le laitage : soumis au parcage, ils fertilisaient encore la terre.

Il y avait deux sortes de bêtes à laine : l'une, indigène, était vigoureuse et d'une santé inaltérable ; la laine en était grossière, mais forte et nerveuse : l'autre était originaire de la Grèce, et la laine était très-fine. La première errait en paissant sur les monts, et jouissait d'une santé robuste ; la seconde s'éloignait peu du domaine : elle exigeait d'ailleurs de grands soins pour la tenir en bon état de santé. Varron appelle les premières *oves hirtæ coloniçæ*, et les secondes *oves Grecæ, seu tarentinæ pellitæ.* On couvrait

---

(1) *Ne quis haberet plus.... quingentis minoris pecoris.* (Dion. Hal.)

ces dernières de housses, pour prévenir des taches aux toisons, et pour en obtenir plus de blancheur (1).

On trayait impunément les brebis indigènes, et de leur lait on faisait des fromages; mais on se gardait bien de traire les brebis à laine fine. On élevait les agneaux des deux races : à un an, les mâles subissaient la castration; à deux ans, ils étaient vendus pour la boucherie : les marchands payaient fort cher les peaux des bêtes à laine fine (2).

Les laines qui avaient le plus de prix, par la finesse et par la blancheur, étaient celles du bassin du Pô : la laine se vendait cent sesterces la livre (3), c'est-à-dire dix francs.

Les moindres troupeaux de bêtes à laine étaient de mille à quinze cents; il y en avait beaucoup de quatre à cinq mille.

La laine était un des plus grands produits des propriétaires et du fisc (4).

---

(1) *Pollitis integuntur ne lana inquinetur.* (Varr.)

(2) *Plures masculos enutriendos, castrati ad bimatum enecantur.... pelles harum mercantibus.* (Col., l. 7.)

(3) *Circum Padanis nulla præfertur.... hic, libra lanæ centum sextertios.*

(4) *Certissimus quæstus.* (Col.)

On ose à peine dire encore que les Romains, auxquels on défère tant de gloire pour le génie dans les sciences et les arts, au lieu de tondre les brebis, comme les Grecs et les Hébreux, ont arraché la laine à la main, et jusqu'au temps de Pline (1).

Les Romains consommaient immensément d'agneaux, de chevreaux et de veaux; on ne réservait des mâles dans chaque espèce que pour la reproduction. Dans un tel état de choses, le laitage devenait un grand produit par la fabrication des fromages. Les propriétaires avaient la laine, mais le lait appartenait aux chefs pasteurs.

Le parcours des troupeaux des bêtes à laine était, dans toute la force du mot, une affaire d'Etat; et je ne peux mieux en exprimer l'importance, qu'en rappelant ici la *mesta* de l'Espagne, qui a été formée sur la tradition des Romains (2). Comme en Espagne, les

____

(1) *Oves non ubiquè tonduntur : durat quibusdam in locis vellendi mos.* (Plin.)

(2) Le temps est venu où l'Espagne doit enfin reconnaître et fortement sentir que l'agriculture est la base la plus réelle de toute prospérité. Les trois quarts de l'or et de l'argent du Nouveau-Monde sont entrés dans les ports de la

troupeaux voyageaient alternativement, et chaque année, du nord au sud et du sud au nord (1).

La marche d'un chef pasteur était moins celle d'un conducteur de troupeaux que d'un chef de caravane. Il avait avec lui un nombreux convoi de bêtes de somme, pour porter les tentes, les abris, les filets et les divers ustensiles, et pour son service personnel des cavales (2). Partout le magistrat ou chef militaire était tenu de prêter assistance aux chefs des troupeaux déambulans. L'homme

---

Péninsule, qui en est réduite aujourd'hui à demander l'aumône en écus. Toutes les mines du Potose et du Pérou ne valent pas la seule *mesta* d'Espagne; avec du courage et une politique raisonnée, l'Espagne pourrait devenir encore un pays riche, populeux et indépendant. L'agriculture seule, soutenue par des évêques dignes de notre auguste religion, et par de bons curés, *exclusivement*, pourrait seule opérer cette grande et heureuse révolution. Mais hélas! combien la cour de Rome et les rois de la Sainte-Alliance auront de comptes à rendre à Dieu et même à l'histoire, qui ne connaît aussi que la justice et la vérité!

(1) *Hibernum, secundum mare; æstu abiguntur in montes frondosos.* (Varr., l. 2.)

(2) *Crates, retia, victum, medicinam, jumenta dossuaria, alii equas.* (Varr.)

en chef était un personnage considéré; et pour l'opinion, il y avait autánt de différence entre un chef pasteur et un laboureur, qu'entre un sénateur et un licteur.

Un chef pasteur devait savoir lire, écrire et compter (1), afin de rendre compte des produits au fisc et aux parties intéressées. Faisons observer, relativement à l'opinion sur l'agriculture, que lorsque les Romains portaient un tel honneur à un chef pasteur, ils méprisaient un laboureur : cependant chacun sait, dit et répète les grands traits des Caton, des Cincinnatus, des Curius, en faveur des hommages rendus par les Romains à l'agriculture.

C'est ainsi que, pour tant d'autres choses, on fait les honneurs au peuple romain entier des vertus et des principes de quelques hommes privilégiés (2). Cette opinion de Rome

______

(1) *Magistrum scribere oportet.... is enim sine litteris non idoneus, quod rationes dominicas, pecuarias, conficere rectè oportet.* (Varr.)

(2) C'est ainsi que les orateurs et les poëtes en France disent toujours que l'agriculture et le premier des arts, et ils l'accablent de leurs mépris, en refusant même d'en admettre les détails dans le style et dans les compositions,

sur les laboureurs s'était faite, parce que les hommes riches et puissans ne faisaient exercer la charrue que par des esclaves ou par des salariés. Le contraire existait en Egypte; car on y méprisait les hommes pasteurs, et on y honorait les laboureurs.

Une grande partie des animaux domestiques qu'on destinait à être engraissés, et les femelles qui donnaient du lait, rentraient tous les soirs sous les toits ou dans des enclos entourés de murs ou de haies, soit pour éviter les rigueurs de l'hiver, soit pour prévenir les attaques des bêtes féroces (1).

C'est bien le cas d'appliquer à nos lettrés et à nos orateurs, le mot de Juvénal : *Laudatur et alget.*

(1) *Cum primum pasti repetunt præsepia tauri.... pecudibus stabula.... intra villam.... parietibus altis septa, ut per hiemem.... sinè violentiâ ferarum conquiescant.* (Col., lib. 1.)

CHAPITRE XII.

De la chèvre ; ses troupeaux étaient nombreux. — Dommages qu'ils ont causés à l'agriculture. — La multiplication des troupeaux de porcs a été un grand objet d'émulation dans l'économie des Romains.

———◆———

En plaçant ici la partie historique qui se rapporte à la chèvre, je suis l'ordre établi par Virgile. Les Romains, toujours occupés de guerres, de conquêtes et de révolutions intestines, n'ont pas même songé à considérer dans leur économie et dans l'ordre physique, la fatale influence des troupeaux de chèvres sur l'agriculture et sur toutes les reproductions de la nature qui tiennent à la fertilité des champs.

Virgile, dans ses *Géorgiques*, a lui-même fait succéder ses préceptes sur la chèvre à ceux qu'il a donnés sur les bêtes à laine ; je ferai comme lui ; j'ai lieu de craindre qu'on ne trouve pas le sujet digne de l'histoire : Virgile craignait aussi les oisifs de la capitale, et il n'osait trop se confier à la faveur soutenue d'Auguste et de Mécène, pour occuper les Romains d'un si mince sujet (1) ; mais il se consolait en songeant que la chèvre est utile aux pauvres : cette idée lui tenait lieu de gloire.

Le peuple romain faisait une grande consommation de la viande de chevreaux ; on retirait d'ailleurs tant de bénéfices des mères, que les troupeaux en étaient excessivement multipliés : la législation, bien éclairée, aurait dû modérer le parcours des chèvres, et lui imposer des règles : mais c'est à quoi on n'a pas même songé.

Les plus forts troupeaux néanmoins n'excédaient pas quinze cents ; non que les chefs n'en eussent la faculté, mais parce que cet animal, naturellement indocile et vagabond, était difficile à contenir sous le jet de la houlette, à la vue de laquelle les autres troupeaux étaient façonnés à s'arrêter pour les haltes, pour le traiage, ou pour passer la nuit (2).

---

(1) *Nec sum animi dubius verbis ea vincere magnum*
Quam sit et angustis hunc addere rebus honorem.

(2) *Quod capræ lascivæ dispergant se…. satis putant esse circiter quinquagenas.* (Varr., l. 2.)

Le plus grand bénéfice des chèvres provenait du laitage, avec lequel on faisait des fromages, qui se transmettaient par le commerce et par mer : *trans maria permitti potest.* (Var.)

Tous les ans une chèvre donnait deux chevreaux, dont le débit était assuré.

Le poil de la chèvre, du bouc et dū chevreau, formait une branche importante de commerce pour les vêtemens, les tissus et pour les voiles des vaisseaux en mer ; les peaux garnies de leur poil avaient aussi leur prix dans le commerce (1).

Virgile, dans ses *Géorgiques,* donne un soin particulier à la chèvre. Si son poil, dit-il, ne reçoit pas, comme la laine de Milet, la pourpre de Tyr, elle est du moins plus féconde, et donne abondamment du lait : *hinc largi copia lactis.* Elle vit abondamment dans les bois et broussailles ; elle se plaît à gravir les rochers les plus escarpés où elle aperçoit quelqu'arbrisseau : elle revient d'elle-même aux toits, et peut souvent à peine franchir le seuil de sa demeure, tant ses mamelles sont chargées de lait. Connaissant bien leur climat

----

(1) *Nec minus intereà barbas.. .. setasque comantes......
et miseris velamina nautis.*

d'origine, Virgile conseille de les préserver avec grand soin du froid et des vents qui apportent la neige avec eux ; il n'est pas aussi facile de juger comment on les nourrissait l'hiver.

Le fromage composait une partie notable des bénéfices de la chèvre ; il convient de s'expliquer sur le goût des Romains pour ce mets, et sur le commerce qui se faisait en général pour toute espèce de fromages. Varron d'abord fait observer qu'à Rome ils étaient du goût de toutes les classes, depuis les Césars et les Lucullus, jusqu'au simple Romain. Ceux des vaches cependant étaient les plus estimés, ensuite ceux des brebis ; ceux des chèvres étaient les derniers (1).

Il y avait pour les uns et pour les autres une variété de composition, soit par des assaisonnemens, soit par des aromates, soit par le sel ou par la fumée (2). On en trans-

---

(1) *Casei.... maximè bubuli.... secundo ovili..... minimè caprini.* (Varr.)

Casei agrestes..... elegantes mensas.... exornant. (Col., lib. 7.)

(2) *Sunt qui thymum contritum , vel etiam muriâ , vel fumo colorati.* (Col.)

portait beaucoup par mer : on estimait à
Rome le fromage de Nîmes (1).

Je ne terminerai point l'article sur la chèvre, sans faire observer que ce quadrupède
est sur la terre un terrible agent de destruction des choses les plus utiles à l'homme
dans la nature. Si dès le principe des grandes
sociabilités, l'agriculture avait occupé les
législateurs, les rois, les hommes d'Etat et les
philosophes, il n'eût fallu qu'un peu de raison
et des yeux pour voir que la chèvre laissait
en déserts tous les lieux où elle paissait; que
si elle vivait de ronces et d'épines dans les
broussailles, elle y attaquait en même temps
les rejetons, les sommités des jeunes arbres
que sème la nature, et qu'un mont ou un co-
teau qui, dans une courte période, aurait dû
offrir, après une révolution de vingt-cinq à
cinquante ans, des arbres de service pour
l'économie, ou des arbres à fruits, n'offrait
que des halliers rabougris, et jamais d'arbres
élancés. Ce n'a pas été assez de la guerre pour
détruire tout ce qui pouvait profiter à un
ennemi, il a fallu encore que la chèvre inter-

(1) *Laus Romœ casei è provinciâ nemaunensi.* (Col., id.)

vînt pour accroître les désolations de la guerre.
On peut se rappeler que Denys-le-Tyran,
dans un de ses manifestes, déclarait que désormais les cigales, faute d'arbres, *ne chan-
teraient plus qu'à terre.*

Quelques Romains, cependant, frappés
des ravages exercés par les chèvres sur leurs
propriétés privées, avaient fini par stipuler
dans leurs baux, que leurs colons ne pourraient tenir de chèvres, parce que leurs dents
détruisaient tous les semis et toutes les re-
vives (1). Mais la législation romaine, qui a
dit tant de choses utiles, n'a pas su mettre
un frein au parcours des chèvres.

C'est aux chèvres que l'on doit les déserts
de l'Attique et du Péloponèse ; c'est aux chèvres que l'on doit les steppes de la Tauride,
du Thibet et de Cachemire ; c'est aux chèvres qu'on doit les coteaux nus et déserts de
la Sicile, de la Calabre et de toute l'Italie ;
c'est aux chèvres que l'Espagne doit imputer
la stérilité de ses monts ; c'est aux chèvres

---

(1) *In locationis fundi excipi solet ne colonus caprâ na-
tum in fundo pascat, harum enim dentes innimici sationis.*
(Varr., I. 2.)

que la **Provence** et le **Languedoc** doivent leurs garrigues et leurs friches.

Les amateurs de philosophie, de physique et d'agronomie, ne verront qu'une exagération dans ce rappel contre la chèvre ; mais si quelques hommes d'Etat dignes de remonter aux causes, veulent bien seulement observer que le parcours des chèvres s'oppose invinciblement à toutes les reproductions naturelles et industrielles dans le règne végétal ; s'ils veulent bien se pénétrer que les grands végétaux soutirent immensément de vapeurs aqueuses de l'atmosphère ; que de l'existence des végétaux isolés et en masse sur les monts et dans les plaines, dépendent l'abondance et la continuité des sources et des rivières, une plus douce température, et plus de salubrité dans l'air, ils chercheront tous les moyens d'assurer le territoire contre les dégâts des chèvres ; leur sollicitude peut-être pénétrera dans l'Orient, où la terre semble être vouée à la stérilité ; puisse-t-elle pénétrer de même dans la Grèce, vers laquelle tous les regards des gens de bien sont tournés ! puissent aussi ces nouveaux héros être plus sages que leurs aïeux, plus prévoyans que leurs législateurs, les Lycurgue et les Solon, et plus utiles que les savans de l'école de Platon !

Les Romains, dans tous les temps, ont mis un grand prix à la multiplication des porcs : il n'y avait point de domaine ou de métairie qui n'en fît ou ne dût faire des élèves (1). Les plus grands troupeaux de porcs dans les bois du domaine, étaient ordinairement de cent à cent cinquante (*centenarios vel ter quinquagenos.* Var.). Le fisc en retirait des sommes considérables; ce revenu a été long-temps un des plus considérables du domaine de la couronne de France ; mais aujourd'hui un poëte géorgique ne pourrait plus dire comme Virgile : *Glande, sues læti redeunt.*

Il y aurait bien quelques moissons à faire pour un philosophe, dans la différence des goûts des anciens Grecs avec ceux des peuples de l'Orient, et avec ceux des Romains pour la consommation du porc; il serait bien temps de connaître les causes qui ont fait réprouver la viande du porc, et de savoir enfin si c'est un préjugé. Quoi qu'il en soit, la consommation en était si considérable à

____

(1) *Quis enim, fundum.... quin sues habeat.* (Col.)

Rome, que les censeurs avaient cru devoir
défendre sur les tables, l'usage de quelques
parties du porc mâle et femelle (1).

Le territoire de Rome était loin de pouvoir suffire à sa consommation et à son luxe;
car on faisait venir des Gaules une grande
quantité de porcs, et même des mets tout
assaisonnés; les préparations par le sel en
firent établir une branche de commerce entre les Gaules et toute l'Italie.

____

(1) *Censoriarum legum..... interdicta... abdomina, glandia, testiculi, vulvæ, sincipita verrina.* (Pl., l. 18)

CHAPITRE XIII.

L'époque du service du cheval chez les Romains. — L'éducation du cheval dans les fermes rurales ne date que de l'ère des Césars. — Les premiers haras ont été tenus par les agens du fisc. — Les *Géorgiques* de Virgile seules contiennent des préceptes détaillés. — La castration du cheval a été prompte et extrême chez les Romains. — Leurs chevaux n'ont été ferrés que fort tard. — L'origine et l'acclimatement de l'âne dans le Latium. — Ses services et son sort dans l'économie. — La procréation des mulets. — Singulières exceptions pour les ânes. — Prix considérables de certains ânes étalons et de belles mules.

Les Romains avaient eu des rois, et même des rois législateurs, qu'il n'était pas encore question du cheval, ni pour l'exercice de l'équitation, ni pour les combats, ni pour les chars de guerre, usités long-temps avant eux, chez les Egyptiens, les Perses et les Grecs.

Il faut croire qu'ils ont dû leurs premiers essais en ce genre à quelques transfuges de l'Epire ou de l'Elide, et qu'ils se seront exercés d'abord, comme les Thessaliens et les

Athéniens, à la simple équitation, et les plus hardis aux exercices de voltige. Quoi qu'il en soit, il est certain qu'il y a eu des chevaliers à Rome, long-temps avant qu'il ait été question de cavalerie pour la guerre ; on est même d'accord, historiquement parlant, que les Romains n'ont fait usage du cheval qu'à l'époque de la guerre de Veïes ; car il ne faut pas regarder comme preuves les prétendus combats de cavalerie dans la guerre d'Enée contre Turnus, ni l'invasion de la cavalerie dans la ville de Palantée. Il est plus sage et plus vrai de s'arrêter à la déclaration faite par Evandre à Enée, que des bois et des forêts du Latium il était sorti une race d'hommes sauvages et durs, qui avaient été un temps infini sans mœurs, sans culte, et sans avoir su mettre sous le joug les taureaux sauvages, sans s'occuper d'avenir, et vivant uniquement des proies de leurs chasses.

L'éducation du cheval, en effet, a dû être très-lente chez les Romains ; leur climat, leur site et l'immensité de leurs bois et marais, peuplés d'animaux féroces, en sont déjà une première preuve. Ils avaient connu le prix de la victoire, en combattant corps à corps, comme les Gaulois et les premiers Grecs ; et dès lors, il est facile de croire qu'ils n'ont pas été empressés de prendre le cheval pour auxiliaire dans leurs combats. Les peuples sauvages, d'ailleurs, ou non encore civilisés, sont graves par caractère, et cette gravité était d'autant plus forte chez le peuple romain, qu'elle s'accroissait d'orgueil. Un tel caractère devait mal s'accorder avec l'ardeur et la pétulance du coursier, si difficile à contenir par le frein ou par la violence. Le Latium, du reste, était trop couvert pour qu'on pût y établir l'éducation du cheval, qui exige tant de soins et de surveillance dans ses jeunes années, et qu'il faut attendre si long-temps avant qu'il puisse servir dans la cavalerie (1). Au fond, les Romains n'ont pas dû vivement rechercher la multiplication d'un quadrupède qui ne fournissait rien à leurs vivres,

---

(1) Les anciens attendaient qu'un jeune coursier eût au moins cinq à sept ans pour le faire servir au char ou dans la cavalerie. En France, où nos vétérinaires d'académie vantent si haut leur science, on prend les chevaux à trois ans pour l'armée et pour le trait. L'usage d'attendre sept ans s'était conservé en Limousin; mais aujourd'hui, on y expédie les chevaux comme en Normandie, et le cheval limousin va disparaître dans l'ordre des races distinguées.

étant bien persuadés d'ailleurs, comme Diomède, que leur bravoure suffisait pour rem-
porter toutes les victoires : tandis que les
bêtes à cornes et à laine fournissaient amplement à leurs besoins, et même à ceux de
l'armée.

Cependant, la guerre s'étendant par tout,
comme les autans et les tempêtes, et ne pouvant plus douter de l'immense puissance de
la cavalerie, les Romains, comme les Spar-
tiates, ont commencé par se donner de la
cavalerie d'emprunt, qu'ils ont achetée en
Espagne, en Epire, dans les Gaules, dans
la Sicile, etc. L'exemple de ces cavaliers
étrangers, et la bonne fortune qui en résultait dans les combats, ont, dans la suite des
temps, fait former des cavaliers romains,
qui néanmoins n'ont jamais été, sous les
césars, qu'une force secondaire dans les batailles. Il est juste pourtant de faire observer
qu'il y a eu des exceptions en Italie, même
au milieu de l'ère consulaire : il faut nommer
la Sicile, et une partie des Etats vénitiens, où,
à l'exemple des Grecs, s'était établi l'usage
de tenir registre des chevaux de race.

Nous avons vu tout à l'heure que l'éducation des chevaux ne faisait point partie de la

composition d'une ferme de premier ordre : il est, au surplus, certain, et d'après la guerre de César contre Vercingentorix, et d'après les documens de l'histoire, que les premiers haras n'ont été institués dans l'empire, qu'aux frais des empereurs, et dans les domaines du fisc; c'est d'ailleurs la marche qui sera suivie sous tous les rois de France, et jusqu'à la révolution.

Il ne faudrait cependant pas conclure de cet état de choses chez les Romains, une éducation négative indéfinie; car Virgile, dans ses *Géorgiques,* est entré dans des détails qui font supposer nécessairement une prééducation de coursiers; mais, à dire vrai, cette connaissance était plutôt personnelle à Virgile que familière au centre de l'empire; ajoutons que Virgile a pu voir élever les chevaux des Vénitiens, et jusque dans les eaux de Mantoue; ajoutons, ce qui est encore plus positif, que Virgile aimait beaucoup ce quadrupède, qu'il en avait observé le caractère, les allures et les variétés. On sait, au surplus, que c'est à ce titre qu'il fut attaché aux écuries d'Auguste, où ses conseils furent promptement appréciés et suivis : il suffit de lire ses *Géorgiques,* pour se convaincre qu'il connaissait à fond l'étude et l'éducation qui concernent le cheval; je ne sais même si on trouverait un vétérinaire académique qui en dissertât avec plus de science positive, et un poëte qui en ferait ressortir plus de charmes que lui. Je saisirai moi-même ce sujet, pour faire observer au lecteur tout le bien et toute l'instruction qui peuvent résulter d'un poëme géorgique bien composé; car ce n'est que dans Virgile, parmi tous les savans agronomes latins, qu'on trouve réunis les principes, les modes et les préceptes expliqués et justifiés par les siècles de l'expérience. Varron et Columelle n'en ont dit que quelques mots. Ainsi donc, à ce premier bienfait de l'instruction économique, il faut ajouter le mérite si rare, que les *Géorgiques* de Virgile sont encore historiques.

Il paraîtrait que dans les exploitations des environs de Mantoue, les maîtres faisaient marcher de front l'éducation des taureaux et des chevaux.

> *Seu quis.... olympiacæ palmæ ..*
> *Pascit equos , seu quis fortes ad aratra juvencos*

Avec grande raison, Virgile enseigne que

pour obtenir et soutenir une belle race, il faut sur tout s'attacher à bien choisir les mères : ce conseil est commun aux bêtes à cornes et aux coursiers.

Corpora præcipuè matrum legat....
Nec non et pecori est idem delectus equino.

Il veut que le choix de l'étalon se détermine dès l'âge le plus tendre ; il faut le juger à sa marche, à la souplesse de ses jambes, à son audace pour traverser un fleuve : il doit avoir la tête haute et petite, le ventre court, la croupe bien nourrie, le poitrail large et nerveux ; au seul bruit des armes il ne peut plus rester en place ; il dresse ses oreilles, frémit de tous ses membres, et jette des torrens de feu par les naseaux : une épine double se fait remarquer sur toute la ligne des reins ; il se plaît à creuser la terre, à la faire retentir sous ses pieds.

Virgile veut en outre qu'on prenne note de l'âge d'un jeune cheval, de sa race, et qu'on observe ensuite dans les champs du haras, s'il se montre passionné pour la gloire de vaincre.

Si le coursier qu'on élève est destiné à faire

la guerre ou à traîner des chars, on doit l'ac-
coutumer à voir de près les guerriers avec
leurs armes; le familiariser au cliquetis des
harnois, au bruit des roues des chars, et à
supporter l'attirail des attelages.

Après trois ans révolus, il est temps de
l'exercer à la plate longe, et de le forcer à
mettre ses pas en harmonie avec ses jarrets;
il faut le nourrir d'herbes qui n'aient pas
porté graines, et lui donner quelques rations
de far. Ainsi élevé et dressé, un jeune cheval pourra s'élancer dans la carrière, ou briller aux chars de la nation belge.

Virgile avertit sagement de réformer l'étalon déjà avancé en âge; mais il veut qu'on en
prenne soin; il fait observer qu'infailliblement les fils d'un étalon vieux se ressentiraient de la faiblesse du père.

Quand une fois le cheval est dompté, il
faut lui donner une nourriture substantielle,
qui serait dangereuse pour un jeune cheval:
cette réflexion est digne d'un hippiatre.

La cavale exige des soins vigilans, soit
quand elle veut devenir mère, soit quand elle
a été fécondée; elle donne elle-même le signal de ses désirs amoureux; elle ne peut
alors rester dans son pâturage ordinaire; elle

refuse de paître, et même les feuilles des
arbrisseaux; elle ne s'arrête plus aux sources;
ses hennissemens sont plus fréquens, et son
souffle est plus agité; dans ce cas, dit Virgile,
il importe souvent de fatiguer une cavale à la
course; pour cela, il faut choisir l'heure de
la plus grande chaleur. Le but de cet usage,
qui existe encore dans l'Orient, c'est d'amoindrir l'embonpoint de la cavale, afin d'ouvrir
une voie plus sûre et plus libre au champ
intérieur de la fécondation.

Virgile n'a pas cru, sans doute, que les cavales se fécondaient en humant les zéphyrs;
mais, comme poëte et géorgique, il a voulu
seulement exprimer un préjugé vulgaire, ou,
pour dire mieux, il a voulu faire observer
qu'une cavale en proie aux fureurs de l'a-
mour, qui dans ses transports s'élance jusqu'aux cimes des rochers, y exhale un souffle
d'amour qui attire aussitôt les mâles répan-
dus dans les pâturages, et que, si elle-même
en aperçoit, elle accourt les chercher. Les
bergers, les bouviers, les chevriers ayant
vu ce manége des cavales, et sans étalons
près d'elles, auront imaginé, précisément
parce que c'était une merveille, de dire qu'ils
avaient vu des cavales courir et monter avec

rapidité à la cime des rochers, et là y ouvrir
leurs larges naseaux pour humer abondamment les zéphyrs, et s'en retourner fécondes
à leurs toits. On ne se doute pas, au surplus, dans le monde, de la faculté admirable
des animaux des champs pour juger des odeurs
spéciales qui charment leurs sens, et à quelle
distance, le soir surtout, le sens de l'odorat
peut avertir un animal qui cherche sa proie,
ou que la passion de l'amour domine. C'est
en ce sens qu'il faut traduire la pensée de
Virgile :

> *Nonne vides...... ut tremor......*
> *..... Si tantum notas odor attulit auras ;*
> *Continuò.... flamma medulis.... illæ*
> *Ore omnes versæ in zephyrum stant rupibus altis.*
> *Exceptantque leves auras... sæpè, gravidæ (mirabile dictu).*

Et pourquoi les zéphyrs qui passent d'une
cavale en amour à un étalon que le même
désir consume, ne seraient-ils pas aussi of-
ficieux pour l'odeur de l'hippomane, que
pour le sperme du palmier et de tant d'autres
végétaux à qui les vents seuls apportent la
fécondation ?

Virgile indique les soins qu'il faut prendre

des cavales après leur fécondation, et ils sont de toute justesse.

J'ai reproduit à dessein ces citations, afin de prouver à tous nos poëtes précieux, romantiques ou sylphiques, que ce genre de poésie peut être riche ou sublime, et cependant contenir des préceptes didactiques sur des choses bien infimes et vulgaires; car telle est encore l'opinion dominante, qu'on ne croit pas même à la possibilité d'un poëme épique. J'ai eu le courage de défricher le champ géorgique, toujours désert au Parnasse français, et je n'ai trouvé, pour prix de mes efforts, que de misérables coteries exclusivement occupées de leur pécule ou fortune, et pour lesquelles un tel poëme est une niaiserie bonne, tout au plus, pour les temps de Marot ou de Calot.

Ce n'est que fort tard que les Romains se sont enfin avisés de faire des élèves de chevaux. Varron assignait deux étalons à cinquante chevaux, et il préposait deux hommes à leur conduite (1). Ces jumens paissaient nuit et jour dans les champs. Les premières

______

(1) *Ad equarum gregem quinquagenarium, bini homines, equas domitas iis... equas abigere, ut in Apulia.* (Varr.)

ont été vues dans la Pouille; et il en existe encore en Toscane qui devraient servir de type aux haras de la France.

Il est remarquable que les Romains ont été prompts à soumettre les coursiers à la castration. La première indication en a été donnée par J. César, qui trouvait que souvent les chevaux entiers trahissaient la marche de l'armée par leurs hennissemens (1). On n'avait pas trouvé cependant cet usage établi ni chez les Arabes, ni chez les Numides, ni chez les Perses. Hésiode, comme je l'ai dit, est le premier chez les Grecs qui ait fait mention de la castration; car Homère, quoi qu'en ait dit Apollodore, n'en a jamais parlé, et le chantre d'Ascrée n'en a fait mention encore que pour le taureau et le mulet; ce qui est assez étrange, même pour le succès de l'opération sur ce dernier animal, qui est improlifère.

J'ai fortement combattu le prétexte des hennissemens dans mon *Cours d'agriculture-pratique;* mais, trop probablement, le cours

____

(1) *Horum equorum... ne aut fœminarum visu exagitati raptentur, aut in subsidiis ferocientes, prodant hinnitu densiore vectores.* (J. Cæs.)

de la castration du cheval continuera, comme
tout ce qui tient à la routine ou à la mode,
à moins toutefois que les Anglais ne nous
donnent une leçon contraire. On peut l'espérer, car tous leurs bons et grands écuyers
aujourd'hui ont enfin reconnu que les chevaux entiers étaient plus sûrs, que leurs membres avaient plus de souplesse, et qu'à tout
considérer ils étaient moins vicieux que les
chevaux hongres. Il est incontestable encore
qu'ils sont moins sujets aux maladies. Si les
Anglais persistent, ils se montreront dignes
d'aimer et d'apprécier le cheval, surtout s'ils
cessent de couper la queue; car cette mode
fait du beau cheval de la nature un quadrupède difforme et manqué. La castration est
encore un plus grand vice pour le cheval de
l'Angleterre que pour ceux de France, d'Espagne ou d'Italie, parce qu'à raison d'une
atmosphère plus froide et plus humide, ce
quadrupède a plus besoin de jouir de la somme
entière de ses organes, de ses réservoirs et
de ses facultés. Il est commun de voir aujourd'hui (1826) beaucoup d'Anglais, à Paris, monter des chevaux entiers ou des jumens.

Pline avait-il reconnu que les jumens étaient

plus fermes et plus robustes que les chevaux hongres, quand il disait qu'à la guerre on préférait les jumens (1)? (Voy. mon *Cours d'agriculture-pratique.*)

La castration fait hâtivement la ruine des jambes du cheval. On conteste ou l'on nie cet effet nécessaire, parce qu'on rencontre des chevaux hongres vîtes et robustes; mais cette vîtesse et cette force dépendent de trois circonstances : la première, de la jeunesse des individus; la seconde, de l'âge auquel on a opéré la castration; la troisième est celle du mode de l'opération, d'après lequel on laisse plus ou moins de *gaieté* à l'individu.

L'ardeur, la force et la vîtesse ne peuvent s'enfuir tout à coup et disparaître; mais comme elles sont altérées dans leurs sources, elles diminuent plus ou moins vivement : tels, dans les écluses, la masse et le volume de l'eau, au premier échappement, semblent être toujours les mêmes; mais si on en détourne les sources qui les forment, le niveau s'abaisse, insensiblement; et il a d'autant moins de force dans son courant et sa vîtesse, qu'il y a peu d'eau dans le bassin. Il en est

____

(1) *Ad bella, fœminis uti malunt.* (Pl.)

ainsi du cheval qui a subi la castration : les deux et trois premières années, si elle n'a eu lieu qu'à trois ans, le cheval se ressent quelque temps de sa première vigueur ; mais bientôt la fatigue, le régime de la stabulation et les jeûnes habituels dans la cavalerie nécessitent sa réforme. Entier, il pourrait vivre et servir vingt-cinq à trente ans ; hongré, il est vieux à dix : voici les résultats de notre science économique et physiologique !

Redisons qu'il a fallu quatre siècles pour adopter en chevalerie le service habituel de la cavale, qui aujourd'hui est généralement préférée au cheval hongre ; et il en faudra peut-être trois encore, avant qu'on ait su apprécier le service, les qualités et le caractère du cheval entier, dans lequel le vulgaire ne voit, à ce nom, qu'un étalon lubrique, ardent et furibond : c'est bien là ce qu'on peut appeler, dans toute la force du mot, un préjugé.

Les Romains, qui avaient tant de fer natif à leur disposition, ne s'étaient guère avisés, avant Néron, de ferrer les pieds des chevaux : c'est encore au luxe pour l'or qu'on doit l'usage de donner aux chevaux des semelles de fer. L'usage, dit Appian, n'en fut commun que sous le règne d'Antonin.

L'âne encore a été plus étranger à l'Italie que le cheval, car il appartient positivement aux contrées de l'Afrique limitrophes de l'Asie méridionale : le cheval, au contraire, semble avoir pris naissance dans la Perse et la Médie : l'âne a été plus lent à s'acclimater en Italie que le cheval. Dans la nature, les titres de l'âne sont aussi nobles que ceux du cheval, et c'est Buffon lui-même qui le déclare ; ses services mêmes sont fort antérieurs à ceux du cheval (voy. l'*Histoire des Hébreux*) : mais nonobstant cette utilité, et s'il fallait d'un seul coup de pinceau peindre le caractère de l'homme, surtout dans le siècle actuel, on pourrait dire que l'âne, à cause de son utilité même, a été et est encore, de tous les animaux domestiques conquis pour nos climats, le plus malheureux, le plus accablé et le plus avili. Cette réflexion, au surplus, ne s'arrête pas au quadrupède.

L'âne jouit encore, dans la contrée qui l'a vu naître, d'une faveur que n'y obtient pas le cheval : dans l'Abyssinie, l'Arabie et la Haute-Egypte, il est la monture habituelle des rois ou des pachas. On le préfère, parce qu'il est plus sûr et plus robuste que le cheval, parce qu'il a un pas d'allure qui flatte et

ne fatigue pas, parce qu'il ne galoppe jamais.
Après quelques milles de trajet, il laisse loin
derrière lui le coursier qui l'avait devancé
au départ ; et dans un jour, il parcourt un
espace que le cheval le plus vigoureux ne
peut faire qu'en quarante-huit heures. Indépendamment de sa vîtesse, il est encore plus
sobre et plus docile que le cheval.

Les rois de l'Orient ne montaient que des
ânes dans leur plus long voyage.

L'âne ainsi devient un argument de preuve,
en histoire naturelle, que le climat natif a
toujours plus d'influence sur la force, la durée et la vîtesse des êtres, que toutes les éducations artificielles dans les climats les plus
éloignés de leur berceau.

La fatalité de la destinée de l'âne, hors des
lieux de son origine, date de loin ; car Homère, à l'occasion de Diomède, et dans un
poëme épique pourtant, a signalé, en comparaison, un âne qui a faim, et qui, entré dans
une pièce de blé, est assailli à coups de pierres et de bâtons par une troupe d'enfans, ce
qui ne l'empêche pas de continuer à manger:
ce caractère n'est pas changé, et les enfans
sont toujours les mêmes pour lui.

Les Romains, éminemment durs parce

qu'ils étaient éminemment orgueilleux, n'ont pas fait exception en faveur de ce quadrupède, auquel Rome devait tous les approvisionnemens, en blé, en vin, en huile, etc. (1).

En vain le magistrat de Rome reconnaissait les bienfaits de l'âne; en vain le chef de l'empire et son ministre immortel avaient mis la chair de l'ânon en vogue; en vain le lait d'ânesse servait de cosmétique aux dames romaines, qui entretenaient dans ce dessein des troupeaux de cinq cents ânesses (2): l'âne n'en a pas été plus protégé.

L'Ecriture sainte elle-même a fait contre l'âne cet injuste proverbe:

Cannus asino
Flagellum equo
Virga imprudenti.

Dans la Phrygie, l'âne seul était admis à porter solennellement la mère des dieux. Dans la Judée, il a porté la mère du Sauveur.

---

(1) *Aselli dossuarii comportant oleum aut vinum itemque frumentum.* (Varr.)

(2) *Quingentas secum trahens..... corpus totum balncarium solio, sic candefieri cutem credens.* (Varr.)

La présence fortuite de l'âne à la crèche divine, les fêtes solennelles instituées chez nous en l'honneur de l'âne, et qu'on introduisait, revêtu des ornemens de l'Eglise, dans les divers sanctuaires, n'ont pu rendre l'âne ni plus heureux ni plus considéré.

Il y avait en Italie une variété d'ânes, et l'on pourrait même dire, contre l'opinion de certains naturalistes (*voy.* mon *Cours d'agriculture*), une espèce toute différente de celle qui servait au vulgaire : elle se trouvait à Réate, aujourd'hui Rieti (1). Elle était si estimée, dit Varron, qu'il avait vu vendre deux de ces ânes soixante mille sesterces (sept mille cinq cents fr.) ; et un attelage pour un quadrige, quatre cent mille sesterces (cinquante mille fr.) (2).

C'est par cette espèce d'ânes, sans doute, que les Romains se procuraient ces belles mules.

L'existence de ces êtres mixtes remonte à l'antiquité la plus reculée ; et cependant le

---

(1) *Reate urbs antiqua nullá aliá re magis celebratur, quam asinorum eximio genere.* (Cluv.)

(2) *Unæ quadrigæ constiterunt quadragintis millibus.* (Varr.)

mulet n'est pas l'œuvre de la nature ; car l'âne le plus familier à saillir les jumens, les dédaignerait, s'il était libre. On se rappelle qu'Homère a vanté les mules de l'Adriatique ; le prophète Ezéchiel, de son côté, a dit qu'on vendait les plus belles mules aux marchés d'Argos.

Les écrivains de Rome, et Virgile lui-même nous laissent ignorer le lieu d'où provenaient les ânes de Réate ; il est à présumer que les vivandiers seuls entretenaient de tels ânes étalons pour saillir les cavales.

Virgile seulement s'est borné à dire que souvent dans l'hiver on allait à la chasse aux ânes sauvages :

Sæpè etiam cursu timidos agitabis onagros.

Mais à quelle espèce ou variété appartenaient donc ces troupeaux d'ânes sauvages ? Etait-ce pour les assujettir au service domestique, ou pour les manger, qu'on se livrait à de telles chasses ? On n'ose pas hasarder de conjectures.

On ne peut dire à quelle époque il y a eu, dans une contrée des Gaules, une variété d'ânes servant également à la procréation

des mulets, et dont la force et l'allure res-
semblaient beaucoup à celle des ânes de
Réate. Il en a été de même pour les prix : on
a vendu souvent à Saint-Maixent des attelages de quatre mules, toutes dressées, seize,
vingt à vingt-cinq mille francs. Doit-on cette
variété à l'importation dans cette partie des
Gaules par quelques Romains, ou faut-il en
attribuer le succès à des analogies de climat
ou de pâturage? Toutes les tentatives, du
reste, qui ont été faites pour faire procréer,
dans les autres parties du Poitou, d'aussi
belles mules qu'à Saint-Maixent, ont été inutiles : c'est là un point de fait positif, et dont
j'ai une connaissance personnelle. Voici un
sujet digne d'exercer un physiologiste (1).

––––––––––

(1) Sous le ministère de M. Decazes, son conseil d'a-
griculture lui proposa, et il ordonna de faire acheter des
ânes étalons pour élever, dans les divers départemens de
la France, des mules et mulets aussi beaux que ceux du
Bas-Poitou. Qu'on nous dise donc dans quels lieux il y a
des haras et des mules comme à Niort et à Saint-Maixent?
Cependant, ce conseil avait dans son sein M. Huzard,
inspecteur-général vétérinaire, M. Tessier, inspecteur des
établissemens ruraux, M. Bosc, professeur d'agriculture,
M. Ramond, naturaliste et physicien, tous de la Société
royale d'agriculture et de l'Académie des sciences : voici

Le prix des beaux étalons de Niort ou de Saint-Maixent, était, avant la révolution, de trois à quatre mille francs.

Quant au service des mulets chez les Romains, ils servaient à porter des charges et à tourner des meules : c'était toujours par des mules et mulets que chaque compagnie des légions faisait transporter ses vivres et bagages.

Quand J. César passa le Rubicon, des mules étaient attelées à son char.

---

un échantillon des erreurs de la théorie, et du mal qu'elle peut faire en agriculture.

CHAPITRE XIV.

Les premiers fourrages artificiels sont dus, chez les Romains, aux excès du fisc. — L'ordre et la composition de ces sortes de fourrages dans les campagnes de Rome. — Leurs dénominations. — Le farrago, l'ocymum, l'orobe, le cytise, le fœnu-grec, la luzerne. — Modes d'exploitation des prés, et la fauchaison.

LES fiscs partout sont avides; c'est une triste vérité qui a plus ou moins préparé les révolutions : ses agens ont été extrêmes, surtout sous les règnes des potentats et des grands capitaines, plus occupés de conquêtes et de victoires que des sources qui viennent naturellement grossir les trésors de l'Etat. Rome, qui pour tant d'autres choses a été le point de mire de l'Europe, n'a corrigé ni les gouvernemens de la France ni ceux d'Albion; car dans tous les temps, dès qu'ils ont aperçu que des denrées de nécessité ou des choses nouvelles abondaient dans les marchés publics, ils ont aussitôt imposé le denier fiscal avec des additions successives. On ferait presque une histoire au vrai des révolutions, si on récapitulait les époques et les excès des droits d'entrée dans les villes d'Angleterre et de France.

L'agriculture des Romains offre trois phases remarquables, qui ne sont dues qu'au fisc.

Dans la première, la culture des céréales s'était prodigieusement étendue, parce que les agriculteurs fournissaient de blé et de grains nourriciers les annones publiques de Rome, où les versemens étaient payés en argent comptant, et constituaient ainsi un revenu positif pour chaque domaine. Dans cet état de choses, on augmenta l'impôt sur les terres cultivées en blés; on crut y voir un acte de justice, et le peuple lui-même y applaudit.

Dans la seconde, les agriculteurs des campagnes de Rome, ainsi poursuivis par l'impôt sur les terres cultivées en blés, en restreignirent unanimement l'étendue, et se mirent à cultiver les plantes légumières qui étaient du goût des Romains. La vente prompte et facile constituant un revenu considérable, fit conséquemment augmenter la culture de ces plantes, pour lesquelles il y eut grande émulation, en ce qu'au mérite propre de chaque légume se réunissait encore la plus-value des primeurs, que les Romains aussi payaient fort cher. Le fisc, étonné d'une si grande abondance dans les marchés et des consommations, mit un droit à l'entrée dans la ville; et ce droit, presqu'aussitôt, frappa d'interdiction ce genre de culture. (*Voy.* le chap. XVIII, *sur l'impôt.*)

Dans la troisième, les agriculteurs et les propriétaires, sans se concerter, s'entendirent tous pour mettre leurs terres en nature d'herbages, afin d'engraisser une grande quantité d'animaux pour la boucherie, et sur lesquels le fisc n'aurait aucune prise, parce que les vivandiers allaient acheter dans les campagnes. Ce calcul de la part des propriétaires, des fermiers ou colons, était sûr, en ce que le peuple romain encore consommait beaucoup de viande : mais dans cette détermination, il fallait multiplier les individus des troupeaux de bêtes à cornes, pour être en état de fournir en toute saison des viandes aux marchés de Rome ; il fallut augmenter le parcours ordinaire du pâturage, et trouver pendant l'hiver des ressources supplétives en fourrages, qui favorisassent l'embon-

point des animaux destinés aux boucheries,
et fissent continuer les sources de lait des
vaches et des chèvres.

C'est à la suite de ces vicissitudes qu'on a
senti le besoin de se créer des *fourrages artificiels*, qui pourtant *n'arrêtèrent point* l'usage
de faire paître soit dans le domaine, soit dans
celui du fisc, les animaux d'élèves, les vaches
et les bœufs du jeune âge, qui s'en prépa-
raient mieux et plus promptement à leurs
développemens respectifs. J'en fais à dessein
l'observation; car nos théoriciens, surtout
ceux de l'Académie des sciences, les Yvart,
les Tessier, les Huzard, aujourd'hui, ne prê-
chent que la stabulation, même pour les
bêtes à laine, dont la vie et la santé dépendent si essentiellement du parcours et d'une
dépaisance tranquille, continue et variée.

Les Romains étaient parvenus à se composer un ordre de fourrages artificiels qui
était, au surplus, mieux entendu que celui
de nos théoriciens, qui dirigent, au nom du
roi, les intérêts généraux de l'agriculture;
en voici les titres et les noms :

Parmi les fourrages composés, les Romains plaçaient le farrago et l'ocymum; parmi
les fourrages insolites ou nouveaux, l'orobe,

le cytise et le fœnu-grec ; et parmi les fourrages exotiques, la médique ou luzerne.

Le farrago était un composé de diverses sortes de grains frumentacés, tels que de l'orge,
du seigle, des fèves, des pois et des vesces, etc.
Varron définit ainsi le mot *farrago*, parce
qu'il est formé de plusieurs plantes destinées
à être consommées en vert (1). La même dénomination, sauf la désinence française,
existe encore dans le midi de la France.

Selon les terrains ou selon les destinations,
on semait ensemble de l'orge ou du far, des
vesces et même du froment. Ce farrago était
toujours destiné à être consommé en vert.
Par son excellence, il produisait promptе-
ment d'heureux effets. Toutes les métairies,
au printemps, avaient leur champ de farrago. Pline en indique la composition par des
fèves et des vesces ; mais il vaut mieux s'en
rapporter à Varron, qui pense que le mot

---

(1) *Farrago, quod ex pluribus satis pabuli causâ datur
jumentis.* (Sext. Pomp.)

Farrago hordaceo. (Col., lib. 2.)

Quod in farraceâ segete cœptum. (Varr.)

*Pabulorum genera complura... sicut medicam viciam ..
ervum et cicera... exceptâ tamen cytiso.* (Col., id.)

farrago provient de ce qu'il était composé de plusieurs sortes de graines : *Quod in farraced segete*. (Var.) La médecine vétérinaire, qui commande la mise au vert des animaux domestiques, n'a encore prescrit aucune composition qui soit meilleure ou si bien raisonnée : elle se borne, à Paris, à indiquer le seul escourgeon, qui, semé sur un sol soulevé d'engrais et d'immondices, est loin de flatter l'appétit et les organes viciés des chevaux usés, et qui plutôt fatigue leur estomac; tandis qu'avec un farrago bien composé, le palais, l'estomac et le sang de l'animal soumis à ce régime, sont bientôt ravivés ou épurés.

L'ocymum a été regardé par plusieurs traducteurs, entre autres par le traducteur de Pline (M. Poinsinet), comme une plante spéciale, quoiqu'il n'ait jamais été qu'un fourrage composé. Les érudits ont prétendu que le mot *ocymum* avait sa racine dans le mot grec ωκος; et les Latins ont prétendu que ce fourrage était ainsi nommé, parce qu'il excite promptement le ventre des bœufs : *Quod cito citat alvum bobus*.

Pline nous a laissé la composition d'un ocymum pour une forte métairie : il indique dix boisseaux de fèves, deux de vesces et deux d'ers. L'usage, ajoute-t-il, est de faire ce semis en automne (1). Les Romains, selon lui, attachaient beaucoup de prix à ce fourrage ; mais il prescrit de ne le faire consommer qu'en vert, et il en donne une raison que n'ont pas comprise nos théoriciens, c'est que, gardé en sec pour l'hiver, ce fourrage, au printemps, tombe tout en poussière (2). Qu'on juge des préceptes de nos savans, qui veulent absolument des récoltes de trèfle en sec, lequel au printemps aussi n'offre qu'une poussière noire et des côtons plus noirs encore, âcres, médulleux, et sans aucune substance nourrissante.

Comment concilier la pratique des Romains avec l'opinion de Pomponius, savoir, qu'il serait difficile de dire ce que c'était que l'ocymum des anciens (3)?

L'orobe, selon Pline, était une sorte de petite vesce, que, dans quelques pays du

---

(1) *Ad ocymum, fabæ modios decem, viciæ duos, tantumdem erviliæ, in jugero, autumno seri solitum.* (Plin., lib. 18.)

(2) *Ocymum... segete viridi desecta... in pulverem inutilem extenuatur* (Pl., id.)

(3) *Ocymum, nunc, non facile cognoscitur.* (Pomp.)

Midi, on nomme la *craque*, et de laquelle on
a dû promptement se dégoûter, parce qu'é-
tant très-vivace elle salit les terres et les ensemencemens ultérieurs.

Le lupin encore a joué, dans l'agriculture
des Romains, un plus grand rôle qu'il ne
méritait, car son amertume déplaît beaucoup
aux bestiaux. Il n'a pas été plus exact de dire
que, mêlé avec de l'orge ou du froment, il
faisait un bon pain; mais on sait que le livre
des *Géoponiques* fourmille d'erreurs.

Le fœnu grec s'est totalement effacé des
champs de la culture. On ne peut douter cependant que les bestiaux s'en nourrissaient
chez les Romains. Je serais porté à croire,
d'après certaines plantes analogues, que le
fœnu grec a été une plante de marais. Il est
possible qu'étant cultivé dans la plaine, il
n'ait pas eu le même goût, ou qu'il ait perdu
de son arome. Quoi qu'il en soit, le fœnu
grec n'est parvenu jusqu'à nous que pour l'as-
saisonnement des viandes, et surtout de celle
du porc.

Le cytise est le fourrage qui a le plus occupé les agronomes, les amateurs et les poëtes
de Rome : Varron, Columelle en font de superbes éloges; écoutons-les : pendant huit

mois de l'année, il donne un fourrage vert
excellent ; en septembre, on coupe les derniers rejets, qui, desséchés, forment un très-
bon fourrage pour l'hiver. Il faut le planter
à quatre pieds en tous sens ; il réussit dans
tous les terrains ; il ne craint ni la grêle, ni
la neige, ni le froid, ni l'extrême chaleur ; les
vaches, les brebis, les abeilles en prospèrent (1).

Cet arbrisseau si fameux, et si positivement déterminé, s'est effacé comme une co-
mète ou comme un météore ; mais la mémoire est restée frappée de tous ses avantages : on en parle, on le cite toujours comme
s'il existait avec toutes ses réalités ; et même
avec le secours des érudits, qui savent ou disent tant de choses, on ne pourrait aujour-
d'hui spécifier quelle était la plante ou l'ar-
buste qu'on nommait *cytise*. Comment se persuader, en effet, qu'une telle plante se soit
effacée du théâtre des champs ? L'impossibi-

---

(1) *Cytisum... gallinis, apibus, avibus, capris, bobus
quoque et omni generi pecudum citò, pinguescit... lactis plu-
rimum præbet ovibus... pabula, octo mensibus... non œs-
tuum, non frigorum, non grandium aut nivis injurias ex-
pavescit.* (Pl., l. 13.)

lité est le premier argument qui se présente
à l'esprit.

Le cytise est originaire de la Grèce; il y
était estimé et recherché : les historiens et
les poëtes l'ont célébré; et sur ce point, les
historiens et les poëtes de Rome ont été les
échos de ceux d'Athènes et de Corinthe :
mais l'a-t-on bien connu à Rome? mais y
a-t-on bien établi l'identité du végétal que les
Grecs nommaient *cytise?*

L'argument le plus fort qu'on puisse citer
sur l'existence réelle du cytise, c'est le témoignage de Virgile, qui certes n'eût pas dit :

Florentem cytisum sequitur lasciva capella....
Sic cytiso pastæ distentant ubera vaccæ....
...... Cytiso saturantur apes... tondentur cytisi
At qui lactis amor, cytisum lotosque frequentes.

Columelle, dans la suite, a semblé se dé-
dire sur le cytise; car en parlant des plantes
qui servent communément de fourrage, il
dit :

Exceptâ tamen cytiso. (Col., l. 2.)

J. B. Porta a cru avoir trouvé le cytise dans
la petite île de Nisitès, vis-à-vis le pays de

Labour. Maranta, médecin, en 1554, à prétendu aussi avoir retrouvé le cytise ; et Mathiol, commentateur de Dioscoride, déclare positivement que nul ne pourrait dire quel était le cytise des anciens (1).

Ce qui met le comble à ces doutes et à ces contradictions, c'est que Pline, après avoir écrit de belles choses sur le cytise, s'étonne aussi qu'il soit rare en Italie (2).

Ainsi, il y a donc lieu encore à proposer la question suivante : « Quelle est la plante « que les Grecs et les Romains ont nommée « *cytise?* »

Cette dissertation serait utile pour convaincre que, dans tous les temps, les choses de l'agriculture ont peu occupé les hommes de la science, et moins encore les poëtes, qui placent partout le cytise aux monts des Alpes et des Pyrénées, aux sources de Vaucluse ou du Lignon, ou dans le Jardin des plantes ou dans les Trianons.

La luzerne, que les Grecs ont nommée la

---

(1) *Sed mihi hactenùs... nullum contigit invenire, qui legitimè cytisum referret.* (Math., *in Diosc.*, verbo Cyt.)

(2) *Propter quod maximè miror raram esse in Italiá.* (Plin.)

médique (1), a été une heureuse conquête.
Sur la foi de quelques auteurs, on a fait au
grand Alexandre l'honneur de l'introduction
de cette plante : je l'ai répété moi-même ;
mais je préfère croire que la Grèce l'a due
aux intendans de Darius, qui, pour prévenir les besoins de fourrages naturels, y auraient apporté de la graine de luzerne. Si
d'ailleurs ce bienfait provenait d'Alexandre,
Aristote, il semble, n'eût pas manqué de le
dire.

Il y a eu presque autant d'exagération pour
la luzerne que pour le cytise. Les vieux amateurs de l'Académie disent à tout propos
qu'elle est excellente pour les vaches lai-
tières ; qu'un arpent peut nourrir toute l'année trois chevaux (2) ; qu'elle peut durer dix,
vingt à trente ans.

Columelle a trouvé des échos, car M. Huzard, de l'Académie des sciences et inspecteur-général des écoles vétérinaires, a répété
le fait et le nom d'un amateur agronome

---

(1) Les Grecs la nommaient ainsi parce que Darius
l'avait apportée de la Médie.

(2) *Quod jugerum ejus medicæ toto anno, tribus equis
abundè sufficit.* (Col., l. 2.)

qui, avec la récolte d'un arpent de luzerne, aurait nourri cinq chevaux toute l'année. Le cours Déterville, entrepris par les Tessier, les Bosc, les Yvart, est plein de ces assertions fausses ou inconsidérées; et grâce à la Société de l'Arcade ou du Tourniquet, ce cours est signalé comme un livre classique (1).

Faisons observer par anticipation, sur l'époque historique des prairies artificielles en France, que les plantes qui les composent, et que les théoriciens vantent à toute voix et à toute occasion, ont jeté un grand nombre de cultivateurs dans de fâcheux mécomptes pour les résultats, et même pour les bienfaits que l'agriculture pourrait en tirer.

Les prairies artificielles, en principe, ont été accueillies comme une grande amélioration dans notre système agricole; mais on en a infiniment exagéré les avantages et les effets, soit pour la nourriture des animaux, soit pour les assolemens. Les premiers livres qui ont été faits sur ce sujet, ont offert des

---

(1) Dans ce même cours, M. Yvart conseille avec assurance aux propriétaires de prés naturels de les vendre ou de les défricher, et de couvrir leurs guérets de luzerne, de trèfles ou de topinambours.

résultats merveilleux sur lesquels on commence enfin à prendre des doutes et à se consulter.

Le premier malheur qui en soit résulté, c'est d'avoir fait amoindrir le pâturage vif, qui seul permet de faire des élèves. Dans un faux enthousiasme de la part des théoriciens, à commencer par Gilbert, qui, en fait d'agriculture, ne connaissait que l'érudition grecque et latine, on a considéré la luzerne, le trèfle et le sainfoin comme une panacée inventée par Palès; on s'est imaginé que ces plantes comportaient une substance éminemment nourrissante, et qu'un arpent de luzerne pouvait équivaloir à dix arpens de pré naturel. De là M. Yvart a fait un éloge pompeux de ceux qui vendaient au vulgaire routinier leurs prés naturels, et qui établissaient des prairies artificielles sur leurs terres de labour.

Des hommes du métier auraient dû mettre d'abord en expérience les effets de la luzerne, comparés à ceux du pâturage vif, et, remontant aux causes, ils auraient vérifié si réellement on pouvait comparer les substances essentielles d'un arpent de pure luzerne à celles d'un arpent de pré naturel, composé

sur chaque perche carrée de vingt, vingt-
cinq et trente plantes diverses. C'est un men-
songe, que des chevaux qui fatiguent puissent vivre exclusivement de luzerne ; c'est une
absurdité de prétendre que cent bottes de
luzerne contiennent autant de substance ali-
mentaire que cent bottes de bon foin de pré
naturel. Ces conséquences sont prouvées,
même à Paris, où l'on décide tout, même les
faits de l'agriculture pratique, car on n'y
donne jamais de luzerne, ni aux chevaux de
luxe, ni aux chevaux de roulage, ni même à
ceux qu'on attèle aux fiacres.

Les pays de grande culture sont encore
sous ce rapport bien fourvoyés ; et pour que
les fermiers se jugent eux-mêmes, je les invite à mettre en expérience un défrichement
de pâturage vif ancien, et de le comparer
pour les résultats à un défrichement de luzerne.

J'invite les dames ménagères qui tiennent
à faire des fromages crêmeux, ou à se donner une crême exquise, à mettre en comparaison le lait donné par une vache de la stabulation, exclusivement nourrie de luzerne,
avec un lait donné par une vache qui tous
les jours va paître dans un pâturage vif.

Je reprendrai, j'espère, ces considérations, et j'appelle moi-même, sur leurs conséquences, l'examen et les réflexions des
agronomes de bonne foi : reprenons l'histoire
de l'agriculture des Romains.

Il paraît que les Romains ont été amenés
fort tard à donner aux bestiaux la paille en
fourrage : la nécessité en a peut-être été la
première cause. Quoi qu'il en soit, Pline a
ainsi classé le mérite des pailles, d'abord celle
du mil, ensuite celle de l'orge, et en troisième
lieu celle du froment.

La fauchaison des prés, usitée déjà sous
Homère, a éprouvé, chez les Romains, tous
les tâtonnemens d'un art dans l'enfance ; il
semblerait qu'ils commençaient d'abord à couper l'herbe des prés à la faucille, et qu'après
cette première opération, on revenait égali-
ser avec une faux la superficie du gazon.
Columelle explique ainsi cet usage : on
nomme, dit-il, prés à *sicilier* (scier), ceux
où les coupeurs de foin ont laissé des touffes (1). On se rappelle que Virgile voulait
qu'on ne donnât aux jeunes coursiers que des

---

(1) *Prata sicilienda, id est falcibus consectanda quæ
fœnices præterierunt... quâ sectione... inde sicilire pratum.*

herbes à peine en fleurs (1). Il dit encore qu'on tond mieux la nuit les prés arides. Varron, au surplus, définissait ainsi un pré : un terrain où l'on fait du fourrage sec pour les troupeaux (2).

---

(1) *Pubentesque secant herbas.*
(2) *Pratum est cujus fœni copia armenta tuentur.* (Varr.)

CHAPITRE XV.

L'époque de la culture de la vigne chez les Romains. — Réfutation du conte que les Gaulois ne seraient entrés en Italie que pour y boire du vin. — Les Romains ont connu plus tard que les Gaulois du Midi la culture de la vigne. — Modes des Romains pour la cultiver. — Quelles sortes de raisins et de vins en Italie. — Les premiers pressoirs des Romains. — Ils assaisonnaient leurs vins de miel, de poix, de roses ou de violettes. — Ils n'ont pas connu la fermentation.

S'il y a un fait positif historique dans l'histoire, c'est que les Gaulois ont connu, long-temps avant les Romains, la culture de la vigne; ce fait résulte des grandes émigrations des Gaulois en Grèce et en Asie, ce qu'on ne peut nier ni combattre (*voyez* encore l'*Histoire des Gaules*). Il est certain encore, d'après Homère, qu'il y avait en Grèce de grands vignobles qu'il nomme; on ne peut supposer que les Gaulois, guerriers et vainqueurs, n'y aient pas du moins connu le vin, qui pour eux, comme pour tous les peuples, avait tant d'attraits. La culture de la vigne, dans les Gaules, résulte plus spécialement de l'époque de la fondation de Marseille, qui était déjà célèbre par son commerce et par ses productions, quand Rome n'était qu'une bourgade, et son territoire un site sauvage. Que faut-il penser maintenant de la crédulité du plus grand nombre des érudits et des lettrés de France, qui croient ou répètent sans fin, sur la seule allégation de Tite-Live, que les barbares gaulois n'auraient franchi les Alpes que pour aller boire du vin à Cluse, quand à cette même époque, les Gaulois de la grande émigration d'Ambigat avaient fondé des villes en Italie, et dont Rome alors était peut-être la plus barbare ou la moins civilisée?

Dans un pays où l'opinion serait forte d'un véritable esprit public, il suffirait de ce court préambule pour persuader le contraire; mais, par une fatalité inconcevable, l'opinion, sans esprit public, repousse en France, et au seul nom de *Gaulois,* tout ce qui peut jeter quelque lumière sur leur antique existence; il m'est donc imposé de procéder avec des preuves, pour désabuser à la fois les hommes de la science, des lettres et des écoles, sur la déplorable historiette que tous répètent, comme un fait réel de l'histoire.

On fixe généralement la grande émigration d'Ambigat au règne de Tarquin l'ancien, dans la 41ᵉ olympiade, 616 ans avant Jésus-Christ. Or, il est reconnu par les plus vieux auteurs romains, que sous ce roi, il n'y avait pas un seul pied d'olivier en Italie (1). Pline a confirmé cette assertion de Fenestelle. Que le lecteur se rappelle ici l'Etat du Latium sous ses premiers rois, qu'il considère toutes les conditions et les soins qu'exige la culture de la vigne, qu'il relise les lois des décemvirs, dans lesquelles il n'est pas question de la culture de la vigne ; qu'il fasse attention encore qu'il n'y avait pas d'olivier, lequel exige infiniment moins de soins et de culture que la vigne, si fragile d'ailleurs, dans un pays où les brouillards printaniers faisaient périr le froment et les fleurs des arbres ; il faut, il me semble, conclure de cet exposé, que le fait des Gaulois dont il est question, n'est qu'un conte absurde et calomnieux pour nos aïeux. Eh ! n'est-il pas honteux, que des hom-

----

(1) *Non fuisse verò omninò oleam in Italiá, Tarquinio prisco regnante* (an de Rome 583). (Pl., c. 15.)

mes d'académie, des lettrés et des poëtes le répètent à toute occasion, comme une vérité historique? Poursuivons.

On a déjà vu que les Romains n'avaient cultivé le froment que par des circonstances de luxe, puisque pendant près de trois siècles ils ont préféré cultiver le far, comme étant plus robuste, pour résister aux intempéries locales. Pline lui-même n'en fait aucun doute (1). On veut que Numa ait enseigné la culture de la vigne ; il est permis d'en douter ; car si , depuis cette époque reculée, les Romains n'avaient pas cessé de cultiver la vigne, ils n'auraient pas fait enlever, sous Auguste, des légions de vigneronsde l'Attique, pour cultiver leurs vignes ; le fait d'ailleurs imputé à Numa peut se réduire à du jus de vigne sauvage élevée en treille, qui dans cet état, à Rome, et comme aujourd'hui à Sens et à Troyes (2), pouvait seule-

---

(1) *Apud Romanos, multò serior, vitium quam frumenti cultura esse cœpit.* (Pl.)

(2) A Sens et à Troyes, on tient la vigne sur des perches alignées hautes de huit à dix pieds. Sans ce mode, elle gélerait à chaque printemps : le vin aussi en est très-mauvais ; mais l'économie s'en arrange.

ment échapper aux intempéries. Les hommes du métier savent qu'il y a une différence immense entre une culture méthodique pour la vigne et des pieds de vigne isolés, tenus loin de la surface de la terre; il résulte au surplus du mot de Numa, qui se plaignait que les libations ne fussent pas faites avec du vin de vigne cultivée (1).

Les Romains, il est vrai, dans la suite des temps, ont donné une grande et vive impulsion à la culture de la vigne; les divers modes qu'ils ont adoptés méritent d'être rappelés, car ils sont curieux, et dignes d'occuper les œnologistes. Nous mettrons en première ligne celui de fixer la vigne à des arbres (2); toutes les espèces d'arbres néanmoins n'étaient pas propres à en devenir les soutiens; on préférait l'orme, le peuplier, le saule; chacun avait à supporter huit à dix ceps (3). Lorsqu'une fois la ramification de la vigne était bien établie, on en dirigeait les sommités, tantôt vers la cime de l'arbre, tantôt

---

(1) *Ex ea, vinum dii libarier, nefas estod.* (Pl., l. 14.)

(2)   *Adulta vitium propagine.*

  Altas maritat populos. (Hor.)

(3) *Singuli, denas sæpè adnutriunt vites.* (Pl., l. 17.)

on rabattait les pousses sur des perches circulairement placées, auxquelles des liens d'osier les fixaient. Ailleurs, l'expérience avait fait reconnaître qu'il fallait donner une pente inclinée aux perches, afin que les ceps pussent jouir plus immédiatement des émanations du sol cultivé.

Plus loin, on se trouvait bien de faire courir les membres de ceps sur des perches qui tenaient par leurs extrémités aux arbres tutélaires ; ce mode était renommé, et avait pris le titre de *vigne tenue au joug*, *vinea jugata*. (Col., l. 3.)

Au Nord, traitant la vigne comme arbrisseau, on forçait les ceps par la taille à se soutenir d'eux-mêmes ; dans un autre site, les ceps étaient soutenus par des échalas ou par des pieux disposés en rond ; dans certaines expositions, on faisait ramper la vigne ; ce dernier mode n'est pas celui qui a été le plus remarqué, mais il était digne de l'être, en ce que la vigne, ainsi tenue, était moins exposée aux coups de vent et aux tempêtes ; il avait un autre avantage, il favorisait éminemment la maturité, quand le pays était froid et couvert ; c'est Columelle qui nous a instruits de ces divers modes, et il est très-remarquable que toutes ces pratiques ont lieu dans les vignobles de la France (1).

Columelle néanmoins ne paraît pas avoir aussi bien connu la culture de la vigne que Virgile, et c'est encore sous ce rapport que ses *Géorgiques* sont un vrai trésor de science et d'histoire. Dès le début de son premier chant, il veut qu'on marie la vigne à l'ormeau ; Horace désignait le peuplier, *altas populos;* d'autres cependant, ajoute Virgile, fixent la vigne à des échalas ou à des fourches.

Il veut qu'on la provigne ; c'est une idée-mère qui prouve encore la science du chantre latin, parce qu'il était persuadé que la vigne et son fruit en prospéraient : *Propagines vites... respondent.*

Il fait observer que toute espèce ou variété de vigne ne réussissait pas également sur les arbres :

Non eadem arboribus pendet vindemia nostris.

Il y a des ceps qui veulent une terre grasse

---

(1) *Vinearum plura genera..... sed ex iis quas ipse cognovi, maximè probantur, quæ velut arbusculi, brevi*

substantielle, d'autres une terre légère, comme les raisins blancs des Palus-Méotides ; les noms et les variétés sont infinis, et il n'y a pas grande importance, dit Virgile, à les connaître.... *Species.... nomina.... nequè... comprendere refert.*

Les Grecs n'estimaient que le raisin noir ; il faisait le vin des libations : Virgile cependant désigne en outre des raisins blancs, violets, pourpres.

Il n'est pas inutile de faire observer que, du temps de Virgile, on disposait la vigne en quinconces ; cette idée encore est celle d'un bon observateur, en ce que chaque cep peut jouir des rayons du soleil, et participer, en outre, à une plus grande partie de l'humus végétal : la Basse-Bourgogne seule a offert ce mode parfaitement exécuté à la grande côte d'Auxerre, où j'ai eu souvent l'occasion d'en reconnaître l'utile et l'agréable.

Virgile ne tolérait pas des arbres étran-

---

crure sinè adminiculo, per se stantes... deindè quæ pedaminibus adnixæ singulis jugis imponuntur. Mox defixis arundinibus... per statumina ligatis, in orbiculos gyrosque flectuntur : ultima conditio est vitium stratarum, per humum porriguntur. (Col., 1. 5.)

gers à travers la vigne ; ce conseil est de toute sagesse ; car, parmi nous encore, si on voit des vignes garnies d'arbres, quels qu'ils soient, on peut, sans craindre de se tromper, affirmer que le vin n'a pas de qualité : *Nevè, inter vites corylum...*

Il rejetait pour les provins les pousses venues au sommet des arbres, parce que, disait-il, elles sont bien moins nourries et mûries que les sarmens qui approchent de la terre : Virgile encore pensait que la meilleure saison pour faire les provins était au printemps : *Optima satio.*

On cultivait la vigne à la charrue ; ce mode a des exceptions qui méritent d'être raisonnées ; pour certaines vignes, il ne veut que des roseaux ou de petites baguettes :

Tùm leves calamos et rasæ hastilia virgæ.

Quant aux vignes suspendues aux arbres, il veut, lorsque les provins sont bien enracinés, qu'on taille les branches folles, et même les membres qui dépassent le contour de l'arbre :

...... Tùm stringe comas, tùm brachia tonde.

Il commande un labour profond, et trois à quatre par an. (Dans la Basse-Bourgogne, on en donne toujours trois, et souvent quatre.)

Virgile donne le précepte de tailler, de façonner la vigne, immédiatement après la vendange; la pratique a fait modifier ce précepte en France.

Celle qui est attachée aux échalas exige aussi que plusieurs fois dans l'année on réprime les pousses divergentes : *Ramos compesce fluentes.* Il fallait que l'étendue des vignes échalassées fût considérable, car il met au nombre des soins la rentrée des échalas sous les toits, après la vendange.

Du temps de Virgile, on foulait le raisin avec les pieds; tous nos traducteurs ont échoué pour rendre ce précepte géorgique:

> ...... *Nudataque musto*
> *Tinge novo mecum direptis crura cothurnis.*

Columelle, moins œnologue qu'agronome, regardait comme une merveille que les vignes de Sénèque rapportassent par jugère (arpent) seize culées (muids) (1). Mais on sait que cette abondance tient à des causes

____

(1) *Nunc celeberrimâ famâ..... vilis possidet Seneca*

contraires aux bonnes qualités du vin ; il y a dans la Basse-Bourgogne un plant qui, bien labouré, fumé, et jeune encore, produit jusqu'à cinquante muids par arpent.

Pline, de son côté, rapporte avec complaisance qu'il y avait un cep de vigne au portique du palais de Livie, qui avait donné trois cent quarante pintes de moût (1).

Au temps de Pline, les Romains avaient la plus haute idée du vin de l'Italie : on en comptait cent quatre-vingt-quinze sortes, dont quatre-vingts étaient mises au premier rang (2).

On ne peut que s'étonner de l'émulation commune à faire porter les bourgeons de fructification à la cime des arbres. Ce qui étonne davantage encore, c'est que les propriétaires étaient persuadés que les raisins de la cime donnaient le meilleur vin : *Vinum melius in cacumen.* Pour les satisfaire,

---

vir excellentis ingenii.... culeos octonos reddidisse. (Col., l. 3.)

(1) *Una vitis Romæ in Livia posticibus.... duodenis mustis amphoris fœcunda.* (Pl.)

(2) *In toto orbe.... duas partes ex hoc numero* (80) *Italiæ esse.*

les malheureux vignerons devaient se porter eux-mêmes aux cimes, afin d'y faire la taille des sarmens; de là s'était introduit l'usage d'un contrat entre le vigneron et le propriétaire, que celui-ci serait tenu de pourvoir aux funérailles de l'autre, s'il venait à se tuer en tombant du haut de l'arbre (1) : il faut qu'il y ait eu quelques motifs que l'expérience et le climat autorisaient; car nous venons de citer des vignes tenues par échalas, d'autres assujetties à ramper, ce qui met une différence énorme dans les causes de la maturité : Virgile d'ailleurs a dit lui-même :

In apricis coquitur vindemia saxis.

Partout où la vigne était attachée aux arbres, on faisait un intervalle de vingt pieds de distance en tous sens, d'un arbre à un autre; ces vignes étaient cultivées à bras. Si on façonnait la vigne à la charrue, on devait laisser quarante pieds; mais alors l'espace intermédiaire était ensemencé en grains.

Virgile fait marier la vigne et l'ormeau;

----

(1) *Cacumina œquant in tantum sublimes ut vindemiator auctoratus rogum ac tumulum excipiat.* (Pl.)

on sait le mot de Pyrrhus, à qui on offrit du
vin nouveau, et qu'il trouva fort mauvais, en
disant : « Je ne m'en étonne pas, en voyant
les raisins à la cime des arbres (1). »

C'était un usage assez général en Italie de
complanter une vigne avec plusieurs sortes
de raisins ; on donnait pour motif que si
une espèce manquait, une autre pouvait réus-
sir : cet argument a traversé tous les siècles
jusqu'à nous, et c'est lui encore qui soutient
la récolte dite du *méteil*. Nos vignerons aussi
mettent divers plants dans leur vigne ; mais
il y a long-temps que l'expérience a fait juger
qu'il fallait laisser dominer un même plant :
il est juste de faire observer qu'il y a des
années où il est très-utile, même pour les
vins précieux, de faire un mélange de certains raisins, ce que j'expliquerai, quand
j'en serai à l'histoire de l'œnologie de la
France (2).

Pline avait déterminé les couleurs du vin

____

(1) *Ulmos exsuperant... merito matrem ejus pendere in
tam altá cruce.* (Pl., l. 14.)

(2) *Providentis agricolæ... diversa genera deponere.....
nam præcox et miscella... multùm antè coquitur:* (Varr.,
l. 1.)

à quatre : le blanc, le jaune, le rouge et le noir (1). Le Falerne était réputé le plus excellent ; mais est-il bien vrai qu'on laissait épaissir les vins, jusqu'à consistance sirupeuse, comme en Grèce ?

On ne peut se rendre compte des divers condimens que les Romains mettaient dans leurs vins, tels que le miel, la poix, les roses, les violettes.

Pline dit qu'on corrigeait les vins trop durs avec l'huile de myrthe, dont on imbibait des étoffes de laine, sur lesquelles la lie se déposait (2). De tels vins, ajoute-t-il, duraient deux cents ans ; et il cite le vin qui fut recueilli sous le consulat de Lucius-Opimius.

La France aussi pourrait compter de telles années et de tels vins ; mais combien ils ont coûté cher à l'humanité, par les fléaux qui ont fait hâter l'époque des vendanges !

Les Romains, toujours livrés à l'orgueil

____

(1) *Colores vini quator, albus, fulvus, sanguineus, niger.* (Pl.)

(2) *Oleo quoquè myrtheo... vini sapor... ad corrigenda vina... sacis perfusio retinet fæcem, nec præter liquorem transire patitur.* (Pl.)

de dominer, ont été aussi lents à perfectionner la vinification, que l'art de cultiver les
céréales : les pressoirs depuis long - temps
étaient inventés; ils avaient dû connaître au
moins ceux de la grande Grèce; ils n'étaient
pas étrangers au pays des Hébreux, où le
prophète Joël avait promis aux enfans de
Sion, de faire regorger leurs pressoirs de vin
et d'huile. Ptolémée Philadelphe avait fait
faire un char de vingt-cinq coudées de long
et de quinze de large, sur lequel on foulait
la vendange en chantant Lépilémion. Lon-
gus a parlé des pressoirs dans ses *Pastorales*.

Les premiers pressoirs romains ont été
grossiers et sans dimensions raisonnées : ils
consistaient dans un arbre tenu à sa base par
un boulon, et portant sur une auge remplie
de raisins.

Malgré toutes les hautes idées que nous
avons du génie des Romains, leurs savans
les plus célèbres, les Varron, les Columelle, les Sénèque, n'ont pu être conduits,
même par les hasards, à apercevoir la fermentation vineuse; il semble, au contraire,
qu'ils la regardaient comme une fâcheuse
décomposition : pour la prévenir, ils ont eu
recours au gypse, à la craie et aux cen-

dres, quelquefois même à l'eau de mer (1).

Le vin doux, tel qu'il sortait du pressoir, avait tant de charme pour eux, que pour en jouir plus long-temps, ils en plongeaient les vases dans les puits (2).

Dans leur économie, ils faisaient du vin cuit (*passum*); ils en faisaient dessécher les raisins au soleil : ils devaient avoir perdu la moitié de leur poids. Ils faisaient une autre sorte de vin cuit ou liqueur qu'ils nommaient *defrutum* : c'était, selon les apparences, un vin réduit à l'ébullition (3). Ils faisaient une autre liqueur nommée *sapa*, dont le *miel* était la base (4).

Il est très-difficile encore de se rendre compte de l'usage commun d'enduire de poix leurs vaisseaux vinaires (5).

______

(1) *Vinorum medicamina... cinere seu gypso... sed cinerem e vitis sarmentis aut quercus præferunt, quin elaquam marinam... ex alto peti jubent.* (Pl.)

(2) *Fervere prohibetur, mergunt protinus in aquâ cados.* (Id.)

(3) *Passum nominabant .... si uvam passi essent in sole aduri. . donec amplius dimidium supersit.* (Id.)

(4) *Omnia in adulterium mellis excogitata.* (Id.)

(5) *Et in omni alio genere subministrant vasa ipsa condimentis picis.* (Id., l. 14.)

On peut croire du moins que les vignerons et les colons, pour leurs boissons, faisaient détremper les marcs dans une certaine
quantité d'eau.

Pline encore nous donne les tristes preuves
qu'il écrivait souvent sur la physique et l'économie, d'après de simples relations ou des ouï-
dire : ainsi, par exemple, il gratifie la Gaule
narbonnaise d'une espèce de vigne qui fleurit
et défleurit en un seul jour (1), ce qui la pré-
serve des intempéries. A Paris, un triste et
pauvre auteur en a dit autant d'une espèce
qu'il dit avoir vue à Melun, et qui dans la même
saison donne deux fois des raisins mûrs. Il semble que toutes les erreurs et les préjugés soient
pour nous en assurances de propagation : la
vérité seule est abandonnée à elle-même.

S'il fallait croire Pline encore, pour conserver le raisin intact d'une année à l'autre,
on insérait une branche de cep avec ses raisins dans un globe de verre, dont on fermait
l'ouverture avec de la poix (2).

---

(1) *In Narbonensi provinciá, alba helvia inventa est
vitis, uno die deflorescens, ob id tutissima.* (Pl., l. 18.)

(2) *Aliæ vero... translucidæ vitro... austeritas, picis in-
fusa pediculo.* (Id., l. 14.)

Il est malheureux que ce savant ait appris que les premiers jets de la vigne, confits dans la saumure et le vinaigre, étaient un mets excellent. C'est là un vrai moyen de rendre la taille infructueuse, et de faire dépérir la grappe (1).

---

(1) *Vitis ipsa... decoctis caulibus summis, qui... et condiuntur in aceto et muriá.* (Pl.)

CHAPITRE XVI.

L'origine et l'époque de la culture de l'olivier par les Romains.—
Les erreurs de Pline sur cette culture. — L'huile d'olive de l'I-
talie ne tient pas le premier rang. — Celle d'Espagne serait la
première, si la culture y était mieux entendue.— Celle de Provence, dans les temps actuels, est la première de toutes : elle
doit cet avantage à la manipulation, qui y est bien entendue.
— Les variétés d'olives sont considérables, mais la culture seule
fait prédominer les meilleures.

L'OLIVIER a été long-temps méconnu des
Romains; il faut moins en accuser le climat
que l'orgueilleuse indifférence des grands et
du peuple. La découverte de l'huile d'olive
remonte à la plus haute antiquité. Pourquoi
ignore-t-on le nom réel le l'inventeur de
cette huile et de celui qui a su en adoucir
l'âcreté par la saumure? Voilà un des grands
bienfaits de la science envers la société : un
tel mortel aujourd'hui ne serait pas de l'A-
cadémie des sciences, qui compte des chimistes occupés à faire du vn excellent, avec

des raisins verts de Paris et du sucre, qui possède des œnologues, auteurs de rapports affirmatifs sur le moyen d'empêcher la vigne de couler, en cernant avec un fer *la pousse nouvelle* de l'année, etc., etc., etc.

Malgré toute la célébrité que Pline a voulu donner aux oliviers de l'Italie et à leur huile, sa science n'a pas produit de perfectionnemens réels. Il était même persuadé, et Virgile semble avoir partagé son opinion, que l'olivier faisait exception à tous les autres arbres, pour les exigences des soins et de la culture : c'était là une erreur bien préjudiciable. Le vieil Homère, qui n'est pas seulement le premier des poëtes, mais qui est encore le plus sage observateur qu'on puisse citer, et sous tous les rapports, ne pensait pas ainsi de l'olivier ; car il faisait une grande différence des olviers francs et des oliviers sauvages : il était persuadé et il a prouvé que la culture favorisait non seulement les développemens de l'arbre, mais encore qu'elle perfectionnait la qualité du fruit. La Provence, lorsqu'ele était aux Romains, n'a pas heureusement adopté les conseils de Pline ; car il y a long-temps qu'elle a reconnu que les oliviers, au contraire, exi-

geaient beaucoup de soins et de culture pour
prospérer et durer : le fait seul de la culture
en démontre presque la nécessité. L'olivier sauvage, il est vrai, résiste à de grandes
intempéries , sous lesquelles succombent
des arbres plus robustes, tel que le chêne
vert; mais cette qualité qu'il a de se reproduire comme le phénix, ne doit pas empêcher les propriétaires de donner tous leurs
soins aux oliviers francs. Les Provençaux ne
désirent qu'une chose, c'est que le gouvernement s'occupe de prévenir les défrichemens,
et de reboiser les sommets des monts, qui,
aujourd'hui, ne garantissent plus les contrées
basses du parcours des aquilons.

Pline encore a prétendu que l'huile d'Italie
était la meilleure du monde (1); mais, de sa
part, ce n'était encore là qu'un sentiment de
prédilection pour sa patrie : on ne doit pas
du moins se prévaloir de l'opinion de ce savant pour juger de l'huile des autres contrées, car ce n'est pas seulement le climat
et le sol propre à l'olivier qui constituent la
bonté ou l'excellence de l'huile, elle dépend
encore des soins de la culture, des points

______

(1) *Principatum in hoc.* ·*Italia in toto orbe.* (Pl., l. 14.)

de maturité bien saisis, et des dispositions
et manipulations économiques qui lui donnent la qualité onctueuse qui la fait rechercher par les consommateurs en état d'en
juger et de la payer.

Je ne nierai point que l'Italie peut avoir
des cantons éminemment favorables à l'olivier, et qu'avec des soins que l'expérience
aujourd'hui commande pour la culture de
cet arbre, on ne puisse aussi y faire d'excellente huile; mais jusqu'à présent ce renom ne s'attache pas dans le commerce à
celle d'Italie. Si je ne me trompe point,
l'Espagne me paraît le climat le plus propre
à perfectionner l'huile de l'olive; son sol, en
grande partie vierge et propre à l'olivier,
pourrait, avec des soins de culture, faire
prospérer à la fois et l'arbre et son fruit;
car sous les rapports des climats, des tem-
pératures et des terrains, la péninsule était
destinée à être l'Eden de la terre, et elle en
est aujourd'hui l'enfer.

La Provence, que les Romains appelaient
leur *bien-aimée,* est encore à présent le pays
qui donne la meilleure huile du monde; mais,
il faut le dire, elle est attaquée dans toute sa
constitution physique et relative, les défri-

chemens extrêmes ou inconsidérés, l'abattis
stupide des bois qui couvraient ses monts
contre les aquilons, le parcours continu des
troupeaux de chèvres qui n'y laissent pas
même l'espérance de voir la nature reproduire quelques végétaux élevés, le fisc enfin,
et le système fatal de l'impôt foncier, sont
autant de motifs qui désorientent la Provence; la nature elle-même n'y jouit plus de
l'heureux concours des souffles tièdes qui
lui arrivaient des côtes d'Afrique, et de la
fraîcheur des aquilons qui, tamisés par les
bois des monts de la Bourgogne, venaient
neutraliser les vents africains et se combiner
avec eux, de manière à former habituellement une température admirable : tous ses
premiers bienfaits s'y effacent, les défrichemens continuent, le gouvernement y vend
les bois, les chèvres y dominent tous les
troupeaux, les vents brûlans s'y fixent avec
tous leurs feux, ceux du nord y arrivent de
la Norwège sans rencontrer d'obstacles, et,
ce qu'on n'avait jamais vu, l'olivier y gèle
jusque dans ses racines; les tempêtes y sont
fréquentes et extrêmes (1), les insectes y pul-

____

(1) Jamais le vent du nord n'avait été aussi désastreux,

lulent, et le fisc y accable les productions
destinées au commerce ; et, dans un tel état,
il y a une Académie des sciences, une session législative annuelle, dont le premier devoir, comme mandataires, est de réprimer
les abus du fisc et de prévenir les calamités.

Je devais à toutes fins offrir ici ce tableau,
me réservant, si j'en ai le temps, d'en donner des preuves à l'époque relative de l'histoire que- j'écris; mais je me fais un devoir
de dire, en ce moment, que les propriétaires
de Provence sont encore ceux de tous les
pays où croît l'olivier, qui entendent le
mieux la culture, la cueillette, la manipulation et la fabrication de l'huile d'olive, ce
qui me porte à déclarer que, jusqu'à présent,
celle de Provence est la meilleure connue :
fasse le Ciel que la matière première incessamment ne lui manque pas!

Columelle comptait jusqu'à six variétés
d'olives; mais ces noms, comme ceux des
raisins, sont absolument indifférens; il vaut
mieux se ressouvenir de ce qu'a dit Virgile,

---

pour le Languedoc et la Provence, qu'au mois de mai de
l'année 1826.

qu'il y avait des olives dont, la forme était variée :

Nec pingues unam in faciem nascuntur olivœ.

Il est de fait cependant qu'il y a des variétés de choix, les unes pour l'huile, les autres pour la table.

Les Romains, dit Columelle, semaient du blé-froment au pied des oliviers (1); c'est, je pense, un abus : il faut laisser à un tel arbre, sur lequel le ciel agit avec tant de puissance, tout l'humus de la terre qui l'environne ; je ferai observer, en outre, que les céréales par elles-mêmes sont épuisantes, et qu'elles ne rendent rien à la terre.

Les faiseurs de livres sur l'agriculture ne manquent jamais de comprendre le marc des olives au nombre des choses qui fertilisent la terre ; il faut ranger cet engrais avec les râpures de cornes et les chiffons des tailleurs, qu'ils n'oublient jamais d'emprunter à la vieille *Maison rustique :* les Provençaux, au surplus, font un meilleur usage de leurs marcs d'olive.

---

(1) *Potest tamen in agro frumentario , seri.* (Col., l. 5.)

CHAPITRE XVII.

C'EST dans le régime de vie des Romains qu'on peut mieux, avec quelques notions acquises sur leur histoire, trouver la clef de leur caractère, de leurs mœurs et de leur politique ; car dès l'origine, sous les rois comme sous les consuls, ils ont constamment tout rapporté à eux et à leur *pignus imperii :* c'est là le pivot sur lequel roule toute leur histoire, depuis Tarquin l'ancien, jusqu'à Augustule.

Les Romains sont bien certainement les premiers qui aient fait une si grande et si

énorme consommation de grains frumentacés, et c'est à ce point de fait historique
qu'il faut pourtant rattacher ses révolutions
intestines et les cris non discontinués du
peuple-roi pour demander du pain, des lois
agraires, des censeurs et des tribuns ; c'est
de ce premier état de choses aussi que date,
se poursuit et s'accomplit la décadence de
l'empire. Je prie le lecteur de suivre avec
quelqu'attention les causes des révolutions
qui ont agité Rome et son peuple.

Les Romains consommaient immensément
de pain ; il y en avait de plusieurs sortes : 1° le
pain commun : celui-là contenait tout le son ;
2° le pain similaginé, dont on avait ôté le son :
ce dernier coûtait 8 as de plus ; 3° le pain
fait avec de la fleur de farine siliginée, *sili-
ginis castratæ :* ce dernier coûtait 16 as. Pour
se faire une plus juste idée de l'énorme consommation du pain, il faut rappeler, d'une
part, celle du peuple ouvrier et celle du soldat. Caton dit qu'il donnait par jour cinq livres de pain (quinze onces) à ses vignerons ;
dans la campagne, le pain était encore plus
grossier.

De règle, on ne donnait au soldat que du
pain d'orge. Par quelle fatalité cette règle

a-t-elle été suivie partout, et spécialement en France, où la dernière sorte de pain a toujours été celle du soldat? C'est le comble de l'ingratitude et de la déraison ; car enfin, le soldat a toujours été le soutien du trône. En voyant une telle conduite, on serait tenté de croire que les chefs de ces temps ne regardaient pas les soldats comme des hommes.

Jules - César donnait à chaque soldat soixante livres de blé par mois, sur lesquelles il devait nourir ses deux valets : une fois dans les camps les soldats faisaient eux - mêmes leur pain, car il était défendu d'y laisser entrer aucun étranger.

Ce n'est qu'après plus de trois siècles, depuis la fondation de Rome, et pendant lesquels le peuple a vécu exclusivement de bouillie et de pâtes plus ou moins solides, que les Romains d'un rang élevé ont enfin senti la haute préférence que méritait le froment sur l'orge. L'observation d'ailleurs avait fait connaître que la température du Latium s'était adoucie, et que les diverses cultures, par suite des défrichemens, rendaient les brouillards moins funestes : il y eut donc une grande et prompte émulation à semer du froment ; mais ce blé était exclusivement réservé pour les grands et pour les gens riches, et on a continué à ne donner que de l'orge dans les annones, au peuple et aux soldats.

Nourris d'un tel pain, le peuple et les esclaves en faisaient une consommation d'autant plus considérable, que ce grain n'était pas nourrissant : le magistrat de Rome était donc tenu, pour le maintien du bon ordre, de faire des amas immenses et successifs d'orge, dit de *far;* avec une telle nourriture, le peuple avait toujours faim. Il est permis de s'étonner que dans ces temps, les hommes sages ou les savans n'aient pas reconnu le principe « que l'économie, en « fait de consommation diététique, est en « raison directe. des qualités substantielles « des choses données. » Mais nos économistes, et municipes encore moins, ne connaissent pas ce principe, car ils font tout le contraire, et à chaque disette, surtout dans les villes du Midi. Ainsi, dans la nécessité de trouver continûment de si grandes masses de grains, Rome s'est toujours trouvée exposée à des troubles et à des séditions, et c'est là une des causes actives de la décadence de l'empire, dont la stabilité malheu-

reusement dépendait *du repos de sa capitale* (1). Toutes les considérations s'y réunissaient pour faire donner une grande et vive
impulsion à l'agriculture des campagnes de
Rome ; mais on s'est fait, dès le principe,
une fatale illusion sur l'immensité des tributs
imposés aux pays conquis ou vaincus ; de
sorte que la tranquillité de Rome et la vie
du peuple étaient inhérentes aux navires
des mers et à une foule d'évènemens for-
tuits (2).

Dans sa splendeur et sa puissance, Rome
a éprouvé vingt grandes famines, qui n'ont
jamais cessé que lorsque le magistrat a été
forcé de faire participer le peuple aux provisions de l'annone destinées aux riches et
au sénat, et de faire, en outre, des distributions de viande.

Ainsi, dans la France chrétienne, pendant
plus de dix siècles, il y a eu des disettes innombrables et de grandes famines, pendant
lesquelles le peuple et le soldat ne vivaient
que de pain d'orge, d'avoine ou d'escour-

---

(1) Avis aux directeurs-généraux de la monarchie.

(2) *Navibus et casibus vita populi promissa.* (Tac.,
Ann.)

geon ; mais un pareil pain n'était qu'un lest
pour l'estomac, qui, ne pouvant en tirer aucun suc réparateur, le laissait aussitôt s'é-
chapper, en sollicitant vivement une nourriture nouvelle plus substantielle. A Rome,
comme en France, il était facile de juger, du
moins par comparaison, que l'homme de peine
qui ne mange que du pain d'orge, en consomme
cinq fois plus que celui qui se nourrit de froment et de viande ; le calcul seul devait faire
déterminer une plus sage économie, car il
en coûtait plus pour acheter cinq cents mesures de menus grains qui nourrissaient mal
et causaient des dyssenteries, que pour acheter seulement cent mesures de froment, qui
eussent parfaitement bien rassasié, nourri,
et prévenu la mortalité. Malgré cette évidence philosophique, partout le magistrat a
commandé des confections de pain d'orge
ou d'avoine, compacte et amer, et qu'il a
encore toujours *taxé;* on a partout regardé
la livre de pain d'orge ou d'avoine comme
identique pour l'effet, avec la livre de pain
de froment ; tandis qu'à l'analyse, cinq livres
de pain d'orge ne contiennent pas plus du
quart de la substance d'une livre en froment.
La disette de 1817 en France, vient de nous

démontrer que notre ministère est aussi étranger aux vrais principes de l'économie politique, qu'à ceux d'une Charte constitutionnelle; il a dépensé soixante millions donnés à l'étranger, quand un secours de deux millions, à titre de prêts, aux départemens les plus nécessiteux, et sur biens-fonds, comme en fait la Caisse hypothécaire, auraient prévenu bien des malheurs, des scandales et l'effusion du sang de plusieurs mères de famille tombées sous le glaive des prévôts, à Sens, à Montargis, etc. (1).

Je me suis arrêté à ces considérations, parce que nous suivons les évènemens qui

---

(1) Lecteurs, ne vous étonnez pas de mes retours fréquens vers l'administration de la France; car, en fait d'économies, de mesures législatives et de police publique sur les blés et le pain, nous sommes encore les dignes successeurs des Romains. Dans toutes les grandes villes du midi de la France, la taxe du pain, du blé et de la viande, y est encore considérée comme un principe d'administration et d'économie ; la préfecture de police de Paris se traîne également sur ces vieux erremens, auxquels elle ajoute la nomenclature ridicule des poids décimaux, que ni le peuple ni les trois quarts des magistrats ne comprennent même pas.

ont conduit Rome à sa perte ; je le dis à regret, et l'affliction dans le cœur : notre indifférence pour l'agriculture, l'excès des impôts et la fièvre de l'agio, nous ont déjà bien loin jetés hors des voies d'une solide prospérité. Un gouvernement qui se conduit ainsi, marche à grands pas à sa ruine; Carthage et Rome se sont effacées comme Babylone, et le même sort attend Paris et Londres, si leurs gouvernemens ne se hâtent de reconstituer l'agriculture, comme base essentielle de toute prospérité.

La viande, sous les derniers consuls de Rome, n'était déjà qu'une faible partie du régime diététique des Romains; comme les Grecs et les Hébreux, ils avaient eu un goût prononcé pour la viande des jeunes animaux, qui, étant moins substantielle que celle des animaux d'un âge fait, donnait conséquemment moins de nourriture dans les consommations. Cet ordre des choses et ce goût pour les viandes blanches, expliquent pourquoi la législation romaine favorisait si puissamment le parcours des mères, dont les fils étaient destinés aux boucheries. On doit croire sans doute que les animaux d'âge fait étaient aussi livrés à la consommation; mais à peine a-t-on l'occasion d'en remarquer des applications ou des exceptions.

L'insuffisance des viandes avait successivement porté le peuple romain à consommer beaucoup de légumes, tels que des navets, raves, choux, pois, fèves, lentilles, des lupins même, des concombres, et d'autres herbages provenant des bords des eaux et des champs incultes : la plupart de ces légumes étaient cuits avec de la viande ou graisse de porcs qui flattait beaucoup le goût ou l'appétit des consommateurs. On sait, au surplus, que ce genre de consommation excita l'attention ou l'animadversion des censeurs publics ; ils signalèrent principalement les boyaux, les glandes, les testicules, les vulves, les bajoues de ce dernier quadrupède (1). Il est digne de remarque que, malgré les lois somptuaires, les premiers magistrats de Rome et les simples citoyens affectaient d'avoir chez eux et sur leurs tables tout ce que les censeurs interdisaient.

Indépendamment des viandes des troupeaux et des légumes, le peuple romain con-

---

(1) *Censoriarum legum.... interdicta cœnis, abdomina, glandia, testiculi, vulvæ, sincipita verrina.* (Pl., I. 18.)

sommait des porcs de lait, des porcs adultes
et d'âge fait, engraissés dans les bois: on ne
sait à quelle époque ils ont compris l'ânon
de lait dans leurs provisions de table; mais
ce dernier mets était en vogue au temps d'Auguste et de Mécène : ce fait explique le but
des chasses d'ânes sauvages dont parle Virgile dans ses *Géorgiques*. On consommait, en
outre, beaucoup de gibier, de poissons des
fleuves et de la mer, et des volailles. Les
grands se composaient des parcs, où ils élevaient des chevreuils, des daims, des lièvres:
Varron nommait ces parcs *septa leporaria*.
On n'osait pas néanmoins en faire dans le
territoire immédiat de Rome, de peur d'irriter le peuple; mais il y en avait beaucoup
au-delà des limites du Latium. Varron cite
celui de Q. Pomponius dans les Gaules, qui
avait une étendue de quarante mille pas (1).
C'est ainsi que s'est effacé peu à peu le droit
des peuples pour un pâturage commun, et
que les troupeaux ont successivement dimi-
nué : c'est ainsi que les Francs, en imposant
la féodalité, ont causé la misère des Gaulois

____

(1) *In Galliá..... Q. Pomponius, circiter quadraginta
millia passuum locum inclusum habet.* (Varr., l. 3.)

et des Gallo-Romains ; c'est ainsi que la France, en perdant ses troupeaux, faute de communaux, s'est exclusivement occupée à faire venir du blé, qui', bien loin d'y prévenir les disettes et les famines, y a consolidé la misère publique : cette considération n'est pas un système, c'est un fait que cinq siècles ont prouvé.

§ 1er. *Des basses-cours et des volières.*

Les premières basses-cours des Romains ne comprenaient que des poules; ils en bornaient les revenus ou les produits aux œufs et aux poulets qui s'y élevaient (1). Les bâtimens de l'habitation en formaient l'enceinte; dans la partie inférieure étaient les volailles; mais dans *la hauteur* des bâtimens et des tours étaient les colombes ou pigeons: cette disposition explique la dénomination du mot *basse-cour,* qui a pu échapper à quelques lecteurs (2).

______

(1) *Primus gradus.... majorum erat, in quâ pascebantur gallinæ, et earum ova et pulli.* (Varr., l. 3.)

(2) *Alter sublimis in quo erant columbæ in turribus, aut in summa villæ* (Id.)

(319)

On engraissait les pigeonnaux aussitôt qu'ils commençaient à se couvrir de plumes (1).

Il y avait aussi des oies et des canards, auxquels on s'exerça à faire grossir les foies : on les nourrissait, pour cela, dit Pline, de figues et de pâtes pétries avec du lait (2). Horace en dit :

Pinguibus et ficis pastum jecur anseris albi.

On avait porté l'art d'engraisser les poulardes à un tel point, que la censure défendit d'en engraisser ; mais les pourvoyeurs se mirent à engraisser des mâles (3), vierges sans doute ; et bientôt les mâles, nourris de farineux détrempés dans du lait, eurent au moins autant de vogue que les poulardes, ce qui rendit la loi de censure nulle ou ridicule (4).

---

(1) *Solent saginare pullos columbinos... cùm jam plumis sunt tecti.* (Varr., l. 3.)

(2) *Jecuris bonitate novere... in magnam amplitudinem. . lacte mulso augetur.* (Pl., l. 10.)

(3) Les gastronomes, à Paris, préfèrent aujourd'hui les coqs vierges du Cotentin aux poulardes.

(4) *Gallinas saginare. . interdictis... inventumque diver-*

Les paons devinrent bientôt, et par circonstance, des mets d'un grand prix : on estimait, dit Varron, cent paons soixante mille
sesterces ; on s'avisa d'en trouver les œufs
excellens, et ils se vendirent jusqu'à cinquante deniers pièce (1).

Les oiseaux de basse-cour ne pouvant suffire au luxe toujours croissant des tables, on
imagina de former des volières, dans lesquelles on mit une foule considérable d'oiseaux. La forme de ces enceintes était ovale,
et surmontée d'une toiture. Il y avait, tout le
long des murs, des appuis et des perches
pour faire poser et jucher les oiseaux ; ces
volières étaient isolées, de manière que les
oiseaux de l'intérieur ne pussent pas entendre le chant ou la voix de ceux du dehors ; à
une extrémité, il y avait un refuge disposé
pour prendre les oiseaux de provisions. Les
grives et les merles y étaient par milliers ;
des canaux et des ruisseaux parcouraient
l'enceinte ; les portes en étaient basses, et les

---

*ticulum in fraude earum…… Gallinaceos quoque pascendi
lacte madidis cibis.* (Id.)

(1) *Pavonum, grex centenarius facilè quadragena millia sextertia… ova eorum… denariis quinquagenis.* (Varr.)

fenêtres ne donnaient que le jour nécessaire pour voir la nourriture et l'eau (1). On y élevait des tourterelles, des cailles, des perdrix, des becfigues, et même des grues : la nourriture la plus habituelle pour tous était le millet, des pâtes faites avec du far et des figues; de temps en temps on y jetait des graines de lentisque, d'arbousier, de myrthe et de lierre (2).

Ces volières, dont nous n'avons qu'une idée imparfaite, pour l'art de la construction, pour les dispositions et pour la tenue économique, n'ont pu trouver encore d'imitateurs ni chez les rois ni chez les hommes opulens; elles n'ont pas davantage occupé les hommes de la science, qui pourtant auraient eu beaucoup de choses à apprendre ou à vérifier, car on nous laisse ignorer comment on les peuplait. Pourrait-on affirmer qu'il y avait des incubations; s'il n'y en

------

(1) *Testudo, tecta tegulis aut rete. .. in qua millia turdorum ac merularum.... in hoc canales.... ostium humile, raras fenestras, tantum luminis..... ut aves videre possint, ubi cibus, ubi aqua.* (Varr., l. 3.)

(2) *Canaliculi millio repleti, quæ est asca firmissima...* (Col., l. 8.)

avait pas, ce qui est très-probable, on allait donc enlever les petits dans leurs nids, ou bien on prenait donc ces oiseaux aux filets; mais dans le temps des amours et des incubations, tous les oiseaux sont par couples; il fallait donc attendre la saison des passages pour certains oiseaux. Quoi qu'il en soit, ces volières fournissaient immensément au luxe des tables à Rome; ce qui a fait dire à Varron que la capitale était dans un festin (1) perpétuel : il cite même un sénateur de son temps, qui lui disait que sa campagne, fort bien exploitée d'ailleurs, ne lui rapportait que dix, quand sa volière lui produisait vingt.

On forma ensuite des volières pour les faisans (2).

Les parcs suburbains ne suffisant plus aux besoins, on en créa exprès pour les lièvres (il n'est pas question de lapins). Il y en avait encore pour tenir et pour engraisser des loirs et des escargots : ce fait, qu'on ne peut révoquer en doute, fait peu d'honneur au goût des Romains, et il doit étonner le naturaliste

____

(1) *Ob luxuriam epularum, quodam modo quotidianum intra januas Romæ.* (Varr.)

(2) *In phasianis enutriendis, hoc servandum.* (Pallad.)

ou le physiologiste, et lui prouver que les
pourvoyeurs du luxe étaient à la fois observateurs et inventifs ; il fallait, en effet, avoir
bien observé l'escargot, pour le fixer et déterminer sa pullulation (1).

La consommation des loirs ne doit pas
plus étonner que celle des rats d'eau, des
jeunes chiens, ou des porcs-épics ; mais comment croire à l'éducation et à l'engraissement
du loir, auquel la nature a imposé un sommeil semestrel, ce qui est déjà un des plus
rares phénomènes, et que la science n'a pas
même encore expliqué d'une manière satisfai-
sante ? ne s'occupait-on du loir que dans son
état de vie ? mais alors il était invinciblement
porté à sa reproduction ; et dans cet état
d'amours, il ne pouvait engraisser : y avait-il
des chasses, des appâts pour ne prendre que
les mâles à l'automne ? mais aux premiers
froids, ils devaient être dominés par l'en-
gourdissement du sommeil ; pour ajouter
enfin à tous ces doutes, les censeurs avaient

---

(1) *In eodem conscepto... coclearia atque etia dolia... ubi*
glires conclusos. Non istuc, tam simplex... glirarium autem
dissimili ratione habetur... levi lapide, intrinsecus, incrus-
tatur, nè ex eâ crepere possit. (Varr., l. 3.)

défendu l'engraissement des loirs, comme un mets de luxe.

Quant aux porcs-épics, on gardait long-temps leur viande dans de la saumure.

§ II. *Des poissons et piscines.*

Les poissons devinrent aussi un grand objet de réserve et de luxe : si tout ce qu'on en a dit est vrai, nous avons encore beaucoup à apprendre sous ce rapport. Les poissons de mer ne suffisaient pas à l'insatiabilité des riches de Rome; on en pêchait encore dans les fleuves, pour les transporter vivans dans des viviers ou piscines, où, dit-on encore, on les nourrissait et les engraissait même. Tout cela est fort aisé à dire, mais bien difficile à croire : il y a des poissons d'eau douce qui sont en effet très-vivaces; mais tous ceux qui se jettent sur des proies vives, tels que les brochets, les truites, les perches, expirent presqu'aussitôt qu'ils sont hors de l'eau ou soumis à l'air atmosphérique. Les Romains avaient-ils trouvé le moyen d'assortir les eaux des viviers à celles natives des poissons des fleuves? quels étaient leurs moyens de transport? Si les viviers étaient aux bords des fleuves, on conçoit facilement les moyens; mais si ces transports se faisaient par terre, les poissons étaient-ils mis dans des vases pleins d'eau? car dans ces temps, les tonneaux n'existaient pas : les premiers ont été faits sous Trajan ; avait-on des chariots pour transporter des barques remplies d'eau et disposées par compartiment? Mais ce moyen était bien dangereux pour l'asphyxie; la carpe, la tanche, l'anguille pouvaient seules résister.

Admettons la facilité ou l'invention de tels transports ; d'autres doutes surviennent sur les moyens de nourrir et d'engraisser ces nouveaux hôtes. Etaient-ils d'espèces à qui il faut des proies vives? il fallait donc en peupler périodiquement le canal. Vivaient-ils de substances frumentacées, de fruits, d'insectes, de débris d'animaux, de vermisseaux? il fallait donc en tenir en provision? J'ai beaucoup étudié et observé, pour mes intérêts propres, les poissons des étangs, et je suis bien convaincu que, pour certaines espèces, les transports hors de l'eau sont impossibles : j'ai inutilement tenté de faire voyager par eau des truites; dès qu'elles entraient dans une eau qui n'était pas vive, légère et pure, elles mouraient.

Quelle forme, quelle étendue, quelle nature de terrain fallait-il donc à ces piscines? Le poisson a besoin de mouvement, il aime à enquérir sa nourriture, et surtout à la varier. Le bassin n'était sûrement pas profond, ni revêtu de murailles, parce que l'eau la moins accessible à l'air, au vent et aux rayons du soleil, est plus froide et moins substantielle; on doit penser plutôt que les bords revêtus de gazon étaient sur un plan incliné.

Le docte Varron a dit cependant qu'on composait des piscines de poissons pris dans les fleuves (1).

Columelle rapporte que le sévère Caton avait affermé la piscine de son pupille Lucullus, quatre cent mille sesterces (2).

Il y avait encore, dit Varron, des piscines d'eau de mer (3).

___

(1) *Piscinæ fieri cœptæ et a fluminibus captos recepere ad se pisces.* (Varr., 1. 3.)

(2) *Iis temporibus..... luxuriam piscinarum... severitas Catonis.... nihilominùs sextertium millium quadragintarum... venditabat.* (Col., l. 8.)

(3) *Partim pisces in aquâ dulci, partim, in marinâ.* (Varr., l. 3.)

Pline dit que Lucullus avait fait ouvrir, à
travers des falaises élevées, un canal qui formait une piscine pour Naples (1). Mais comment s'y prenait-on pour la peupler de
poissons de mer? Il est bien à regretter que
les savans de Rome se soient bornés à dire
simplement de tels faits, et que les savans
modernes, en voyant des assertions aussi
extraordinaires, n'aient pas fait quelques dissertations pour réduire tous ces faits à de
justes réalités.

§ III. *Des abeilles et du miel.*

Adoptant ici la division méthodique de la
science, je place les abeilles immédiatement
après le règne animal.

Les Romains attachaient un grand prix à
tenir des ruches d'abeilles dans tous leurs
domaines, dont elles faisaient une partie nécessaire et toujours comprise dans les locations.

Le miel était pour eux un mets excellent
dans les festins; il était en outre d'un grand

---

(1) *Lucullus exciso etiam monte.... Neapolim juxtà.`....*
et maria admisit. (Pl.)

usage dans les apprêts de l'économie domestique (1); il servait à conserver les fruits de
l'été, à composer maintes friandises de table,
à condimenter ou mixtionner les vins, et à
faire des remèdes dans les maladies.

Il y a peut-être de l'exagération dans certains bénéfices que rapporte Varron. Il dit
que deux frères qui n'avaient qu'un journal
de terre, s'étant adonnés à élever des abeilles,
avaient gagné par an jusqu'à dix mille sesterces (douze cent cinquante francs) : mais
on peut juger facilement, par l'état dans lequel se trouve la France aujourd'hui, que les
abeilles, en Italie, devaient prospérer dans
un pays riche d'arbres et de fleurs ; les ruches
devaient y jeter par an plusieurs essaims, et
donner encore beaucoup de miel aux coupes
périodiques des rayons. Toutes ces considérations de fait expliquent déjà les causes de
la grande rareté des abeilles en France; et
dans ces causes, il faut encore moins regretter le miel que l'absence générale des herbes

---

(1) *Succum dulcissimum... ac saluberrimum.* (Pl.)
*Favos... in altaria.... ad principia convivii et in secun-
dam messem.* (Varr.)

et des arbres des champs, auxquels sont at-
tachées tant d'autres sources de prospérité.

Trop incertain de pouvoir conduire à sa
fin l'histoire que j'entreprends, qu'il me soit
permis d'anticiper sur les siècles à venir,
pour justifier mes tristes appréhensions : le
lecteur ainsi du moins aura ma pensée.

Depuis plus de dix siècles le gouvernement
pousse les peuples à faire des défrichemens ;
on a coupé toutes les futaies, et réduit les
bois taillis à moins de la millième partie qui
existait au quinzième siècle ; on a brûlé et in-
cinéré, de l'aveu du gouvernement et de l'A-
cadémie, les gazons et les herbages ; on s'est
fait un système de grande culture qui n'a
consisté qu'à faire des plaines découvertes ;
on a sacrifié inconsidérément tous les pâturages vifs à l'extension des céréales : mais ce
fatal système n'a empêché ni les disettes ni
les famines. Les sources ont disparu avec les
bois ; les sécheresses sont plus intenses ; les
excès de température plus fréquens ; la neige,
qui ordinairement pendant deux mois de
l'année préparait les plantes à prendre plus
de force et d'énergie, n'existe déjà plus que
dans le souvenir de la génération adulte ; le
mois de nivose s'est enfui avec le calendrier

des savans (1); la terre maintenant est battue par les aquilons ou brûlée par l'auster; les fleurs dépérissent avant d'avoir pourvu par les graines à leur reproduction; à dix lieues de rayon de la capitale, on n'entend plus enfin le murmure des abeilles.

La science, oui, malheureusement, la science est devenue pour les abeilles un nouveau fléau. On a imaginé des systèmes absurdes ou bizarres : comme dans l'art militaire, on les a soumises à des tactiques et à des évolutions; moins les abeilles ont trouvé de ressources, et plus on a exigé d'elles; et ces tours de force, qu'une vaine ou ridicule polémique a signalés au public, n'ont eu d'autre résultat que d'appauvrir la ruche mère, ou d'en faire périr les colonies.

Les abeilles, il faut le craindre et s'y at-

____

(1) Dans le monde, on peut rappeler la neige de l'hiver de 1829 à 1830; mais de la neige en flocons agités et en poussière, poussés par les vents, ne produit pas le bienfait que la nature et nos pères y attachaient. Sa persistance sur le sol garantissait les céréales et les herbes délicates; mais on n'en peut dire autant de la neige de l'année; et, pour en juger, il suffit de citer la triste preuve que, faute de neige conservatrice, il a fallu au printemps rompre des ensemencemens des blés d'hiver.

tendre, finiront par disparaître de la France,
où il y en avait par immensité. Il n'y a plus
d'abeilles sauvages, parce qu'on a fait main-
basse sur tous les vieux arbres; il n'y en a
plus que dans nos petits abris artificiels;
mais de telles abeilles sont loin d'avoir l'é-
nergie de celles que la nature seule élève et
soutient : plus elles sont affaiblies dans leur
constitution physique, plus elles manquent
de ressources réparatrices; c'est au point
qu'elles peuvent subir une mortalité générale; sort qui est réservé à tous les animaux
que les excès de la domesticité dénaturent.
Moins le miel, d'ailleurs, nous devient agréable et utile, plus on se montre indifférent
pour les abeilles. La cire seule, aujourd'hui,
a une valeur de débit; et il y a cette différence avec les Romains, que ceux-ci n'en
faisaient aucun cas comme bénéfice (1).

Les Romains faisaient avec le miel l'hy-
dromel et l'oxymel, dont ils faisaient une
grande consommation avant que le vin fût
devenu commun (2).

---

(1) *Fructus ceræ... æris exigui.* (Col., l. 9.)

(2) *Fit vinum ex aquâ et melle... quin et acetum, melle*
temperatur... oxymeli, hoc vocarunt. (Pl., l. 14.)

HISTOIRE

DE L'AGRICULTURE

DES ROMAINS.

DEPUIS JULES-CÉSAR JUSQU'A AUGUSTULE.

Je dois faire observer de nouveau au lecteur, que l'histoire générale des Romains est au fond, et même encore à présent, le *principium aut fons* de celle de la France ; c'est dans leur histoire, en effet, qu'on trouve les premiers traits ou les origines de notre législation et de notre administration. La loi des Douze-Tables même ne nous est point étrangère. L'ère des premiers rois de Rome, comme celle des consuls, nous offre un grand nombre de traits qui se rapportent à nos institutions civiles et militaires ; mais l'histoire spéciale de notre agriculture en est la plus grande preuve. Pour s'en convaincre, il suffit de se rappeler que, de toutes les conquêtes des Romains, celle des Gaules a été pour eux la plus précieuse ; aussi les a-t-on vus à toute époque ou circonstance, mettre au premier rang de leur politique le soin de conserver les provinces gauloises, d'y maintenir leur domination et d'y accréditer leurs lois, leurs mœurs et leur culte. On n'a point oublié qu'ils nommaient la Provence leur *bien-aimée*, et qu'ils se sont occupés dans leur gouvernement de la faire prospérer, comme étant de leur propre empire. Tout bien considéré, d'après les études de l'histoire du peuple-roi, celle de l'agriculture est indivisible de celle de la France ; il est certain que la plus grande étendue du sol des Gaules, sous les douze Césars, a fait la partie la plus essentielle de l'empire romain, et que de tels rapports ont existé jusqu'aux derniers empereurs d'Orient et d'Occident.

Nous trouverons la preuve de l'impatronisation des Gaules dans l'empire romain, si ce n'est plutôt celle de l'empire lui-même dans les Gaules. Pour en bien juger, selon l'histoire, il suffit de se rapporter aux premières conquêtes des Francs sous les Clodion et les Clovis : c'est alors, en effet, qu'on pourra mieux juger de ces réflexions ; car les plus notables parties des Gaules étaient possédées et habitées par des Romains, auxquels déjà, sous Grégoire de Tours, on avait donné le nom et le titre distinct de *Gallo-Romains*.

Il serait difficile, en effet, de citer une seule de nos institutions, civiles, administratives, militaires ou judiciaires, qui ne tire son origine de celles mêmes des Romains. Tout le système de notre agriculture ancienne, sous Charlemagne, comme sous les Henri, se trouve dans celui des Romains ; le droit écrit, sur tous les points, en offre des applications qui se répètent dans nos coutumes et dans tous nos livres de droit et de jurisprudence.

CHAPITRE PREMIER.

Coup-d'œil sur l'administration de Jules-César dans les Gaules. — Quelques rapprochemens entre Jules-César et Henri IV. — Le sort et l'état des Gaules, sous le rapport de l'agriculture, après la conquête faite par les Romains. — Quelles contrées étaient les plus fertiles. — Première époque des colonies sur le Rhin. Jules-César, personnellement, a été juste et modéré envers les Gaules.

JE n'ai point à rappeler la vie et les travaux de Jules-César, puisque déjà ils ont été rapportés sommairement dans mon *Histoire de l'agriculture des Gaulois;* ils comprennent l'ensemble de sa carrière, depuis la guerre contre Arioviste et les Helvétiens, jusqu'à la trop fameuse bataille d'Alise, et jusqu'au jour fatal où ce héros a été assassiné dans le sénat, aux pieds mêmes de la statue de Pompée. Je ne crois point avoir omis aucune des circonstances qui intéressent l'Etat politique et l'administration générale des Gaules, et celles qui se lient à l'histoire de l'agriculture : mais comme j'ai dû me borner, en la terminant, à ne faire qu'une simple mention de la mort de ce grand homme, et de l'impression qu'elle avait faite sur tout le peuple soumis à l'empire de Rome, je dois, en commençant la seconde époque de l'*Histoire de l'agriculture des Romains,* faire de la carrière et de la vie de Jules-César la base auguste sur laquelle je vais établir l'ère des Césars et de leurs successeurs. Je me propose de rappeler leurs règnes respectifs ; ces règnes me serviront de jalons dans le plan que j'ose former ; et, si l'exécution répond à ma pensée, le lecteur attentif y trouvera ultérieurement les origines des Etats modernes de l'Europe. Il verra que chaque tête d'empereur en tombant, présagera la démolition du majestueux édifice de Rome, de même que dans les arts, on voit les ceintres et les voûtes de l'architecture se démolir successivement par les retránchemens des pierres capitales.

Cette base était encore grande, solide et imposante sous le règne de Jules-César ; mais les destins vengeurs feront un jour transférer Rome à Bysance. Si le trône dans ces temps avait été occupé par un homme de génie,

celte capitale aurait pu devenir la métro-
pole des cités, des comptoirs et des empires
du monde. Mais, hélas! Bysance et l'empire
se sont précipitamment abîmés dans une
mer morte, de laquelle il n'est ressorti qu'un
Bas-Empire, le plus déplorable de tous les
gouvernemens, puisque Bysance, au moment où j'écris cette histoire (1829), est le
point de mire du monde entier; puisque
cette Bysance est la pierre de touche qui a
fait juger des réalités de la foi des rois de
l'Europe et du sacré-collége; puisque cette
Bysance, depuis cinq ans, fait mettre à nu la
politique et les vues de la prétendue Sainte-
Alliance; puisque cette Bysance, enfin, révèle à toutes les nations du monde l'affreux
machiavélisme du gouvernement anglais, qui,
sans pudeur et sans foi, a vendu au Grand-
Turc, pour quelques intérêts mercantiles,
le sort de deux à trois millions de Grécs-
chrétiens. Le monde est bien averti de son
avenir; mais si les rois et les gouvernemens
de l'Europe veulent se réhabiliter sur la
terre et dans le ciel, ils s'entendront pour
chasser le Turc de l'Europe, dont il méconnaît, méprise ou menace la civilisation; ils
feront de Constantinople une ville libre an-

séatique, sous la garantie commune des rois
et des nations, et ils laisseront la Grèce
se mettre en Etats unis, ce qui convient
exclusivement à ses territoires, à son caractère, à ses mœurs et à sa régénéra-
tion.

Si, après avoir lu seulement le simple extrait que je produis sur les Césars, les hommes de notre gouvernement et de la légis-
lature laissaient attaquer et périr le gouvernement représentatif, il faut désespérer pour
nous de toute paix et bonheur public ; car
bientôt aussi les sciences, les arts, et la philosophie, protectrice de l'humanité, change-
ront d'hémisphère ; et l'Europe, à son tour,
subira le sort de la Grèce et de l'empire
de Rome.

Jules-César (1) est, sans contredit, le plus
grand des empereurs romains ; et rigoureusement on peut dire, au nom de l'histoire, qu'il
est le premier roi du monde, qu'il en est le
plus noble héros, et qu'il est, en outre, le

----

(1) Il ne s'agit ici, bien entendu, des faits et gestes de
Jules-César qu'autant qu'il se lient au sort de l'agriculture des Gaules et de la France.

plus sûr modèle qu'on puisse encore offrir
ou suivre comme historien. On a beaucoup
célébré le grand Cyrus par ses vertus et ses
lois sur l'agriculture ; mais il n'était pas,
comme Jules-César, un grand homme d'Etat,
un historien renommé et un guerrier magna-
nime. Beaucoup de princes en Europe ont
possédé de grandes vertus ; et l'on citera
toujours à l'admiration les Tite, les Trajan,
les Marc - Aurèle, comme on ne cessera de
citer et de vénérer la mémoire de notre bon
Henri IV, dans lequel se trouvent beaucoup
de traits de ressemblance avec Jules-César.
Mon intention n'est pas d'en faire un parallèle ; ce mode littéraire est usé. Mais une plus
haute pensée m'occupe, c'est de faire observer aux ennemis des bons rois et aux grands
précepteurs de morale et de philosophie, que
les princes qui se sont rendus chers aux peuples, et qu'on assassine, ne meurent jamais.
Il semble que le Ciel même permette que les
glaives de tels assassins s'élèvent, grandissent et se changent en pyramides, au haut desquelles le génie de l'histoire place et montre
sans cesse à découvert, et à chaque postérité,
la vie et les traits des bienfaiteurs publics.
Cette pensée devient, en quelque sorte, une

vérité, par le genre de mort de Jules-César et de Henri IV.

Jules-César sans doute s'est exercé sur un très-grand théâtre; il a eu à lutter contre des peuples guerriers et contre des compétiteurs puissans et généraux d'armées; il a eu à se concilier ou à vaincre un grand sénat divisé en factions et en partis; il a eu enfin à tenir en haleine de faveur, pour lui, un peuple fier, pauvre et irascible.

Le second, sur un petit coin de l'Europe, a eu à combattre des armées de sa propre famille et à lutter contre les chefs d'un sacerdoce en possession de faire et de défaire les rois, et contre les jésuites, qui dominaient tous les pouvoirs.

L'un et l'autre aspiraient à la gloire de rendre les peuples heureux, l'histoire en rend témoignage; toutefois, ce dessein est plus pur et positif dans Henri IV que dans Jules-César. Celui-ci, il est vrai, a passé le Rubicon, et celui-là a tenu sa capitale assiégée; mais l'histoire bien éclairée les en absout tous les deux. Quoi qu'il en soit, l'un et l'autre du moins se sont montrés généreux après leur victoire, quand Alexandre, après les siennes, a été un exterminateur cruel et

sanguinaire, ce qui n'empêche pas les prêtres et les courtisans de faire encore fumer
l'encens pour lui.

La politique religieuse, dont les poëtes
auraient dû si justement faire le grand démon
de la terre, n'est pas encore satisfaite ; elle
tient toujours à l'index tout ce qui rappelle
Henri. sa morale, ses principes et sa religion ; il n'y a qu'elle qui semble ne pas voir
les regrets éternels des peuples pour celui
dont le fer des fanatiques a tranché le fil des
jours avant le terme fixé par la Providence.

N'est-il pas bien extraordinaire, en effet,
que tous les peuples qui attendaient des bienfaits de l'un et de l'autre, expriment encore
sans cesse leurs regrets? .

Dans quels lieux, en effet, des Armoriques
au Pô et du Rhin aux Pyrénées, la mémoire
de Jules-César est-elle effacée? Partout encore on cite et on se glorifie des monumens
de ce prince ; et telle est sa bonne fortune,
qu'il absorbe presque à lui seul tous les autres
Césars. Partout, de même, on rappelle en
larmes les actions, les vœux et l'abandon de
confiance du grand et bon Henri : sa poule
au pot, comme une harpie vengeresse, poursuit sans relâche les scélérats et les tartufes.

Si ceux qui occupent le vieux Latium
étaient moins dégénérés, ils pourraient dire :
« Si Jules-César n'eût pas été assassiné, nous
jouirions peut-être d'une sage liberté ; riche
d'expérience, il aurait infailliblement organisé un gouvernement, dans lequel le peuple, les patriciens et le prince auraient con-
couru séparément à la formation de la loi,
et réalisé enfin celui que le sage Polybe, presque contemporain de César même, avait déjà
proposé, et qui était essentiellement représentatif. »

Les Français, d'autre part, surtout ceux
qui habitent les champs, disent encore avec
une amertume bien sentie et avec unanimité :
« Si Henri IV n'eût pas été assassiné, nous
aurions eu toujours la paix avec l'Europe ; la
tolérance, par suite de l'alliance qu'il proposait, eût été européenne, et elle fût devenue
l'égide de la religion du Christ ; l'édit de Nantes
était le premier anneau de cette chaîne auguste et sainte ; nous n'aurions pas eu des
dragonades ; les parlemens eussent exercé
une tutelle généreuse et constitutionnelle ; ils
auraient maintenu les libertés de l'Eglise
gallicane, sans lesquelles le trône sera toujours en péril, et la nation menacée du ser-

vage ultramontain; nous n'aurions pas vu naître des Marat et des Roberspierre; la perfide Albion n'eût jamais osé solder des agitateurs; et le beau royaume de France, ayant toujours un Bourbon pour le gouverner, serait aujoud'hui le premier, le plus riche et le plus tranquille de l'Europe.»

Je n'ai point à faire l'éloge de Jules-César; il ne pourrait appartenir qu'à un homme qui réunirait une haute philosophie à un grand talent, éclairé par une profonde érudition : cette tâche serait au-dessus de mes forces, et elle est d'ailleurs hors du plan que je me suis proposé; je veux seulement faire connaître ses actes ou ses participations aux choses qui sont du ressort de l'histoire que j'ai entreprise.

Jules-César n'était point un conquérant à la manière d'Alexandre; il a fait cependant une guerre vaste et terrible dans les Gaules, mais cette guerre lui avait été imposée par le sénat, qui ne pouvait pardonner la prise de Rome par Brennus, et la rançon qu'il avait fallu solder et peser. Je ne dirai point que César n'était pas avide de gloire; il lui est échappé trop souvent de gémir sur celle d'Alexandre, qu'il mettait au premier rang des héros. Dans le temps de César, au surplus, les conquêtes, les victoires et les triomphes faisaient décerner les plus grands honneurs, et même des autels : c'était l'opinion du siècle, et cette opinion se reproduira de nos jours même; ce n'est pas, au surplus, dans les combats qu'il faut juger des grands hommes guerriers, c'est après la victoire. Cette réflexion rapetisse bien la gloire du grand Napoléon.

Il serait difficile, pour ne pas dire impossible, de faire ressortir l'état de l'agriculture sous la domination de César, puisque, d'une part, la guerre civile était dans l'Italie, et que, de l'autre, les Gaules étaient dans un ébranlement général pour conserver leur indépendance contre les Romains, déjà maîtres de la Provence et du pays des Allobroges. C'était une règle, pour ne pas dire une loi dans chaque sénat des Gaules, de détruire tout ce qui pouvait servir à un ennemi, les moissons, les prairies, les pâturages, et jusqu'aux villes : ainsi Darius avait fait tout détruire pour arrêter la marche d'Alexandre, qui menaçait ses Etats. Il n'y avait de dépôts des subsistances militaires dans les Gaules, que dans les forts des cités;

l'agriculture d'ailleurs n'y était exercée que par les vieillards et par les femmes; et ces rayons de culture ne s'étendaient pas plus loin qu'à quelques milles des forts, d'où on pouvait s'élancer pour venir combattre et terrasser ceux qui venaient enlever les troupeaux ou détruire les moissons. Ainsi, dans chaque contrée, il y avait des camps, ou des retranchemens qui tenaient en respect les brigands et les pillards; des chefs donc qui pouvaient instantanément courir sur les brigands, se faisaient les défenseurs des moissons. Dumorix, Autunois, s'était rendu le fermier de toutes les contrées, ce qui le rendait prépondérant par ses greniers et par ses hommes d'armes, toujours prêts à défendre les bestiaux et les moissons.

Pendant toute la guerre des Romains, les hommes des champs du centre des Gaules n'étaient occupés, semblables aux oiseaux de proie, qu'à se créer des ressources et à les cacher; il n'y avait d'approvisionnemens que dans les forts chefs-lieux de chaque nation; et c'est de là que partaient les provisions pour les armées. Les Gaulois, comme les Romains, délivraient à leurs hommes d'armes des provisions pour un mois. On ne voyait point de troupeaux dans les champs, parce que les Romains entretenaient autour de chaque légion des pourvoyeurs, brigands qui allaient enlever, et au loin, des bestiaux qu'ils vendaient dans le camp romain, comme s'ils les eussent achetés : aussi, dans les marches ou les haltes, chaque chef tenait des bestiaux au centre même du corps de la troupe : dans les camps, les troupeaux étaient toujours placés au milieu, et entourés des chariots et des bagages.

D'après les récits de César, les contrées les plus fertiles en blés étaient le Berry, le Soissonnais et le Beauvoisis : on en peut juger ainsi du moins par les enlèvemens de grains qu'il y faisait faire, et par toutes les destructions que les chefs des nations gauloises y ordonnaient, afin d'ôter aux Romains des ressources pour vivre. Dans ce triste état de choses, il n'y avait donc dans les Gaules de vivres assurés et garantis que dans les environs des forts protégés par des hommes d'armes.

Jules-César, une fois maître des Gaules, s'est montré généreux : ce sentiment lui était inspiré par la haute estime qu'il avait de la valeur des Gaulois, et par le dévouement d'un grand nombre de leurs guerriers, qui s'étaient attachés à lui et à sa fortune, et auxquels il dut souvent la victoire. Avec de telles dispositions, il a fait aux Gaules tout le bien qu'il a pu leur faire : il y a ouvert de grandes voies militaires; il y a fait construire des ponts et des chaussées qui portent encore son nom. Pour arrêter les Barbares du Nord, qui venaient périodiquement ravager le midi des Gaules, il a organisé des colonies militaires sur la rive gauche du Rhin ; il envoyait dans les Gaules tous ceux de ses vétérans qui désiraient s'y fixer, et il favorisait d'ailleurs toutes les familles de Rome qui allaient s'y établir. Par ces moyens, il faisait apprendre aux Gaulois les divers modes de culture, et il les familiarisait encore avec le culte romain, auquel il attachait une plus prompte civilisation, en le rendant commun aux deux peuples. Cet ordre voulu par Jules - César n'est point une conjecture. Qu'il me suffise de dire que dans trois siècles il sera question des Gallo - Romains, en nombre immense, dans les invasions et les partages des Gaules.

César n'a jamais augmenté les impôts chez les Gaulois; il a conservé à chaque nation son sénat, ses coutumes et les assemblées des États. Il est trop juste de lui faire un mérite de sa tolérance pour le culte druidique ; et c'est en se conduisant ainsi qu'il a converti tant de Gaulois au culte de Rome.

Quoique absent, Jules-César était toujours plein de sollicitude pour le gouvernement des Gaules : c'est lui qui choisissait les chefs romains qui devaient y commander, et auxquels il donnait les instructions qui pouvaient le plus déterminer l'amour des Gaulois envers Rome ; les destitutions et les punitions qu'il a ordonnées contre des chefs exacteurs, manifestent cette pensée et sa justice. L'historien, au surplus, qui voudra bien juger de Jules-César, n'a qu'à lire ses Commentaires, pleins de franchise et de vérité ; qu'il les confronte même avec tous les écrits ultérieurs, et il sera convaincu de la haute sagesse et de la grande âme du vainqueur des Gaules. Qui pourrait en douter aujourd'hui ? Des Brutus même seraient forcés d'en faire l'aveu ; et si la voix du peuple doit être comptée pour la véracité de l'histoire, il faut la retrouver dans la vénération de vingt siècles, de la part des Gaulois et des Romains, pour le grand Jules-César.

Sa mort enfanta un triumvirat ; ce fut le

premier bienfait du trop fameux Brutus : immédiatement après, d'innombrables factions
désolèrent tous les peuples alliés ou soumis
à l'empire. Ce fut dans de telles circonstances que l'orateur romain fit entendre à la
tribune aux harangues ces paroles mémora-
bles, qu'en histoire il faut toujours reproduire ; car les applications en sont fréquentes, et surtout à l'Angleterre :

« Tous les peuples, disait Cicéron, gémis-
« sent ou se plaignent de Rome ; dans tous
« les Etats, on nous accuse de cupidité et
« d'offenses ; il n'est pas un seul lieu dans l'en-
« ceinte de l'Océan, quelqu'éloigné ou caché
« qu'il puisse être, qui ne soit frappé, à l'heure
« même où je vous parle, de l'insolence et de
« l'iniquité des agens de Rome (1). »

Ce fameux triumvirat eut bientôt le sort
de tous les pactes des hommes qui s'unissent
pour l'exercice du souverain pouvoir. Ainsi,

____

(1) *Lugent omnes , queruntur omnes populi ; regna denique jam omnia, de nostris cupiditatibus et injuriis ex pos-
tulant ; locus, intra Oceanum jam nullus est , nequè tam
longinquus neque tam reconditus, quo, non per hæc tem-
pora nostrorum hominum libido, iniquitasque pervaserit.*
(Cic., *de Verr.*)

dans l'ordre physique, si deux corps de force inégale se trouvent mus dans le même sens, le plus fort ou le plus dur heurte, écrase ou absorbe le faible : tel, dans le même concours formé par des humains, celui qui a le plus de force d'âme ou de génie écrase ou absorbe ses concurrens, et finit par s'arroger seul le souverain pouvoir.

CHAPITRE II.

Octave prend le nom d'*Auguste*. — Son voyage dans les Gaules. — Il y envoie colonies sur colonies. — Ses préventions contre les Gaulois. — Il fait une nouvelle division des Gaules. — Il en change les lois et opprime les peuples. — Il dépouille de leurs titres les nobles gaulois, qu'il réduit à travailler la terre. — Il régularise l'impôt foncier, et crée des impôts indirects. — Auguste ordonne un cadastre général. — Caractère de l'impôt foncier dans les Gaules, sous les Romains.

LEPIDUS, vaincu par Catulus, se réfugia en Sardaigne, où il mourut de chagrin et de misère. Une passion effrénée perdit Antoine; et la bataille d'Actium donna l'empire à Octave, qui peu de temps après changea son nom pour prendre celui d'Auguste. Ce changement de nom est une des choses les plus singulières qu'on trouve dans l'histoire des grands hommes; car le nouvel Auguste va se dépouiller entièrement du vieil Octave, et Rome elle-même en prendra quelque temps une robe toute nouvelle. Les historiens, les

poëtes et les peuples mêmes oublieront le
premier nom, ses taches, ses cruautés et son
ingratitude, pour offrir sans cesse à Auguste
les louanges les plus délicates, les hommages
les plus flatteurs, et de superbes monumens.
Il faut l'avouer, ils seront mérités; et le nom
d'Auguste aura la gloire de former une ère
toujours chère et mémorable dans les lettres
et les beaux-arts, et de devenir même le titre
que prendront, dans les siècles suivans, ses
successeurs, les rois et les princes de l'Europe.

La morale peut s'indigner de ces métamorphoses et de la versatilité de l'opinion; mais
la politique a aussi sa morale, qui commande
le respect et la reconnaissance envers ceux
qui, pouvant faire impunément du mal, ra-
chètent, dans tout le cours de leur vie, leur
première conduite par des qualités éminen-
tes, et surtout par des bienfaits publics : c'est
ainsi que le Ciel pardonne.

Auguste ne tarda pas à reconnaître, comme
César, qu'il importait à sa puissance et à celle
de l'empire qu'il fût le maître des Gaules.
Les Rhétiens s'étaient révoltés, et les Germains avaient passé le Rhin; il y envoya des
légions aguerries, et les insurgés rentrèrent
dans le devoir et l'obéissance.

La seconde année de son règne, Auguste se rendit dans les Gaules. Un de ses premiers soins fut de faire continuer les grandes voies de communication que César avait fait commencer, et d'en ouvrir de nouvelles. Lyon en fut le point central; car les Romains considéraient cette ville comme la capitale des Gaules (1).

Auguste en fit déterminer quatre principales : la première passait par les Cévennes, en se dirigeant vers la Saintonge et l'Aquitaine; la seconde vers le Rhin; la troisième vers la mer, en passant par Beauvais et Amiens; et la quatrième vers Narbonne et Marseille (2). On cite encore celle de la Tarentaise à Lyon, et de cette ville à Boulogne-sur-Mer. Il favorisa surtout la navigation des fleuves, et spécialement celle du Rhône et de la Saône.

Comme César, il envoya dans les Gaules plusieurs colonies de prisonniers, et même

---

(1) *Caput Galliarum.* (Amm. M.)

(2) *Vias aperuit, unam per Cemenos montes, ad Aquitanos et Sanctones; alteram ad Rhenum; tertiam ad Oceanum, per Bellovacos et Ambianos; quartam ad Narbonensem Galliam et ad littus Massiliense.* (Strab., l. 4.)

de vétérans ; mais ses motifs étaient loin d'être aussi purs et aussi généreux que ceux de son prédécesseur. Auguste avait pour les Gaulois une prévention fâcheuse ; il en craignait les entreprises ; et c'est pour les réprimer qu'il envoyait dans les Gaules des colonies et des vétérans, auxquels il attribuait des supériorités remarquables, que les magistrats et les légions devaient soutenir et garantir. Il voulait sans doute aussi faire prédominer le culte et les lois de Rome ; mais le fond de sa pensée était de mulcter et dompter entièrement les Gaulois, afin qu'ils ne fussent plus tentés de s'émanciper.

Ce fut moins sans doute encore pour la sûreté et la prospérité des Gaules qu'il fit fortifier plusieurs villes, et qu'il en fonda de nouvelles, que pour assurer la conquête de Rome et pour arrêter les excursions des peuples du Nord, qui dans ces temps ne s'armaient que pour faire du butin. Il manifesta cependant de la prédilection pour Lyon ; il en fit le chef-lieu d'une quatrième division territoriale, sous le titre de *Gaule lyonnaise*: elle s'étendait depuis la Haute-Loire jusqu'à l'Helvétie. La ville de Lyon en fut reconnaissante ; car l'an 752, dix ans avant J. C.,

soixante cités des Gaules concoururent pour
lui élever un temple au confluent de la Saône
et du Rhône (1).

Agrippa, grand homme de guerre et non
moins habile homme d'Etat, seconda très-
heureusement les desseins d'Auguste ; mais
il est juste de dire, à l'égard de ce Romain,
qu'il croyait travailler pour le bonheur et la
prospérité des Gaules. Il entreprit et fit exé-
cuter plusieurs grands travaux. La tradition
désigne encore les monumens auxquels s'attache le nom de ce vertueux Romain, et qui
fut assez grand et assez généreux pour préférer la gloire d'Auguste à la sienne, et le
bonheur public à tout autre intérêt.

Orléans était encore une des cités qui occupaient beaucoup le gouvernement de Rome;
mais sa position l'exposait périodiquement
à de grands débordemens de la Loire, qui
d'ailleurs menaçait d'envahir tout son territoire vers le sud, et d'y former un vaste marais dont les exhalaisons eussent été un foyer
de peste pour la ville. Agrippa conçut le double dessein d'assainir Orléans et de préserver

---

(1) *Aram ad confluentes Araris et Rhodani.*

la Sologne de toute inondation de la Loire.
C'est à lui qu'on doit cette jetée mémorable
qui a contenu le fleuve dans son lit. Il n'a
pas seulement garanti cette contrée basse et
argileuse de l'invasion de la Loire, et la ville
d'Orléans des émanations léthifères d'un vaste
marais ; il a conservé incontestablement à Orléans et aux autres cités inférieures, le bassin
navigable de la Loire, qui, sans cette jetée,
eût immanquablement changé de lit, et porté
ses eaux jusqu'au bassin du Cher. Voici un
de ces grands et utiles ouvrages que les Gaules
ont dû aux Romains, et duquel on garde à
peine le souvenir (1).

Nos érudits et nos voyageurs célèbrent,
avec une complaisance toute académique,
la première enceinte de Rome ; ils en décri-
vent de même le site et la nature du terrain et
du roc du Capitole ; mais nul historien, nul
homme d'Etat en France n'a daigné encore
faire remarquer cette grande et immense '

---

(1) Quels travaux, depuis la révolution, ont exécuté nos
ingénieurs, en nombre immense, et nos directeurs-généraux, tous étrangers à l'art et aux vues de l'Etat? On ne
peut encore citer que le canal de Briare, l'œuvre d'Henri IV,
et le canal du Languedoc, sous Louis XIV.

jetée, mille fois plus utile et mémorable que la muraille de la Chine. Les poëtes, de leur côté, ont célébré des rochers et des promontoires que des oracles ont rendu fameux ; et la lyre de ceux de la France a été muette pour ce grand et utile monument. Il est de toute évidence, encore aujourd'hui, que sans cette digue, la ville d'Orléans n'aurait jamais eu l'importance qu'elle s'est acquise dans la suite. Cette antique cité devait un monument à Agrippa ; il était encore plus mérité que celui de Jeanne-d'Arc.

Auguste n'est jamais revenu de sa prévention contre les Gaulois ; car dans toutes les occasions il réprimait toute espèce d'effort ou d'humbles représentations sur l'ordre administratif même. Il avait adopté la maxime qu'il répétait sans cesse, que les peuples conquis et vaincus devaient suivre les lois et les coutumes des Romains (1).

Les Gaulois avaient déjà pu faire la différence des dispositions d'Auguste avec celles de Jules-César : l'un tenait pour tous à une obéissance absolue ; l'autre désirait seule-

----

(1) *Omnes civitates debent sequi consuetudines urbis Romæ, cum sit caput orbis terrarum.*

ment donner aux peuples des Gaules les mœurs et l'esprit public des Romains, confondre les cultes, et ne faire qu'un seul et même peuple : celui-ci, par une politique réfléchie et par toutes ses institutions, ne s'occupait, au contraire, qu'à mettre en opposition les vaincus avec les vainqueurs ; celui-là, au contraire, grand homme d'Etat et bon observateur, avait fort bien jugé que la prospérité de l'empire dépendait essentiellement du bonheur et de la paix des Gaules : César, enfin, déjà trop bien instruit par les secousses que les besoins et les famines pouvaient instantanément causer à Rome et dans les Gaules, fondait toute prospérité publique sur celle même de l'agriculture, quand Auguste la considérait comme nos hommes du monde très-opulens, et pour lesquels, sans qu'ils s'en occupent, la terre chaque année doit se couvrir de moissons, ainsi que les forêts au printemps se couvrent de feuilles, et les prairies d'herbes et de fleurs.

Pour justifier ce premier aperçu, jetons un simple coup-d'œil sur la conduite d'Auguste dans le gouvernement des Gaules. Il commence par y abolir et défendre, sous les plus grandes peines, les assemblées gé-

nérales de chaque nation, qui se tenaient périodiquement pour l'administration de la justice, pour les élections, pour le maintien
des coutumes, et pour les affaires politiques.

S'il n'était pas déjà reconnu, par Tite-Live
et par Cicéron, que les Gaulois excellaient
dans l'art oratoire, nous en trouverions une
nouvelle preuve dans la correspondance de
Mécène avec Auguste, lorsque ce dernier
était dans les Gaules. Son ministre à Rome
lui écrivait : « Gardez-vous d'investir les Gaulois d'aucun pouvoir civil, et surtout de les
laisser parler en public (1). » Il l'avertissait
en même temps de se défier des philosophes,
car ils apportent avec eux des maux infinis (2). Si on ne reconnaît pas à ces deux
traits le caractère de Mécène, on doit du
moins reconnaître la puissance de la lyre des
grands poëtes, et convenir, avec Pindare,
qu'il n'y a qu'eux pour faire les renommées.

Auguste, cependant, tint les Etats des
Gaules à Narbonne ; mais cette province était

---

(1) *Neque usquam rei ullius potestatem habeat, neque
in concionem omninò....* (Dio. Cass., l. 52.)

(2) *Cavere, te jubeo, philosophos... infinita mala affe-
runt.* (Id., l. 4.)

déjà si romaine et par ses institutions et par les bienfaits dont Rome la comblait, qu'il n'avait rien à redouter des discours des Gaulois : César, plus confiant, avait tenu les Etats-généraux des nations à Paris.

Ce n'était point par amour pour l'agriculture qu'Auguste se plaisait à entendre les beaux vers de Virgile, et qu'on le vit recevoir publiquement, et avec tout l'éclat d'un protecteur, un seul pied de blé-froment que vint exprès lui offrir un intendant de Lybie, et qui contenait huit cents grains dans ses épis : mais, telles sont les destinées de ce monde, César était digne de l'ancienne Rome par son amour pour l'agriculture, qu'il n'a cessé de favoriser, du moins dans les Gaules, tandis qu'Auguste n'y attachait de prix que pour les tributs qu'elle rapportait au fisc. César, toujours grand, noble et généreux, l'honneur et l'appui de Rome et des Gaules, est mort assassiné ; et Auguste..., après avoir vécu long-temps revêtu du souverain pouvoir, après avoir joui des délices de la vie et de l'encens le plus suave qui se soit jamais exhalé pour aucun mortel, va passer doucement de cette vie dans l'autre, porté sur les ailes de l'immortalité.

Pour mieux rompre les anciennes relations de peuple à peuple, Auguste, dit Suétone, avait envoyé dans les Gaules non seulement des colonies du peuple romain, auxquelles il accorda des priviléges et toute supériorité sur les Gaulois, mais encore des colonies de peuples barbares qui, par leur nombre, leurs usages et leurs mœurs, mulctaient impunément les Gaulois. C'est pour la première fois qu'il est question, même dans l'histoire de Rome, des peuples sicambres sur les rives du Rhin : ainsi, le premier mouvement des Francs hors des rives de ce fleuve, aurait été donné par Auguste.

Comme César, il fortifia la ligne du Rhin par les Ubiens, dont il avait éprouvé la fidélité ; il plaça les Sicambres, originaires de la Germanie, dans le pays des Gurgeniens : les uns et les autres s'étaient engagés à repousser les Barbares qui viendraient pour franchir le fleuve (1). A ce titre, ils étaient protégés par les Romains.

Toujours à son système, Auguste changea

----

(1) *Ubios et Sicambros dedentes se, traduxit in Galliam, usquè in agris Rheno proximis, collocavit (...Ubii) experimento fidei... ut arcerent.* (Dio. Cass.)

la division territoriale et les ressorts de l'administration ; il multiplia les offices de préfets, de juges et de commandans militaires. En isolant ainsi les nations et les divisant par sections, il fit plus sûrement affermir sa domination. C'est, il semble, avec grande raison que Gibbon attribue à une telle politique l'asservissement des Gaules (1).

Poursuivant les Gaulois jusque dans l'ordre des familles et dans les alliances, Auguste rétracta les actes d'impatronisation qu'il avait d'abord accordés aux Gaulois, afin de les faire jouir des droits et faveurs accordés aux Romains. Il fit plus, il défendit aux Gaulois d'épouser des femmes romaines, et aux Romains d'épouser des femmes gauloises. Ne pouvant pas cependant empêcher les soldats romains de fréquenter ou de s'attacher aux femmes gauloises, il permit seulement un genre de mariage que réprouvaient les mœurs de Rome, et auquel la législation du temps donna le nom de *matrimonium :* il n'avait point d'effet civil ; dans l'opinion, ce n'était qu'un

____

(1) Notre révolution n'eût pas duré trois ans, si on n'eût pas fait de nos grandes provinces quatre-vingt-dix départemens.

concubinage. C'est en parlant d'un mariage de ce genre que Tacite dit de Messaline, que, voulant se signaler par l'excès de l'infamie, elle se fit donner le nom du *mariage* (1) *du soldat*. Ainsi donc, il n'y a rien de stable, même contre l'infamie, quand c'est l'opinion seule qui la détermine; car ce *matrimonium*, si déshonoré par les Romains, sera, dans quelques siècles, préféré et consacré par les lois civiles et religieuses de la chrétienté : il sera même le nœud des hyménées des empereurs, des rois, des hommes sanctifiés, des nobles et des esclaves.

Auguste ne se borna point à éliminer les Gaulois de l'ordre social des Romains, il voulut encore ôter à leurs nobles leurs titres et leurs rangs. Pour atteindre ce but, il ordonna des recensemens, dans lesquels il fit comprendre tant de Gaulois comme censitaires, que dans les états ou colonnes, ils furent presque tous désignés sous le titre commun de *glebæ adscripti*. Cette mesure infiniment outrageante exaspéra les esprits;

---

(1) *Nomen matrimonii concupivit, ob magnitudinem infamiæ, cujus apud prodigos, novissima voluptas est.* (Tac., l. 11.)

elle sera la cause de la grande révolte qui éclatera sous Tibère.

Il y avait cependant une tolérance mutuelle entre les Gaulois et les Romains pour l'exercice de leur culte respectif; il convient d'en faire la remarque, car bientôt les successeurs d'Auguste seront, sous ce rapport, des tyrans exécrables. On ne pourrait pas alléguer que le culte des Gaulois n'était pas encore bien connu, car Auguste lui-même, comme César, avait eu recours aux anathêmes des druides. Il convient encore de faire observer que les Gaulois ayant trouvé beaucoup d'analogie dans le culte romain avec le leur propre, s'étaient déjà décidés à élever des autels à Bacchus et à Jupiter : Varron du moins le rapporte ainsi.

Il y avait eu depuis César, et à l'occasion même des guerres des Romains, une révolution remarquable dans toutes les Gaules ; on s'était déterminé à se relâcher sur la tenue exclusive du territoire en pâturage vif pour les troupeaux ; il avait été arrêté, dans les assemblées générales, que chaque Gaulois en état de porter les armes, cultiverait la terre en céréales une année, et que l'année d'après il se tiendrait à l'armée. Cette résolution convenait à Auguste, parce que, d'une part, il en résultait des tributs pour le fisc romain, et parce que, de l'autre, il avait souvent besoin des Gaulois pour repousser les Barbares du Nord, accoutumés à venir faire du butin dans les plus riches contrées des Gaules.

Le besoin de cultiver le blé de la part des Gaulois, et le décret d'adscription, à la glèbe, lancé par Auguste, n'avaient cependant pas encore interverti l'usage général de la dépaissance des troupeaux sur les territoires; des chefs pasteurs les conduisaient par grandes masses; les familles les suivaient avec des chariots qui leur servaient d'abri; dans l'été, on s'arrêtait dans les plaines herbeuses et sur les plateaux des monts; dans l'hiver, auprès des bois et des marais : cet ordre était presque d'instinct, car il s'était généralisé sur le globe : ainsi les Méotides ont été à plus de cent lieues de rayon, et, nonobstant les différences des dominations, le point de réunion des troupeaux de la Chersonèse et de la partie limitrophe de l'Asie; ainsi, les marais Pontins ont été les quartiers d'hiver des troupeaux de l'Italie; ainsi, alors même que la France et l'Espagne étaient en guerre, les

chefs bergers des deux Etats passaient alternativement des monts de la France dans les
versans de l'Espagne : ainsi, la Bresse encore a reçu dans son bassin abrité et marécageux, les troupeaux de la Bourgogne ;
ainsi, dans les guerres maritimes entre les
rois du Nord et de l'Occident, les pêcheurs
de chaque nation vivaient en paix, et s'ai-
daient mutuellement.

Auguste se montra grand homme d'Etat
dans son système d'administration générale.
Le lecteur ne remarquera pas sans intérêt
que maintes mesures relatives aux impôts,
qu'on a pu croire d'invention moderne, re-
montent au-delà de l'ère chrétienne. Il avait
reconnu qu'on ne pouvait obtenir les tributs
de l'impôt foncier qu'en préposant des exacteurs qui exaspéraient presque tous les propriétaires. Il imagina de créer des impôts indirects, dont le produit devait être affecté au
service militaire ; il mit, entre autres, un droit
de vingtième sur les successions, d'un vingt-
cinquième sur le prix des *ventes* d'esclaves,
et d'un centième sur toute espèce de ventes.

Pour régulariser l'assiette et la perception
de l'impôt foncier, il ordonna un cadastre
général, sur lequel il convient de s'expli-

quer, afin de faire voir la différence énorme
et singulière du cadastre des Romains, avec
celui qu'ont imaginé nos Gaudin et nos Hen-
net pour composer celui de la France, le
plus extrême et le plus monstrueux que le
chef des démons du fisc ait jamais inventé.

Dans le cadastre des Romains tout est
simple, juste et facile; il fallait connaître
les noms des propriétaires et des voisins,
la nature de chaque terrain, l'étendue, les
tenans et les aboutissans; il fallait inscrire
les noms des ayant-droits pour posséder et
exploiter; il fallait enfin des officiers publics
pour vérifier les déclarations (1).

L'impôt foncier des Romains comportait
un caractère d'équité qu'il est toujours utile
de rappeler, celui des indictions, et d'après
lequel les rôles étant une fois faits, il n'était
plus permis d'y rien changer pendant dix-
neuf années : l'agriculteur alors pouvait du
moins, dans l'intervalle, améliorer, innover,
planter, édifier sans craindre de surtaxes.

Les censiteurs ou préposés au cadastre,
ne pouvaient rien exiger des propriétaires

---

(1) *Nomen civitatis, et in quá civitate, et quos vicinos
proximos, arvum, satum et quot jugerum.* (Dio. Cass.)

qui avaient éprouvé des désastres ou des intempéries (1).

Lecteurs, rapprochez maintenant ces dispositions de celles qui sont consignées dans le factum immense du ministère des finances, sur le cadastre parcellaire, et dont les commentaires, sous le titre d'*instructions*, forment le plus hardi imbroglio bursal qui soit jamais sorti d'un directoire de fermiers-généraux. Ce n'est plus le propriétaire qui déclare et instruit, c'est un géomètre étranger qui s'empare d'une section ; c'est un expert étranger qui évalue et classe chaque terrain et chaque culture : une fois saisis par le géomètre, classés par les experts, contrôlés par les agens, tous étrangers encore, les prés, les vignes, les bois, etc., restent incommutables ; et, quoique défrichés de fond en comble, ils doivent indéfiniment l'impôt sous la dénomination insérée au cadastre. Il en est ainsi des terrains et des édifices abandonnés ; en vain des fléaux détruisent les moissons, l'impôt n'en est pas moins perçu ; on promet seulement des remises qui n'arri-

---

(1) *Si agri portio chasmate perierit... si vites vel arbores aruerint, per censitorem debebit relevari.* (Dio. Cass.)

vent jamais, ou avec une telle exiguité, que des propriétaires ne s'occupent même pas d'en réclamer : ceci est un fait.

L'Assemblée constituante, plus juste et plus sage, avait adopté le mode simple des Romains; et il faut redire à sa gloire, qu'elle avait sagement simplifié l'assiette, la reconnaissance et les évaluations de l'impôt foncier, et qu'elle avait adressé ses instructions aux juges d'attributions les plus légitimes, aux conseils municipaux, qui, appelés à supporter en commun le mandement annuel pour leurs propriétés foncières, avaient intérêt de procéder avec une justice proportionnelle. Le comité des contributions de l'Assemblée constituante avait résumé lui-même avec la plus grande équité possible les portées de chaque mandement; il avait eu égard aux différences résultant des pays de taille réels, et des généralités administrées en pays d'État. Il faut convenir, si on veut être enfin juste, que les conseils municipaux de 1791 avaient très-sagement procédé : leurs matrices sont encore les plus justes, car on ne peut leur comparer celles du parcellaire, qui sont impraticables, parce qu'elles sont composées avec un arbitraire qui manifeste au plus haut degré la constante indifférence des législatifs de toutes les époques, depuis 1792 jusqu'en 1830.

J'ai dû faire ces observations, afin de préparer le jeune lecteur qui sera appelé à une session législative ou à de hautes fonctions administratives, à se prémunir contre le système excessivement injuste qui se suit en France relativement à l'impôt.

Indépendamment de l'impôt foncier, les Romains avaient encore ordonné celui qui concernait les personnes, et qui se payait par tête, ce qui l'a fait nommer *capitatio:* ce mode est en grande faveur dans l'Orient, à raison de sa facilité : il existait à Paris en 1789.

Il y avait chez les Romains, pour percevoir l'impôt, deux sortes d'agens; les uns étaient nommés par le sénat; leur exercice ne durait qu'un an : ceux-là, pressés de faire fortune, étaient en horreur par leurs exactions; les autres, nommés par l'empereur, et pour un temps indéfini, craignant de perdre leurs places s'ils prévariquaient, se conduisaient avec modération.

Chaque année l'empereur rendait compte au sénat de la perception des impôts; c'est

à cette occasion que Juste Lipse s'est écrié :
O laudabilem morem !

Le nom de l'impôt romain fut donné à
celui des Gaules, *tributum, vel frumentum de-
cumanum;* le clergé chrétien se l'appliquera,
sous le nom de *dîmes :* elles feront sa richesse, sa force et sa perte.

CHAPITRE III.

Auguste ordonne une nouvelle division du territoire des Gaules. Quels grains les Gaulois cultivaient. — Notice sur le seigle, l'avoine, le froment. — Mode des moissons. — Introduction de la chèvre dans les Gaules. — Il a imposé la législation des Romains aux Gaules. — Mort d'Auguste.

LA domination absolue d'Auguste dans les Gaules, les nouvelles divisions territoriales qui comportaient l'administration de la justice et toutes les relations civiles, les colonies des vétérans romains, les Barbares toujours prêts à obéir aux agens de Rome, et le nombre immense des Gaulois réduits à travailler la terre, ne tardèrent pas à causer une grande révolution dans les esprits; il fallut de la part des nobles gaulois se résigner à quitter les armes, pour diriger la charrue, se créer des habitations fixes, et renoncer successivement à la vie active et libre dans laquelle ils avaient été élevés, et dont la

déambulance faisait le charme de leur vie :
c'est à cette époque, à peu près, qu'a commencé l'agriculture proprement dite des
Gaules.

Le seigle paraît avoir été le premier grain
que les Gaulois aient cultivé généralement;
car pour eux aussi le blé-froment était trop
délicat sous l'influence des brouillards et de
certains vents : ce blé d'ailleurs, par sa substance propre, se prêtait moins bien que le
seigle aux préparations économiques des
familles, qui faisaient torréfier et piler le
seigle; tandis que le froment, à raison de sa
consistance, offrait plutôt un gluten qu'une
farine. L'auteur de l'*Histoire de France* avant
Clovis, fait mention d'un monument druidique trouvé en Bourgogne, et sur lequel on
voyait des épis de seigle.

Ce grain, en effet, est réputé indigène aux
Gaules. Il est de fait que les savans naturalistes grecs n'en ont jamais parlé; Pline d'ailleurs, fait l'honneur aux Allobroges d'avoir
les premiers soumis la culture du seigle à
une culture annuelle. Un tel grain, au surplus, qui a si long-temps servi de nourriture
aux peuples des Gaules, et qui est encore
en France d'une si grande ressource, mérite

qu'on le fasse ici connaître sous ses rapports substantiels et historiques ; il est très-remarquable, au surplus, que Caton, Varron et Columelle, qui ont écrit sur tout ce qui servait à nourrir les peuples de l'Europe occidentale, n'aient pas compris le seigle au nombre des grains qu'on pouvait soumettre à une culture profitable ; ils l'ont même réputé dangereux par ses effets alimentaires : Pline a été de cet avis, et j'en ai rappelé le texte latin.

Je suis très-porté à croire que notre seigle, tel qu'il est aujourd'hui, est le résultat de l'art de l'agriculture ; et que dans le principe, il n'a été qu'un gramen de la famille même de ceux qu'on nomme vulgairement *seglat*. Semé dans un sol fécond et bien cultivé en saison, et sous un aspect favorable, il a pu, d'année en année, acquérir plus de consistance, de volume, et devenir nourrissant. Cette opinion se fortifie par l'analogie des parties essentielles qu'on remarque dans le seigle et dans le gramen sauvage dit *seglat;* la végétation, en effet, les fanes, les nœuds, les feuilles et leurs teintes sont les mêmes ; l'ergot enfin, qui est une maladie exclusive au seigle, ne se montre que dans le seglat. L'expérience , au surplus, démontre que lorsqu'on néglige la culture du seigle, ses épis s'amoindrissent , et qu'il dégénère promptement. Il n'est donc pas étonnant que les Romains en voyant un grain aussi exigu et alongé , et d'un goût alors peut-être fort amer, l'aient jugé impropre ou nuisible dans la consommation; par suite de cette expérience, et jusqu'à un certain point fondés, ils ont dédaigné de comprendre le seigle parmi les tributs imposés aux Gaulois; mais c'est précisément à cause de ce dédain ou de cette méconnaissance, que la culture du seigle a pris dans toutes les Gaules une si grande extension; parce que les peuples, certains d'avance qu'on ne viendrait pas enlever ce grain, se sont toujours arrangés pour en avoir des provisions : telle a été la cause qui, sous le *maximum* de la terreur, a fait donner une si vaste impulsion à la culture des pommes de terre, parce qu'elles ne furent point comprises dans les réquisitions.

La première préparation du seigle s'est faite incontestablement par la torréfaction : c'était, sous tous les rapports, la meilleure; dans cet état, on le soumettait au pilon pour·

en faire une pâte qu'on délayait avec du lait, ou qu'on faisait cuire sur des brasiers ; mais, encore aujourd'hui, le seigle torréfié, mis en farine, supplée pour l'indigent, à la graine du café.

L'avoine est encore plus positivement indigène aux Gaulois; l'espèce sauvage y est partout. Les Gaulois l'ont également préférée aux autres grains, en ce qu'elle leur servait à faire de la bouillie, qui était leur mets par excellence : les riches y mettaient du miel, les pauvres la faisaient avec du sel et de l'eau.

Les Germains, presqu'en tout point semblables aux Gaulois, cultivaient beaucoup l'avoine pour faire leur bouillie. Une telle préparation était si générale, qu'on peut rigoureusement la considérer comme le *bromos* de l'Europe occidentale.

L'avoine, dans la suite, subira d'étranges révolutions, qui mériteront l'attention des philosophes et des physiologistes : le lecteur est prié d'en prendre note.

Les Gaulois, sans doute, comme les Romains, ont cultivé l'orge, avec laquelle ils faisaient la bière ; ils cultivaient, en outre, le panis et le millet, même avant que les Ro-

mains eussent mis le pied dans les Gaules.
César en a fait l'observation.

Le froment fut aussi cultivé dans les Gaules;
mais sa culture s'y est agrandie, à mesure
que le climat est devenu plus favorable. La
cause principale doit en être attribuée à la
destruction progressive des forêts, contre
lesquelles les Romains se sont toujours prononcés, tant ils craignaient les embuscades
des indigènes : ce n'est, au surplus, qu'en
détruisant toutes les forêts de la Grande-
Bretagne (1), qu'ils ont pu en soumettre les
peuples. Faisons observer, en passant, que
l'Angleterre, au temps de Jules-César, était
couverte de forêts. Tacite dit qu'Agricola fut

---

(1) Que ce fait désabuse donc nos amateurs sur leur engouement pour le sort agricole de l'Angleterre : il faut
voir en pitié de prétendus hommes d'Etat qui laissent
froidement vendre et défricher nos forêts. Qu'ils sachent
donc qu'au milieu du dix-huitième siècle, la Société royale
de Londres, d'accord avec le gouvernement, a délivré un
grand prix dont la médaille historique portait en exergue :
Pour avoir semé du gland. Je doute qu'on en fasse jamais
frapper une pour nos Villèle, Bouthillier, Favart de Lan-
glade, Beugnot, etc. Ce dernier, entre autres, s'étonnait
de voir encore du *fanatisme* pour le chêne : ce mot lui
plaisait beaucoup, et il le répétait sans cesse.

forcé d'employer les légions à détruire et incendier les forêts de cette île, pour en faire sortir les naturels du pays : *OEstuaria ac sylvas prœtentare.*

Galgacus, chef des Anglais, excitant à la révolte contre les Romains, disait aux siens : « Ils usent nos bras à détruire nos forêts, et ils nous outragent encore! » *Silvis emuniendis, verbera, inter contumelias, conterunt.* (Tac.)

La rouille a été long-temps le fléau habituel du blé-froment; il n'a d'abord prospéré que dans les plaines découvertes. Jules-César cite celles du Berri, du Beauvoisis et de l'Orléanais. N'est-il pas singulier que ces mêmes plaines soient encore celles où on cultive plus en grand et avec plus de succès le même blé-froment?

Les Romains ont porté dans les Gaules leurs modes pour faire la moisson; Pline a parlé d'une machine qui avait la forme d'un char, et qui, poussée à reculon par des bœufs, faisait tomber les épis dans le lit du char. Une pareille machine n'a jamais existé; elle est cependant toujours rappelée par des savans qui ne veulent que les fleurs de la science, et pour lesquels une chose merveilleuse, quoique absurde et impossible, a toujours

des attraits, tant on aime les choses nouvelles ou le vernis de l'érudition. Pline aussi
a cité cette machine, et c'est une preuve que
ce Romain était beaucoup plus occupé d'é-
crire, que d'observer on de vérifier : son
laisser - aller a fait beaucoup de tort à l'instruction de la jeunesse.

Quoique tous les troupeaux vécussent dans
les pâturages vifs, alors même que les Romains dominaient dans les Gaules, on y avait
adopté néanmoins l'usage de faucher des
prairies, pour avoir des fourrages en hiver.

C'est bien certainement aux Romains que
les Gaulois ont dû la culture des divers légumes; mais il a fallu bien du temps pour
faire perdre aux Gaulois l'habitude de vivre
de viande et de laitage : les plantes potagères
d'ailleurs, exigent des assaisonnemens qu'ils
ne pouvaient savoir, ni même trouver dans
leur économie. Il paraît certain pourtant
que les Arverniens et les Lémovices avaient
promptement adopté la culture des raves,
et les Sequaniens celle de l'ail et de l'oi-
gnon.

On pense généralement que c'est au milieu du règne d'Auguste que les Romains ont
introduit la chèvre dans les Gaules : fatal

présent, qui, sans faire beaucoup de bien, mettra des terrains immenses en déserts.

Le règne d'Auguste est l'époque où l'agriculture des Romains est devenue méthodique et plus prospère ; il suffit, pour en convaincre, de rappeler Virgile, Varius, Cicéron, Varron, Sénèque, Columelle, etc.

Tous ceux qui ont bien observé la marche de l'Histoire romaine, pourront facilement se convaincre que Rome, sans cesse orageuse, a dû faire émigrer un nombre considérable de Romains dans les Gaules. Il est tout naturel encore de présumer que ces Romains étaient des plus vertueux, car en s'éloignant du théâtre agité de Rome, ils étaient sûrs de trouver la paix dans les Gaules, et de s'y créer des propriétés qui ajoutaient au bonheur de leur vie. Pour se faire une juste idée de ces émigrations, rappelons qu'il n'y a pas une seule de nos provinces, une seule de nos villes, où l'on ne retrouve encore des monumens publics ou privés des Romains. On est donc bien fondé à penser que tous ces Romains, accoutumés à jouir des richesses et des charmes de l'agriculture, y auront apporté et fait exercer les préceptes et les modes agronomiques de l'Italie.

On sait encore que, du temps d'Auguste
même, de nombreuses colonies de peuples
étrangers, de l'Italie, de la Grèce et des côtes
d'Afrique, se sont fixées dans les Gaules; les
unes pour fuir la tyrannie de leurs rois, ou
de leurs intendans; les autres, pour cesser
d'être esclaves: on doit présumer également
que tous ces étrangers auront apporté dans
les Gaules des élémens nouveaux d'industrie
et des semences de leurs climats respectifs.
Ces colonies nous expliquent les causes de
tant de différences extrêmes dans les usages,
la langue et les mœurs de certaines localités,
et pourquoi, dans certains lieux, on s'est livré à des arts ou métiers inusités dans les
cantons circonvoisins.

Auguste, il n'est que trop vrai, a étendu
un sceptre de fer sur toutes les Gaules; c'est
lui qui a jeté les premiers germes des révoltes
qui y éclateront sous son successeur immédiat; il a fait du bien sans doute aux Gaules,
mais sans l'avoir prémédité. Ainsi, par exemple, il a ouvert des communications qui ont
donné plus de mouvement aux relations du
commerce; il a fait introniser la législation
romaine; il a donné à l'assiette et à la levée
de l'impôt un ordre juste et régulier; il a fa-

vorisé l'impôt foncier, en créant des impôts indirects; il a laissé parvenir dans les Gaules d'immenses capitaux par l'affluence des familles romaines, qui préféraient une vie tranquille à celle de Rome; mais combien le sort des Gaulois va changer encore, ou plutôt s'aggraver sous les successeurs immédiats d'Auguste! Je vais tâcher, en rappelant les règnes de chacun, de faire observer les influences spéciales de leurs dominations respectives sur les Gaules; elles font, d'ailleurs, une partie essentielle de l'agriculture de l'empire.

Je pourrais terminer ici l'*Histoire de l'agriculture des Romains,* car elle occupera fort peu leur gouvernement ultérieur, ou plutôt elle ne fera que décroître sous l'empire des Césars, et la décadence de l'empire marchera d'un pas égal avec celle de l'agriculture; mais l'ordre chronologique pour certaines époques et la méthode, me commandent de donner au moins au simple trait la partie historique de chaque règne; je ne m'en occuperai néanmoins que sous les rapports de leurs influences sur le sort des Gaules et sur l'agriculture de l'empire; ce sont là des matériaux qui n'ont pas occupé les historiens, et ils n'en auront que plus de prix pour ceux qui veulent dans l'histoire d'autres choses que de la politique, des révolutions, des guerres et des batailles : ce sera, si l'on veut, une autre histoire romaine.

Dans quel livre d'histoire, en effet, trouvera-t-on les origines et les élémens des choses qui composent l'agriculture et l'administration générale des peuples et des biens-fonds? Il a donc été nécessaire, pour ce genre d'histoire, de parcourir rapidement et de rappeler les évènemens et les révolutions qui s'y rapportent. Ainsi, par exemple, Alexandre-Sévère nous donne la première époque du vaste et fatal système féodal qui va peser sur toute l'Europe occidentale. Claude institue les premières foires qui donnent naissance au commerce, et il est le premier qui organise les grandes opérations des desséchemens; Domitien, dans une disette, fait arracher la moitié des vignes en Italie et dans les Gaules, et c'est Probus qui levera cette absurde interdiction; Adrien ordonne un recensement général; Antonin diminue les impôts dans les Gaules; Marc - Aurèle règle l'ordre des successions et l'état civil; Pertinax fait délivrer les terres vaines et vagues à ceux qui les défricheront; c'est au règne de Gordien que se rapporte la première apparition des Francs; Aurélien protége les Gaules; Dioclétien fait exterminer les bagaudes; Constantin favorise les chrétiens, et porte le siége de l'empire à Bysance; Julien gouverne sagement les Gaules et l'empire. Une telle revue était évidemment indispensable, pour donner d'avance de justes indications aux révolutions qui vont se préparer dans l'empire et dans les Gaules.

Je fais observer, en outre, à ceux qui prennent un véritable intérêt à cet ouvrage, que par ce moyen je ferai ressortir de l'édifice même de l'empire de Rome de nombreuses pierres d'attente, auxquelles je rattacherai celui même que je me propose d'élever en l'honneur de l'agriculture de la France, qui a reçu ses plus grandes impulsions de la part des Romains; c'est le seul moyen enfin de bien connaître les acclimatemens et les origines d'une foule de choses qu'on retrouve encore dans notre législation, dans nos usages et dans l'exercice-pratique de la culture des champs.

CHAPITRE IV.

Le règne de Tibère. — Il accable d'impôts les Gaules. — Ses cruautés envers les druides. — Révolte des Gaulois contre les Romains. — Tibère propose de mettre Jésus-Christ au nombre des dieux. — Il envoie sur la rive gauche du Rhin une colonie de quarante mille prisonniers.

AUGUSTE mourut l'an 14 de Jésus-Christ. Tibère lui succéda : ce prince avait déjà montré des qualités estimables, et même des vertus qui annonçaient de la modération et du courage dans le péril; mais à peine eut-il bu dans la coupe du pouvoir, qu'on le vit s'énivrer, au point d'être cruel et dépravé. L'Italie fut le théâtre de ses débauches, et les Gaules celui de sa tyrannie; il y accabla les peuples d'impôts arbitraires; les agens du fisc pouvaient y faire toutes sortes de vexations; les proconsuls, et tous les soldats d'autre part, mulctaient, dépouillaient

et frappaient les Gaulois comme de vils esclaves.

Les premiers rapports qui furent faits à
Tibère sur les druides l'offusquèrent; il les
fit persécuter avec l'acharnement d'un tyran
consommé; croyant proclamer au monde
son humanité, il fit mettre en croix tous ceux
des druides qui, par leurs fonctions, parti-
cipaient au culte des sacrifices humains : il
ignorait, ou il ne voulut pas se ressouvenir,
que déjà le sénat avait absous les Gaulois de
ce genre d'accusation.

Les Gaulois, indignés du mépris du prince,
des exactions des agens du fisc et de l'insolence des soldats romains, conjurèrent pour
rompre leurs fers et pour exterminer leurs
oppresseurs immédiats : une circonstance,
dans la famille de Tibère, hâta la révolte.
Germanicus, neveu d'Auguste, celui qui
pour sa gloire a eu le bonheur d'avoir Tacite
pour historien, venait de mourir, ou plutôt
de périr par le poison. Sa mort irrita les soldats, qui le chérissaient; mais cette irrita-
tion fut plus grande dans les Gaules. Les
légions du Rhin, qui avaient su apprécier
Germanicus, et auxquelles peut-être on avait
appris la cause de sa mort, hésitèrent long-

temps à prêter foi et obéissance à Tibère; il ne fallut rien moins qu'une révolte générale des Gaulois pour décider ces légions en faveur de Tibère.

Julius Florus et Sacrovir levèrent l'étendard de la révolte. Le premier se mit à la tête des Belges, qui se levèrent en masse ; le second forma son armée chez les Eduens, auxquels se joignirent les Arverniens, les Boïens, les Tourangeaux, les Manceaux, etc.

Tibère, digne satrape, n'en quitta ni son palais ni ses habitudes; il se contenta d'envoyer des chefs expérimentés pour soumettre les révoltés.

Le génie de Rome, encore dans toute sa vigueur et son éclat, grâce au grand César, anima d'un feu nouveau les légions et leurs chefs, pour soutenir la gloire du nom romain.

Florus fut le premier vaincu. Sacrovir tint plus long-temps ; mais pour le vaincre, les Romains employèrent toutes sortes de subterfuges et de perfidies ; ils ne marchaient qu'entourés d'espions et d'agens corrompus à force d'argent. Tantôt le moindre engagement d'avant-garde était signalé comme une victoire décisive ; tantôt ils faisaient annon-

cer de nouvelles légions qui n'existaient pas,
dont ils nommaient les commandans : dans le
même temps, ils faisaient corrompre les magistrats des cités ; et pour les ébranler, ils
donnaient l'alternative ou de voir incessamment leur ville livrée au sac et au pillage, ou
de se faire les alliés et les amis du peuple romain. Ils disaient aux chefs et aux soldats :
« Abandonnez le parti du révolté, vous conserverez votre butin, et, rendus au camp romain, vous y recevrez de l'argent, des biensfonds et des femmes. » *Conjuges, agros et sestertios.*

Pendant toutes ces menées, dont les moyens
et les ressorts étaient inconnus aux Gaulois,
qui ne savaient ni lire ni écrire dans la langue
des Romains, et qui ne savaient qu'être braves et combattre, les Gaulois se trouvèrent
surpris dans une embûche ; ils y furent taillés
en pièces.

Vitellius-Varron, déjà sûr d'Autun, poursuivit sa victoire, et ne laissa point de répit
à Sacrovir. Sur ces entrefaites, on fit savoir
à ce dernier qu'il ne pouvait plus compter
sur le secours de Florus, qui avait été vaincu.
Dans ce péril extrême, Sacrovir ne s'occupa
plus qu'à éviter le combat et à tâcher d'en-

trer dans Autun, sa cité et sa patrie. Il arriva
enfin aux portes de la capitale des Eduens,
mais il les trouva fermées ; les magistrats s'é-
taient rendus ou vendus aux Romains. Indigné, Sacrovir se rendit avec quelques braves
à sa maison de campagne ; et là, pour n'être
pas le jouet des Romains dans un triomphe,
il mit le feu à sa demeure, et périt ainsi avec
ses braves et fidèles compagnons. Si ce trait
eût appartenu aux Grecs ou à des Romains,
les poëtes et les historiens l'auraient célébré ; mais en France ils n'ont de voix que
pour traiter les Gaulois de Barbares, et pour
en désavouer l'antique lignée.

Ce fut la dix-huitième année de Tibère que
Jésus-Christ fut mis en croix. Voici ce qu'en
a dit Tacite :

*Autor nominis ejus Christus, Tiberio imperi-
tante per procuratorem Pontium Pilatum, sup-
plicio affectus erat ; repressaque in præsens exi-
tiabilis superstitio, rursus erumpebat, non modò
per Judæam ejus mali, sed per orbem etiam,
quo cuncta undique atrocia aut pudenda con-
fluunt..... Odio humani generis convicti sunt ;
undè, quamquam adversus sontes et novissima
exempla meritos, miseratio oriebatur.* (TAC.)

On a dit que Tibère avait proposé au sénat

de mettre Jésus-Christ au nombre des dieux ; mais s'il eût fait réellement une telle proposition, il n'aurait pas laissé, comme il l'a fait, les chrétiens en butte à la populace de Rome.

Doit-on faire honneur à Tibère d'une mesure politique qui, en définitive, a été utile aux Gaules et même à l'empire ? Quoi qu'il en soit, c'est sous son règne qu'on a envoyé sur la rive gauche du Rhin environ quarante mille prisonniers de toutes nations, auxquels on donna des terres et des femmes, pour les fixer et pour y faire créer une nouvelle patrie ; car il faut savoir que tous les ans les Germains, les Suèves et autres peuples du Nord faisaient des excursions et des ravages dans le centre et le sud des Gaules. On prétend même que, parmi ces derniers, il y avait des Sicambres, auxquels se rattachera l'histoire des Francs : mais cette mesure n'a-t-elle pas été aussi une première cause de la décadence de l'empire ?

Tibère eut le sort des tyrans ; il fut empoisonné. Sa fin tardant trop à venir, son digne successeur l'étrangla de ses propres mains. Sa mort fut regardée dans tout l'empire comme une faveur du Ciel : le peuple romain manifesta une joie excessive à l'avènement de Ca-

ligula; le sénat, plus flatteur que le peuple
encore, décréta d'enthousiasme qu'on célé-
brerait l'époque du règne du nouvel empereur le jour même de la fête de Palès.

CHAPITRE V.

Le règne de Caligula déshonore les Romains, et il est le tyran des
Gaulois. — Son voyage dans les Gaules. — Il fait exterminer les
druides. — Il force de jeunes Gaulois à lui faire des discours. —
Il suppose des combats pour se donner un triomphe. — Il aime
les esclaves contre leurs maîtres. — Il est le fléau des sciences et
des arts.

ENIVRÉ de l'encens qu'il recevait de toutes
parts, Caligula ne songea qu'à donner un
libre cours à ses penchans et à ses passions.
Il se faisait un jeu de fouler aux pieds les lois
les plus sacrées, et de prodiguer des injures
aux mœurs et à la religion. Le peuple et le
sénat applaudissaient à l'envi à ses actes de
démence et d'impiété. Pour exprimer enfin
tout Caligula par un seul trait, il voulut qu'on
le regardât comme un dieu, et que son cheval fût consul. Mais laissons cet insensé à son
théâtre de Rome, et n'en parlons ici que relativement aux Gaules.

Caligula en fit le voyage l'an 40 de Jésus-

Christ. Il résida quelque temps à Lyon, où il fit discourir des orateurs gaulois, et ordonna des punitions aussi atroces que bizarres à ceux qu'il jugeait vaincus.

Dans tout le cours de son voyage, les riches furent l'objet constant de ses cruautés et de ses proscriptions. Il les faisait enquêter par des agens intéressés à les signaler; et si on ne comparaissait pas, il confisquait les biens. Il appelait ce mode pour amasser de l'or, le bréviaire de l'empire, *breviarium imperii* (le casuel).

Les druides aussi furent en butte à ses persécutions : il fit arrêter tous ceux qu'on put lui trouver, et abattre tous leurs bois sacrés.

Lâche et pusillanime, il se plaisait à simuler des combats; puis il annonçait de grandes victoires à Rome, pour lesquelles il voulait un triomphe. Pour y faire ajouter foi, il fit habiller de malheureux Gaulois comme les Germains du Rhin; et afin de mieux convaincre sur les réalités, ils devaient, d'intervalle en intervalle, articuler des mots barbares. Il avait fait choisir exprès les hommes de la plus grande taille, auxquels il avait fait peindre les cheveux en roux. Tel était cependant le chef qui tenait les valeureux Gaulois dans l'asservissement, et les Romains dans l'abjection de la servitude !

Caligula mit le comble à la désolation des Gaules en y faisant armer, pour arrêter quelque sédition, les esclaves contre leurs maîtres : c'était le plus grand mal qu'il pouvait faire, que de révéler à la classe la plus nombreuse et la plus terrible, le secret de sa force, et qui, dirigée par des factieux habiles, trouble toujours la société dans ses fondemens. Ce premier soulèvement fera surgir et s'armer les Bagaudes, qui répandront tant de sang en pure perte pour la liberté.

Caligula ne bornait pas ses investigations aux gens riches ; ceux qui cultivaient les sciences et les lettres l'importunaient. Il exila ou fit périr des philosophes ; il n'épargna pas même Græcinus, père d'Agricola, qui avait composé deux livres sur la culture de la vigne.

Après un règne de trois ans et quelques mois, l'épée de Cherœa trancha le fil des jours du féroce et insensé Caligula.

~~~~~~

CHAPITRE VI.

Circonstances de l'avènement de Claude à l'empire — Dans son voyage dans les Gaules, il livre les druides aux supplices. — Son règne est l'époque des grandes foires dans les Gaules. — Ses mesures pour approvisionner Rome en blés. — Il favorise les grands desséchemens. — Premier essor des chrétiens.

———♦———

Le règne de Claude, successeur de Caligula, est un de ces évènemens qui démontrent qu'il y aurait plus de chances de bonheur et de sagesse à prendre au hasard pour chef un citoyen quelconque, auquel on imposerait préalablement les lois d'Etat et de gouvernement, que de s'exposer aux conditions de la naissance, aux vices et aux passions des hommes qu'on arme du sceptre : prouvons-le du moins par l'avènement de Claude au trône des Césars.

Disgracié par la nature et avili par sa propre famille, Claude était devenu un objet de honte et de dérision publique; sa mère même
~~~~~~

ne lui adressait jamais la parole : elle l'appelait un monstre à figure humaine, *portentum hominis.* Abandonné à lui-même, il était devenu ivrogne et crapuleux, et il ne passait ses jours qu'avec des hommes qui partageaient ses goûts ou qui profitaient de sa stupidité. C'est un tel être que des soldats prétoriens épouvantent ; il fuit, et va se cacher dans un coin obscur : un des gardes l'y découvre, le fait sortir, et le salue empereur ; les autres soldats l'imitent ; et le peuple romain, comme un écho, le proclame empereur.

Claude n'a connu les Gaules que pour les avoir traversées, lorsqu'il eut la fantaisie d'aller voir la Grande - Bretagne. Il fut aussi terrible que Caligula contre les druides, dont il proscrivit le culte (1).

Il est juste de rapporter à son règne l'établissement de plusieurs grandes foires dans les Gaules ; elles y seront long-temps, jusqu'au quinzième siècle, le seul mobile du commerce. Cet établissement fut un grand bienfait ; car, faciliter la vente des denrées et

____

(1) *Druidarum religionem diræ immanitatis abolevit.* ,Suét.)

des productions de l'industrie, c'est créer à
la fois des champs et des ateliers.

Rome était devenue un véritable foyer ré-
volutionnaire, par l'anarchie qui y régnait;
les gens sans aveu, les brigands, les étrangers y affluaient de toutes parts; et dans cet
état de choses, le sénat, ne songeant qu'à lui,
avait à sa solde et à ses ordres des foules de
cliens pour le défendre, si on venait l'attaquer, ce qui arrivait souvent; tant les vrais
Romains étaient indignés de tout ce qui s'y
passait!

Il n'était pas arrivé une seule fois au sénat
de faire même des représentations sur les
extravagances de Claude; le peuple, moins
flatteur que lui, s'irrita contre l'empereur.
Un jour qu'il allait au Capitole, il fut assailli
à coups de petits pains; ses licteurs n'osèrent
prendre sa défense. Effrayé de cette audace,
il convoqua aussitôt un conseil près de lui :
il y fut arrêté que désormais les négocians
seraient spécialement chargés d'approvisionner Rome en blés : on leur accorda des pri-
mes et des priviléges, et ils furent garantis
pour les pertes qui résulteraient d'une force
majeure; les bénéfices furent proportionnés
aux quantités importées.

Si l'histoire servait à quelque chose, le ministère en France n'eût pas donné le scandale, en 1817, sous le ministère Lainé, d'une dépense de soixante millions, *dirigée* par lui, et d'une disette éminemment factice qu'il a laissé s'organiser, et, il faut bien le dire, sans qu'il s'en soit douté.

Le règne de Claude est encore l'époque d'un bon système administratif pour les desséchemens. Selon les localités ou la valeur du sol, on accordait aux entrepreneurs tout ou partie des terrains desséchés. C'est ainsi que les Ripuaires et les Bataves leurs fils s'y sont pris pour faire sortir des terrains fertiles de plages marécageuses, et sur lesquelles l'Europe admire depuis dix siècles de nombreux troupeaux.

Cependant les chrétiens commencèrent à s'agiter à Rome : ils comptaient sur l'impunité sous un prince comme Claude ; mais ils furent chassés de Rome (1).

Claude mourut empoisonné ; on en accusa

----

(1) *Judæos, autore Christo, assiduè tumultuantes Româ expulsit.* (Oros., l. 7.)

Impulsore Christo judæos Româ expulit. (Suét.)

Agrippine : aucun crime déjà n'étonne plus dans la famille des Césars.

Il était presque dans l'ordre des destins qu'un empereur sage et humain succédât aux Tibère, aux Caligula et aux Claude : il ne fallait, de la part du nouvel empereur, que les simples ressouvenirs des impressions de terreur et de mépris manifestées dans le public envers ses prédécesseurs, pour se décider à tenir une autre conduite ; Rome un instant en conçut l'espérance.

CHAPITRE VII.

Néron s'annonce par des actes de clémence et de justice. — Son goût pour la poésie et la musique le jette dans une sorte de délire. — Il persécute les chrétiens. — Son libertinage en fait un homme insensé, stupide et cruel. — Les Gaules se révoltent; Néron n'est sensible qu'aux reproches qu'on lui fait qu'il n'est qu'un ridicule musicien. — Il signale sa haine envers les Gaulois. — Il accueille avec pompe un intendant qui lui apporte une touffe d'épis de blés provenus d'un seul grain.

NÉRON avait été élevé loin de la cour, et par une tante vertueuse; Claude l'avait adopté à l'âge de douze ans. Ce jeune prince ne savait quel titre il était appelé à porter; il avait même connu le malheur; le sage Sénèque avait été son instituteur : un règne ne pouvait s'annoncer sous de meilleurs auspices.

A son avènement, Néron déclara solennellement qu'il voulait prendre pour modèle Auguste son aïeul, et il fit presque immédiatement des actes de clémence et d'équité. Il aimait et cultivait la poésie; mais pour le malheur de Rome, je devrais dire pour celui du monde, il lui prit un fol amour de musique qui le jeta, de jour en jour, dans des extases de délire et de cruauté.

Si Néron n'avait pas eu en lui tous les germes de la perversité, la basse flatterie les eût bientôt fait naître et développer : elle fut telle que les premiers de Rome, qui étaient peut-être indifférens pour les vers de Virgile, se réunirent pour faire graver en lettres d'or, au Capitole, des vers de Néron.

Les chrétiens furent vivement persécutés sous son règne (1). Tacite a confirmé ces persécutions (2). On veut même qu'à cette époque saint Pierre et saint Paul aient perdu la vie (3).

Néron ne gardait plus de mesure ni dans sa vie privée ni dans ses fonctions : on le vit se faire saltimbanque, comédien et joueur

---

(1) *Afflicti suppliciis christiani, genus hominum superstitionis novæ ac maleficæ* (Suét.)

(2) *Ergo abolendo rumori Nero subdidit reos et quæsitissimis pœnis adfecit quos per flagitia invisos vulgus christianos appelabat.* (Tac.)

(3) Ce n'est pas à Rome, du moins ; car ils n'y sont jamais venus.

d'instrumens. Son libertinage, d'ailleurs, fut sans frein comme sans bornes; sa mère, sa propre mère fut l'objet de sa concupiscence. Las de trouver des femmes obséquieuses, il épousa publiquement un beau jeune homme; il s'éprit ensuite pour un singe, auquel il prodigua des honneurs et des dotations.

Il se plaisait à faire attacher ensemble un couple de l'un et de l'autre sexe, et dont il venait jouir, déguisé en sauvage. Il empoisonna son frère ; il fit tuer sa mère; il se maria, fit divorce, et se remaria. Cruel par plaisir, il ne pouvait résister à une occasion nouvelle de signaler des forfaits inouis : ainsi, il fit mettre à mort des enfans qui répétaient des exercices militaires sur les places publiques ; il fit mettre le feu à la ville de Rome, afin de jouir du spectacle d'un grand incendie.

Quand le sénat et les Romains supportaient lâchement tant d'extravagances, un Gaulois brave et généreux, le célèbre Vindex, entreprenait de sauver les Gaules. Il signala Néron comme un insensé qui ne s'occupait, disait-il, que de musique, de danses, de proscriptions et d'assassinats.

A l'annonce de cette nouvelle, Néron entra en fureur. Ce n'était point à cause des dangers ou des désastres de la guerre, mais pour se venger de l'audace du chef gaulois, qui, dans ses proclamations, le traitait de *ridicule musicien.* Dans son premier mouvement, il ordonna de livrer les Gaules au pillage et d'exterminer tous les Gaulois : un instant après ce grand mouvement de colère, il reprit froidement le cours de ses débauches et de ses parties de théâtre.

Cependant Vindex avançait à la tête d'une grande armée. La nouvelle en fut donnée à Néron avec des circonstances si alarmantes, qu'il annonça vouloir aller lui-même se mettre à la tête des légions : il ordonna les préparatifs du départ ; mais ce qui l'occupa le plus fut le transport de ses harpes, de ses instrumens, de ses comédiens et de ses chanteuses.

Dans ces entrefaites, Vindex vint à mourir, et Néron ne songea plus à sa vengeance personnelle.

Tacite dit qu'il fut question, dans ces temps, d'ouvrir un canal de la Moselle à la Saône, mais que ce projet ne fut pas mis à exécution, parce qu'on craignit à Rome que Néron n'en prît de l'ombrage, en favorisant ainsi les Gaulois.

La famine alors désolait Rome : les courtisans de Néron crurent lui attirer les bonnes grâces du peuple, en lui faisant recevoir avec pompe une touffe d'épis prodigieux remplis de grains, tous provenant d'un seul pied. Cette circonstance flatta beaucoup Néron, en ce que depuis plusieurs jours on attendait le convoi d'Afrique, et qu'il n'y avait plus que deux à trois distributions à faire. Dévoré de crainte et de désespoir, il avait été sur le point de s'empoisonner, pour n'être pas le jouet de la populace de Rome.

Tous les jours Néron mettait le comble à ses forfaits et à ses turpitudes : le sénat, cette fois, fit cause commune avec le peuple; et de part et d'autre on s'occupa de délivrer Rome d'un monstre qui l'opprimait et la déshonorait. Dans cette entente commune, le palais impérial devenait désert; à la foule ordinaire des courtisans succédait une solitude effrayante. Abandonné de tous, Néron ne se dissimula plus le sort qui l'attendait, et il semblait vouloir mettre fin à ses jours; cependant, il voulut encore essayer d'un moyen pour fléchir la colère publique : il se revêtit d'une longue robe de deuil, mais il ne put se décider à paraître ainsi devant le public; il préféra s'enfuir. Il ne savait où trouver un asile ; un seul affranchi consentit à lui en donner un; mais il fallait aller à quatre milles de Rome; Néron l'accepta : il partit déguisé, la nuit et à pied. Chemin faisant, il est dévoré de soif; il ne trouve que de l'eau croupie, et il en boit. Exténué, accablé, il invoque à tout instant une main pour lui ôter la vie, et il n'en trouve pas; il se donne enfin la mort. Ses dernières paroles furent de plaindre les Romains d'avoir méconnu le plus grand musicien du monde.

CHAPITRE VIII.

Règne de Galba. — Il fut cher aux Gaulois. — Othon et Vitelliu-
lui succèdent. — Vitellius vit dans l'abrutissement, et se plaît
à exercer des cruautés. — Il prend en aversion les astrologues,
et fait périr ceux qu'on lui désigne. — Sort qu'il subit lui-
même sous la fureur populaire.

GALBA, qui avait été gouverneur de l'A-
quitaine, succéda à Néron; il n'était cependant pas de la famille des Césars : pour y
suppléer, on fit afficher une généalogie d'a-
près laquelle il descendait de Jupiter; celle-
là, du moins, était la plus sûre.

L'avènement de Galba plut beaucoup aux
Gaules; il y était aimé, parce qu'il les avait
souvent défendues contre les Barbares : l'A-
quitaine particulièrement lui était très-dé-
vouée. Le sceptre changea presqu'aussitôt
son caractère; il devint avare et cruel. Son
règne fut de courte durée; il fut assassiné.

Othon parut un instant sur le trône des
Césars, où il fut réduit à se tuer.

Vitellius lui succéda; les légions le proclamèrent à l'envi. Il annonça d'abord des principes de justice et de la modération ; il fit
punir les assassins d'Othon et de Galba :
mais le vice luxuriel de la gourmandise le
domina et l'occupa tellement, qu'un an après
son élévation il semblait n'être appelé à régner que pour exercer son appétit dans les
festins. Les légions faisaient ce qu'elles vou-
laient; le pillage et le meurtre étaient impu-
nis ; et Vitellius, qui avait montré quelque
sentiment de pudeur pour la mémoire de ses
prédécesseurs, finit par rendre grâces aux
dieux de ce qu'on leur avait ôté la vie.

Ses dépenses de table furent excéssives; il
en épuisait le trésor. Cette vie le jeta dans un
tel état d'abrutissement, qu'il était à la fois.
machinalement cruel ou pusillanime, colère
ou clément. Il avait imaginé d'inviter des convives qu'il faisait empoisonner, afin d'avoir
le plaisir d'en considérer les effets et les tourmens. Il avait pris les astrologues en aversion ; il fit tuer tous ceux qu'on put lui dé-
couvrir. Sa vie, en un mot, était un tissu
d'horreurs, de bassesses, et de la plus bru-
tale stupidité.

Vespasien, déjà puissant par ses victoires

dans l'Orient, et qui savait dans quelle abjection Vitellius vivait, conçut le dessein de devenir empereur. Vitellius ayant appris que Vespasien marchait sur Rome, lui envoya d'abord des messages, afin de s'entendre avec lui ; le refus prononcé de Vespasien le détermina à abdiquer. Cependant les soldats prétoriens, informés de son abdication, lui reprochèrent vivement sa faiblesse et l'injure qui en retombait sur eux. Vitellius se croyant fort du dévouement des cohortes de Rome, devint tout à coup orgueilleux et cruel, et au point de faire mettre à mort le frère même de Vespasien, qui venait de lui sauver la vie.

Vespasien, indigné, hâta sa marche ; Vitellius prit la fuite : comme Néron, fidèle à sa manie, il ne voulut partir qu'avec ses cuisiniers. A un mille du palais, il rencontre des soldats qui le rassurent : il veut y rentrer ; mais déjà les gardes et les esclaves en étaient sortis : partout, sur ses pas, il ne trouve qu'une morne solitude. Consterné, il prend de l'or, et cherche à se cacher pour attendre la nuit : il s'enfonce dans une loge gardée par un chien ; ce gardien même le trahit ; il fut presqu'aussitôt découvert. On le tire de force

de cette loge, et on le traîne ignominieuse-
ment la corde au cou ; la populace le couvrit
de boue : la soldatesque en fit son jouet ; enfin, il fut mis à mort. On se disputa ses res-
tes, qui furent jetés une partie dans les Gé-
monies, et l'autre dans le Tibre. Ce règne a
été un des plus calamiteux pour les Gaules,
par l'impunité des exacteurs et des meur-
triers.

CHAPITRE IX.

Vespasien ; circonstances de son avènement. — Les Gaules refusent de le reconnaître empereur. — Le brave Civilis est à la tête des Gaulois, qui veulent secouer le joug romain. — Vespasien était un despote cruel et dépravé. — Il persécutait stupidement la philosophie.

VESPASIEN avait déjà été proclamé par ses cohortes ; ses nouvelles victoires sur les Juifs lui donnaient un droit de circonstance à l'empire ; des rois alliés l'avaient même déjà reconnu : mais il était d'une famille obscure, et il fallait, sur ce point, satisfaire le sénat *et le peuple.* Sa généalogie l'eût mal servi ; il eut recours aux présages, et même aux miracles.

Il fit publier qu'à son approche de Rome, deux aigles s'étaient battus, mais que le vainqueur avait été lui-même battu par un autre aigle survenu du côté de l'Orient ; que des cyprès arrachés s'étaient replantés d'eux-mêmes, etc.

Les Juifs, depuis long-temps, publiaient une tradition, que l'empire du monde appartiendrait à un héros sorti de la Judée : Vespasien s'en fit l'application, et il déclara qu'il l'avait trouvée *in fatis*.

Vespasien ne s'en tint pas là : il annonça, comme une merveille récente, qu'un rameau vigoureux s'était élancé tout à coup du tronc d'un chêne que sa famille, de toute ancienneté, avait consacré à Mars. Il poussa même la précaution jusqu'à négocier des miracles dans le temple de Sérapis, où il fut établi et prouvé qu'il avait rendu la vue à un aveugle et fait marcher des boiteux. Ce fut sans doute pour se concilier les chrétiens, qui avaient déjà quelque influence, qu'il alla consulter l'oracle du mont Carmel : *Carmeli dei consulentem.* (Suét.)

Joseph, enfin, dans sa captivité, avait prédit que Vespasien serait empereur des Romains.

Fort de tous ces présages et miracles, Vespasien arriva à Rome à la tête de ses légions victorieuses, où il eut recours à un moyen bien plus décisif encore ; car il fit immédiatement et de son chef ordonner des jeux publics et solennels qui seraient suivis de grandes largesses. Les portes de Rome et du palais impérial s'ouvrirent comme d'elles - mêmes; il fut salué et regardé comme un légitime César.

Les légions dès Gaules, cependant, n'avaient pris aucune part à l'élévation de Vespasien. Civilis conçut le projet de secouer le joug romain ; il en fit le serment en sacrifiant sa belle chevelure (1). Les druides, de leur côté, excitaient le peuple à la révolte ; presque tous les Romains domiciliés et naturalisés dans les Gaules, partageaient le sentiment de Civilis ; des messagers furent envoyés à toutes les nations des Gaules, pour les exciter à prendre les armes contre les Romains.

Dans ses proclamations, Civilis les accusait de vendre aux Gaulois la terre, l'eau et l'air ; de fermer tous les fleuves, et de réduire les Gaulois à ne plus cultiver que pour les Romains (2). « Exterminez les Romains

____

(1) *Barbaro voto, propexum rutilatumque crinem patrata demum cæde legionum romanarum... deposuit.* (Tac.)

(2) *Flumina ac terras quodam modo clauserunt Romani.* (Id.)

partout où vous les trouverez (1) ! Qu'il nous soit donc permis de cultiver les deux rives du Rhin (2) ! La nature donne la terre aux hommes forts (3) ! » Il osa tenir un même langage aux légions romaines, qui ne se trouvaient pas plus libres que les Gaulois, et qui finirent par prêter serment de fidélité à Civilis, *pro imperio Galliarum.*

Les Tungres et les Nerviens étaient cependant restés fidèles aux Romains : pour les décider en faveur des Gaules, le brave et généreux Civilis quitta son armée, et passa dans les rangs des deux peuples. Il leur exposa sans feinte la cause qui faisait armer toutes les Gaules : il rappela toutes les horreurs des proconsuls de Rome, et finit par leur tenir ce langage sublime : « Quittez le parti des Romains, et je reste au milieu de vous, ou comme chef ou comme simple soldat (4) ! » Les deux peuples se rangèrent sous l'étendard de Civilis.

-----

(1) *Romanos omnes in finibus vestris trucidate.* (Tac.)

(2) *Liceat nobis utramque ripam colere.* (Id.)

(3) *Terras, fortibus viris natura aperuit.* (Id.)

(4) *Transgredior ad vos, seu me ducem, seu militem mavultis.* (Id.)

Pendant ce temps, les Romains, qui savaient à quel chef ils avaient affaire, et connaissant bien, d'ailleurs, toutes les causes d'exaspération des Gaulois contre le gouvernement de Rome, mirent en jeu, comme à l'ordinaire, tous les ressorts des intrigues et des menées sourdes. Ils s'adressèrent d'abord aux légions romaines, auxquelles ils firent représenter qu'elles trahissaient leur propre patrie ; ils firent annoncer que sur tous les points des légions victorieuses, commandées par le grand Vespasien, allaient venir punir tous les traîtres et les révoltés.

Les légions en furent ébranlées ; elles reprirent leurs aigles : leur défection en causa successivement beaucoup d'autres. Pour en prévenir de nouvelles, Civilis attaqua les Romains avec une violente impétuosité : les Romains d'abord n'opposèrent qu'une faible résistance ; ils se bornèrent à se serrer en phalange. Quand le premier choc des Gaulois fut passé, les Romains prirent l'offensive ; et dans la même journée s'évanouirent la plus sainte des causes et la belle carrière de Civilis.

La vie privée de Vespasien fut celle d'un despote parvenu, d'un avare, et d'un homme

dépravé. Il haïssait et persécutait les philosophes, et il se plaisait à consulter les sibylles
et les druidesses. Son trait envers Éponine
et Sabinus le couvre à jamais d'opprobre.
On gémit de voir des historiens modernes,
et tout nouveaux, mettre néanmoins cet empereur au rang des premiers Césars.

CHAPITRE X.

Titus rend l'honneur au trône des Césars.—Les Juifs et les chrétiens s'agitent. — Sa clémence et sa justice. — Les Gaules se
ressentent peu de son règne.

LA plume et le cœur se reposent enfin en
parlant de Titus, qui, par sa sagesse active et
par ses qualités pieuses, releva l'honneur sur
le trône des Césars. Les Gaules, malheureusement, n'en ont pas ressenti les influences ;
mais telle était leur triste destinée, qu'elles
étaient heureuses d'être oubliées.

En ces temps, les opinions religieuses des
Juifs et des chrétiens commençaient à occuper l'Italie, et surtout le peuple romain ;
déjà même des apôtres ouvraient de nombreuses voies à la religion du Christ. Les
Juifs, cependant, par leur nombre, par leurs
richesses, et parce que d'ailleurs ils appartenaient à un peuple guerrier et renommé,
avaient plus de consistance ; la politique de

Rome, d'ailleurs, les avait impatronisés à l'empire : les chrétiens, au contraire, pauvres, humbles et soumis à toutes les volontés, ne s'attachaient qu'à gagner les cœurs et à produire leur religion.

Titus fut clément et pieux, et surtout très-tolérant. Malheureusement pour les Gaules, il porta plus ses vues vers l'Orient que vers l'Occident. A Paphos, il consulta l'oracle de Vénus ; à Memphis, il assista à la consécration du bœuf Apis ; et à Rome, il tolérait à la fois les Juifs et les chrétiens.

Pour le malheur de Rome et du monde, son règne a été de courte durée. Rome, du moins, par ses regrets publics, manifesta qu'elle sentait toute la perte qu'elle venait de faire.

CHAPITRE XI.

Domitien est le fléau des Romains, des Gaulois et des chrétiens.
— Il fait arracher la moitié des vignes en Italie et dans les Gaules. — Réflexions relatives. — Il accable d'impôts les Juifs et
les Gaulois.

DOMITIEN fut le fléau des Romains, des
Gaulois, des Juifs et des chrétiens ; il ne res-
pecta rien, et donna un libre cours à sa féro-
cité comme à ses caprices.

Pour prévenir les famines, qui déjà l'a-
vaient importuné, il s'avisa, en 92, de faire
arracher la moitié des vignes, tant en Italie
que dans les Gaules (1), sous le prétexte que

(1) Ce fait seul démontre l'utilité, la nécessité même de
rappeler, dans l'histoire de l'agriculture de la France et de
l'Europe, le règne sommaire ou le mot historique de chaque empereur romain, puisque leurs actes se rattachent à
l'histoire même de l'agriculture de notre patrie, dans laquelle la culture de la vigne joue un si grand rôle, et
dans laquelle nous verrons, même au dix-huitième siècle,

leur culture envahissait une trop grande étendue de terres à blé; et il défendit d'en planter de nouvelles (1).

Les Romains, en ce qui les concernait,
furent très-mécontens de la mesure. On vit
peu de jours après affiché, dans toutes les
rues de Rome, un distique grec ainsi traduit:

Rode caper vitem; tamen hinc, quùm stabis ad aram,
In tua quod spargi cornua possit, erit.

Les Gaulois gémirent plus vivement de
cette absurde et désastreuse mesure : il leur
fallut arracher la moitié de leurs vignes, dans
la crainte d'être en butte aux recherches et
aux vexations des agens du fisc et des proconsuls.

Oh! combien donc l'agriculture a peu occupé les hommes de gouvernement! Et cette
exclamation s'adresse spécialement à ceux
de la France, où, à toutes les époques de di-

___

des ministres et des intendans reproduire le décret du fa-
rouche Domitien.

(1) *Existimans nimio vinearum studio, negligi arva*
(Suét.)

sette ou de famine, on a porté le même décret que le tyran Domitien porta en 92. Cette
erreur ou plutôt cette ignorance a duré jusqu'au dix-neuvième siècle. On trouverait encore des hommes, dits d'*Etat*, capables de
faire revivre la défense de Domitien.

Les richesses des Juifs tentèrent Domitien; il les accabla d'impôts et de vexations (1).

---

(1) *Judaicus fiscus acerbissimè actus*. (Suét.)

CHAPITRE XII.

Le règne de Nerva. — Il réduit les impôts à Rome et dans les Gaules. — Il rappelle les chrétiens et les Juifs, que Domitien avait exilés. — Il adopte Trajan.

Rome fit éclater une grande joie à la mort de Domitien. Lasse d'avoir des empereurs trop entreprenans, elle confia ses destinées à Nerva, vieillard vertueux, et d'ailleurs fort estimé. Il fallut presque parler pour lui, quand on vint le revêtir de la pourpre impériale. Il employa les premiers jours de son avènement à réparer les violences de Domitien. Il réduisit les impôts ; *les Gaules* respirèrent quelque temps, et les Romains se crurent au comble du bonheur.

Les chrétiens aussi se mirent en évidence pour solliciter la clémence du prince : touché de leur humilité et de leur doctrine, il permit qu'on rappelât à Rome ceux que Domitien en avait exilés. Chaque jour ils prenaient du crédit et de la faveur; mais, pour leur malheur, Nerva ne régna qu'un an. Il termina sa carrière par un bienfait digne de l'empire et de lui : il adopta Trajan, et fit à temps publier son adoption.

CHAPITRE XIII.

Trajan rend le calme à l'empire. — Les chrétiens s'agitent ; Trajan les livre aux rigueurs des lois. — Son règne est une époque des martyrs.—Il favorise les Gaules.— La colonne qu'on lui a élevée à Rome atteste le prix qu'il attachait à l'agriculture. — Réflexions relatives.

ROME avait grand besoin d'un homme de la trempe de Trajan pour relever sa gloire, sa puissance et son empire. Les guerres civiles éclataient de toutes parts ; les rois tributaires et les nations vaincues reprenaient ou méditaient leur indépendance : Trajan vint à bout, en peu d'années, de raffermir toutes les parties ébranlées ; il punit ou vainquit les rois rebelles ; et par sa justice, unie à beaucoup de fermeté, il étouffa tous les germes des factions. L'Orient fut le principal théâtre de sa gloire ; la victoire lui fut partout fidèle.

Pendant son absence, les chrétiens s'agitèrent vivement ; on leur imputait des crimes

atroces. Trajan, à son retour, se fit rendre
compte de leur conduite, et crut devoir les
abandonner à la rigueur des lois. Ce fut alors
que les Clément, les Ignace, les Siméon su-
birent le martyre ; plusieurs autres furent
jetés aux bêtes féroces.

Trajan, cependant, se plut à *favoriser l'a-
griculture des Gaules,* parce qu'il savait combien Rome pouvait compter sur les ressources qu'elles offraient dans tous les genres : il
connaissait d'ailleurs le caractère des Gaulois, dont on s'assure toujours le dévouement quand on est bon et juste envers eux ;
mais lui aussi, malheureusement, vécut trop
peu pour Rome et pour les Gaules.

La douleur des Romains, à la mort de Trajan, ne peut se comparer qu'à celle qui fut
manifestée à celle de Jules-César ; ils lui rendirent les plus grands honneurs. Cette impression ne fut point passagère ; car dans
tous les siècles on a vénéré sa mémoire, et
on en trouve la preuve dans l'existence non
interrompue de la colonne élevée en son
honneur.

Si les arts ont toujours cité cette colonne
à l'admiration comme chef-d'œuvre, les historiens agronomes ne doivent pas cesser de

la faire considérer comme un monument historique élevé au premier des arts. Cette colonne est d'autant plus mémorable pour eux,
en effet, qu'il n'existe aucun autre monument
où l'on ait tant honoré l'agriculture, par tous
les emprunts faits au théâtre des champs. On
y voit des moissonneurs avec l'attitude même
qu'Homère a décrite ; on y voit les outils
aratoires les plus utiles ; on y voit, et ce qui
est très-remarquable, des tonneaux faits, à
peu de chose près, comme ceux des temps
actuels ; on y voit enfin les fruits les plus rares, conquis ou acclimatés : voilà comment
les arts sont dignes de consacrer la gloire de
la patrie et des héros. Mais le sont-ils, quand
ils s'attachent à ne produire que des scènes
de carnage, des chaînes d'esclaves, des glaives, et des tubes qui lancent la foudre ? Combien, sous Louis XIV, on s'était écarté du
style et du goût consacrés par la colonne de
Trajan ! Combien, sous l'ère impériale, on
les a encore méconnus ! Celle de la place
Vendôme était due sans doute aux victoires
de la grande armée ; mais avec de la philosophie dans les arts et dans la tête du chef du
gouvernement, il était très-possible d'allier
et de confondre le double hommage à rendre

à la victoire et au premier des arts. L'idée ne leur en est pas même venue. Il semble, au contraire, que les auteurs de la colonne, semblables aux poëtes, aux historiens du temps, et surtout à nos académiciens, aient eu en horreur de mépris la représentation des choses qui annoncent l'abondance, le bonheur public et la paix; car on n'y voit que des carcasses de guerre, des machines qui donnent la mort, et des scènes de carnage. N'eût-elle pas été aussi noble et aussi digne du héros et de l'armée, si la Victoire eût offert les sites et les champs fertiles de l'Italie et de l'Allemagne, et les camps français aux bords du Nil et sous les palmiers de l'Orient, et si à sa base le peuple français eût pu reconnaître sa charrue et la fertilité de ses champs? Vains regrets! On ferait encore une colonne pour les victoires du Trocadero, qu'elle serait infailliblement l'émule, au moins, de celle de la place Vendôme : c'est, parmi nous, la destinée attachée à tout ce qui n'est qu'utile et à ce qui rappelle la nature ou le théâtre des champs.

CHAPITRE XIV.

Adrien; son caractère.—Son voyage dans les Gaules et la Grande-Bretagne. — Par jalousie, il fait détruire un pont superbe que Trajan avait ordonné sur le Danube. — Il ordonne un recensement général, dans les intérêts du fisc. — Les chrétiens accusés se justifient devant lui : il ordonne qu'on les laisse tranquilles, et permet qu'ils édifient un temple à Jésus-Christ.

Trajan ayant adopté Adrien, les Romains et l'armée le proclamèrent empereur. En vices comme en vertus, ce fut un homme tiède, plus occupé de lui et de ses plaisirs que des soins de l'empire. Crédule et prompt à s'irriter, il faisait punir à la manière des tyrans. Son caractère fut bientôt connu ; les peuples du Nord en recommencèrent leurs excursions, et les rois de l'Orient leurs guerres.

Adrien voulut visiter les Gaules, mais il se borna à les parcourir en voyageur ; à peine les Gaulois s'en aperçurent-ils. Il alla dans la Grande - Bretagne, où, pour laisser ce qu'il appelait un monument, il ordonna d'élever

un tertre presque superficiel, afin, disait-il,
de préserver les Anglais des excursions des
Cattes. De là il passa en Allemagne, où ayant
vu l'admiration qu'excitait un pont bâti sur
le Danube, par ordre de Trajan, il en ordonna la destruction.

A son retour par les Gaules, dans les intérêts du fisc, il ordonna un recensement général pour accroître la capitation.

Les chrétiens de Rome profitèrent encore
de l'absence de l'empereur pour gagner du
terrain. Au retour d'Adrien, les accusations
contre eux survenaient de toutes parts : on
les accusait de crimes, et surtout d'injures
envers les dieux. Les chefs chrétiens furent
mandés : ils nièrent les imputations; et ils se
retranchèrent en définitive dans la volonté
du Ciel, que plusieurs grands miracles, di-
saient-ils, avaient déjà déclarée.

Ils eurent le bonheur de se justifier dans
l'esprit d'Adrien. Ils lui exposèrent, avec
une humble éloquence, leur doctrine et leur
foi : ils lui déclarèrent, du reste, ainsi qu'ils
l'avaient fait devant les magistrats accusa-
teurs, qu'ils n'aspiraient qu'à jouir du royaume
des cieux, et qu'ils étaient indifférens pour
les biens de la terre. Déjà une partie du

peuple se prononçait en leur faveur, et ils donnèrent à entendre à l'empereur que ce recours à leur foi était l'effet des miracles dont le peuple avait été témoin.

Adrien fut frappé de leurs représentations, et surtout de leur sainte humilité ; il ordonna de les laisser tranquilles ; il leur permit même ensuite d'édifier un temple à Jésus-Christ.

L'empereur, néanmoins, quoi qu'on en ait dit, ne changea rien ni à ses principes ni à ses opinions religieuses ; il continua ses exercices dans le culte romain, et préféra même hautement la doctrine d'Epicure : ses regrets pour Antinoüs, devenu immortel par les arts, en sont une trop évidente preuve.

CHAPITRE XV.

Le règne d'Antonin. — Sa maxime, qu'un empereur ne doit jamais quitter le siége de son empire. — Entreprises des chrétiens. — Leur conduite. — Antonin les protége. — Apologie de la foi par Justin. — Antonin diminue les impôts dans les Gaules, et fait la remise de ceux qui étaient arriérés.

LES Gaules eurent aussi l'honneur de donner un empereur aux Romains : Antonin, né à Nîmes, prit les rênes de l'empire. Sage par principes, il ne fit qu'acquérir des vertus en gouvernant ; il est du petit nombre des princes dont le caractère ne s'est pas démenti dans l'exercice du souverain pouvoir.

Il manifestait souvent l'opinion, qui devrait presque être une maxime pour les rois, qu'un prince ne doit jamais quitter le siége de son empire. Il se fondait sur ce qu'un empereur, dans ses voyages, ruine les provinces par où il passe, et que, pendant ce temps, les autres souffrent nécessairement de son absence. Comme toutes les règles ou maximes, celle-ci a ses exceptions.

Les chrétiens crurent voir dans Antonin un prince qui favoriserait leur cause; ils mirent en conséquence moins de mesures dans la manifestation de leur conduite ; mais aussi, de toute part, on les accusait d'audace, d'intolérance et de sacriléges; plusieurs d'entre eux furent punis : leurs châtimens sous un tel prince, justifiaient en quelque sorte les accusations.

Devenus déjà forts en nombre et en appuis, les chefs chrétiens s'autorisaient du rescrit d'Adrien qui faisait leur apologie, et ils l'opposaient à tous les magistrats ; ne négligeant rien de ce qui pouvait servir à leur cause, ils s'attachaient au service de la personne du prince ; ils ne dédaignaient ni les emplois domestiques ni les occupations les plus serviles : ils s'adonnaient également au service personnel des femmes du prince et de celles qui résidaient au palais.

Tous unis et dévoués, et semblables, dans toute la force du mot, à un essaim d'abeilles, le moindre évènement qui les concernait retentissait dans tous les cœurs; le chef donnait le signal, ou le mot d'ordre ; tous, à l'instant, en suivaient imperturbablement l'exécution ; leurs secrets étaient inviolables ; les tourmens les plus cruels, la mort même et ses apprêts les plus effrayans, ne pouvaient les rendre faux frères, ni même indiscrets : tels se sont conduits, au surplus, les druides des Gaules et les mages de l'Asie. Plus instruits que ne l'étaient les guerriers et les courtisans, ils obtinrent plus facilement la permission de faire des éducations : de leur côté, ils s'attachaient principalement à celles des fils de grande famille.

Plus les chrétiens obtenaient de faveurs, moins ils gardaient de ménagemens dans leur prosélytisme ; leur trop d'ardeur excitait de vives plaintes et des accusations. Forcé en quelque sorte de s'en occuper sur le cri public, Antonin les admit à se justifier ; plusieurs d'entre eux eurent l'honneur d'être introduits près de lui-même. Leurs principes purs ou sublimes en morale, leur foi prouvée par le martyre d'hommes estimés et respectés, une doctrine sainte et fraternelle justifiée par une conduite exemplaire, l'apologie enfin qu'Adrien avait faite de leur doctrine et de leur vie, déterminèrent Antonin à faire cesser les poursuites exercées contre eux.

Ce fut alors que Justin (martyr) composa l'apologie de la foi des chrétiens, expliquée par l'Evangile, laquelle fut adressée au sénat et à l'empereur.

Antonin se montra constamment favorable aux Gaules; il y diminua les impôts, et fit la remise de ceux qui étaient arriérés.

Après un grand incendie, la ville de Narbonne reçut d'Antonin d'immenses secours. Il fit continuer ailleurs tous les grands travaux d'utilité publique, et ouvrir des routes nouvelles. Des monumens attestent encore sa sollicitude et son affection pour sa ville natale.

Rome et toutes les provinces pleurèrent Antonin à sa mort; il est du petit nombre des princes et des rois qui n'aient jamais eu le front ombragé par les lauriers de la victoire ou par les palmes du triomphe : son nom n'en sera pas moins éternellement béni.

CHAPITRE XVI.

Marc-Aurèle; son noble caractère. — La peste et les Barbares dé-
solent l'empire. — Les chrétiens veulent dominer; Marc-Aurèle
les abandonne. — Son règne forme une ère de martyrs. — Il
règle l'ordre des successions et l'état civil. — Il institue des tuteurs aux orphelins. — Les chrétiens et les Romains attribuent
concurremment à leurs dieux respectifs la victoire remportée
sur les Barbares.

MARC-AURÈLE est encore un phénomène
dans le rang des empereurs. Nul prince ceint
du diadême n'a reconnu et pratiqué comme
lui la maxime, qu'on ne règne sur un peuple
que pour le rendre heureux. Plus fermè que
Titus et Antonin, il fit jouir Rome et les
provinces d'une plus longue tranquillité; mais
il ne voulut avoir autour de lui que des gens
de bien. De grands fléaux affaiblirent son
règne et l'empire; des tremblemens de terre
suivis d'inondations extrêmes; la peste cau-
sée par des exhalaisons de la terre et par
l'infection des amas d'insectes sortis du li-

mon épars dans les plaines, joints à une grande misère, jetèrent la désolation dans l'Italie et dans une partie des Gaules. A ces premiers malheurs, se réunirent des irruptions des peuples barbares du Nord, qui, pour faire du butin, bravaient la peste même.

Les chrétiens et les Romains s'accusaient réciproquement de ces calamités; mais dans cette occasion, la voix des chrétiens fut étouffée par le plus grand nombre des Romains. Cependant le courroux d'Apollon l'emporta sur la puissance du Christ; Marc-Aurèle lui-même, dans son recours aux dieux, négligea celui des chrétiens. Cette conduite remarquée excita de vives persécutions contre les chrétiens, et ils se trouvèrent en quelque sorte livrés aux vengeances populaires; les Justin, les Polycarpe, y perdirent la vie : l'histoire chrétienne a fait de ces persécutions une ère de martyrs.

Cependant les prières publiques et les solennités religieuses pour apaiser les dieux, n'empêchèrent point Marc-Aurèle de repousser les Barbares par la force des armes. Dans de telles circonstances, ses victoires même l'ont placé au rang des plus grands capitaines.

Quand Marc - Aurèle eut rendu plus de tranquillité à l'empire, il s'occupa de l'administration générale; il régla l'ordre des successions; il fit établir des registres pour inscrire les nouveaux-nés; des officiers publics furent institués dans les Gaules pour la tenue de ces inscriptions; il fit créer des tuteurs aux orphelins, *prætores tutelares;* cette pensée a été celle d'un ami de l'humanité et de la sociabilité.

Les Barbares cependant revenaient encore au sein de l'empire. Marc - Aurèle accourut pour les repousser; mais lorsqu'il fut engagé avec son armée dans les steppes, il se trouva manquer d'eau et de vivres; il fallait franchir des gorges profondes, ou plutôt des abîmes; un grand orage survint, et l'armée put du moins étancher sa soif. Marc-Aurèle fit considérer cet évènement comme un présage de la victoire; il attaqua aussitôt, et tailla en pièces les Barbares, que la grêle d'ailleurs avait accablés dans leur propre camp.

Les chrétiens s'attribuaient la pluie du ciel; il fut avéré dans l'armée que le matin même du jour où l'orage avait éclaté, on avait vu la légion mèlitine invoquer Jésus-

Christ. Marc-Aurèle le crut ou feignit de le croire, et il s'en expliqua dans ce sens au sénat ; quoi qu'il en soit, les chrétiens ne furent plus persécutés. De leur côté, les Romains, c'est-à-dire le peuple, attribuaient la victoire à Jupiter pluvieux.

Malgré tous les bienfaits rendus à l'empire, des historiens cherchent encore à ternir la gloire de Marc-Aurèle, ce qui n'est ni juste ni généreux, tant il est vrai que les intérêts et les passions n'écoutent et ne suivent ni la raison, ni même la conscience.

CHAPITRE XVII.

Le règne de Commode s'annonce par des débauches et des cruautés. — Il s'irrite des victoires que d'autres remportent. — Une sédition dans les Gaules et la péninsule. — Sa maîtresse Marcia gouverne pour lui ; elle était chrétienne.

Quoique l'empereur Commode n'eût du souverain pouvoir que les prérogatives de

La paix, la gloire et le bonheur dont Rome et les provinces avaient joui sous Marc-Aurèle, s'évanouirent sous Commode, homme plus vil encore qu'avili. Son imagination n'eut d'activité que pour se créer des parties de débauches extrêmes ou infâmes ; il devint, en outre, promptement cruel et atroce ; il bravait les Romains dans tout ce qu'ils regardaient comme honorable et sacré. Ce monstre néanmoins eut encore le bonheur que les aigles romaines furent respectées au-dehors ; car partout ses lieutenans triomphaient des ennemis et des révoltés ; mais au lieu d'applaudir à leurs victoires, il s'en montra jaloux : il en manda un grand nombre près de lui, et, selon ses caprices, il les exilait ou les faisait périr.

Pendant que Commode se livrait à tous ses débordemens, des déserteurs des Gaules et de l'Espagne s'étaient organisés en corps d'armée ; leur chef, nommé *Materne,* osa même un instant prétendre à l'empire ; mais, selon l'usage entre les brigands, le partage du butin les divisa, et leur chef fut massacré.

Quoique l'empereur Commode n'eût été pendant tout son règne qu'un monstre glouton et féroce, certains historiens néanmoins l'ont excusé, parce qu'il n'avait pas persécuté les chrétiens ; ils auraient dû faire l'aveu du moins, que ses égards pour les chrétiens étaient plutôt l'ouvrage de Marcia, sa maîtresse favorite, qui vivait en bonne intelligence avec les chrétiens ; il est fâcheux, au surplus, dans une telle cause, de citer une femme galante et prostituée, qui a empoisonné son amant et son empereur.

Rome fut délivrée de Commode l'an 192 de Jésus - Christ. A sa mort, le sénat crut qu'il allait réparer ses honteuses faiblesses et connivences, en excitant l'indignation publique ; il ordonna d'abattre sa statue, et laissa livrer son cadavre à toutes sortes d'ignominies : c'était une honte de plus qu'il se donnait.

CHAPITRE XVIII.

Pertinax est appelé à l'empire. — Il ordonne qu'on délivre les terres vaines et vagues à ceux qui s'engageront à les cultiver. — Il supprime les péages sur les fleuves et rivières. — Il meurt assassiné. — La conduite du sénat et des cohortes dans cette circonstance.

PERTINAX, digne rejeton des vieux Romains, et un véritable *homo frugi* des beaux temps de la république, vivait tranquillement dans une modeste maison de campagne ; il vit arriver à lui des soldats prétoriens ; il crut d'abord qu'on venait chercher sa tête : on venait lui proposer l'empire.

Son règne a été trop court, et à peine sensible dans les Gaules : on lui doit cependant un édit qui ordonne de livrer les terres vaines et vagues à ceux qui voudront s'engager à les cultiver.

Par un autre édit, il supprima les péages sur les fleuves et les rivières ; ces deux mesures seules décèlent un homme d'Etat digne au moins de bien administrer. C'est un tel prince pourtant que les cohortes prétoriennes assassinèrent dans son palais. Le moment où Pertinax parut devant ses assassins, leur subite stupéfaction et leur hésitation, feraient le sujet d'un beau tableau en l'honneur de la vertu et de la vieillesse.

Après cet attentat, les cohortes redoutèrent la vengeance du peuple ; elles se retranchèrent dans un camp, à dessein de s'y défendre ; mais, ni le sénat ni le peuple n'étaient disposés à s'enflammer pour un empereur qui n'avait été que vertueux, frugal, économe et juste ; l'impunité ne fit qu'accroître l'audace des cohortes : peu de jours après, l'empire fut mis à l'encan.

Sulpitien, beau-père de Pertinax, n'eut pas honte de se présenter, d'offrir une somme, et de revenir pour marchander encore : les cohortes préférèrent Julien ; le sénat confirma ce choix, ou plutôt la vente qu'on venait de faire.

Pendant que de telles choses se passaient à Rome, on y annonçait deux compétiteurs à l'empire : Niger dans l'Orient, et Septime-Sévère dans les Gaules.

CHAPITRE XIX.

Plusieurs compétiteurs s'annoncent pour être élevés au trône de l'empire. — Julien, qui avait acheté les suffrages des cohortes, est immédiatement assassiné. — Les Gaules reconnaissent Sévère. — Albin accourt de la Grande-Bretague lui disputer l'empire. — Il est vaincu. — Sévère est le cruel ennemi des chrétiens. — Il défend aux Romains de se faire Juifs ou chrétiens. — Ses persécutions déterminent Tertullien à faire l'*Apologie du christianisme*. — Sa mort.

JULIEN ne fut pas même salué par la populace ; ses ordres, ses désirs et ses prières expiraient dans le palais. Un simple soldat, sans aucune espèce de conjuration, et seulement poussé par le mépris public, lui trancha la tête avec son glaive, la mit au bout d'une pique, et la promena ainsi dans les rues de Rome.

Cependant Sévère avait triomphé de son rival ; les Gaules lui avaient prêté serment de fidélité; mais il ne fut pas long-temps tranquille.

Albin, général des légions de la Grande-Bretagne, prétendit aussi à l'empire, et se mit en marche pour se faire reconnaître empereur. Sévère se hâta de rassembler ses légions, afin d'empêcher Albin de passer les Alpes. Les deux armées se rencontrèrent dans les plaines de Trévoux, au-dessus de Lyon, où elles en vinrent aux mains; la victoire fut long-temps incertaine, mais elle se déclara pour Sévère. Qu'il fut cruel! il fit exterminer jusqu'aux femmes et aux enfans qui suivaient l'armée d'Albin : il ne fut plus qu'un tyran.

Pour leur malheur, les chrétiens s'étaient déclarés partisans de Niger ; Sévère en devint leur plus cruel ennemi. Il rendit un édit par lequel il fut défendu à tout sujet de l'empire de se faire Juif ou chrétien ; il fit périr les évêques les plus renommés; son règne est l'ère d'une grande persécution, et c'est à cause d'elle que Tertullien a fait sa fameuse *Apologie du christianisme.*

Sévère ne faisait aucun cas des hommes; les vertus, les mœurs et la religion n'étaient rien à ses yeux; les plus grands services

rendus n'excitaient ni ses éloges ni sa reconnaissance ; un glaive toujours levé était
son sceptre. On croit qu'il mourut empoisonné.

CHAPITRE XX.

Caracalla et Géta, fils de Sévère, sont appelés à l'empire. — Caracalla tue son frère, et il en fait l'apothéose. — Il opprime toutes les Gaules, les dépouille de leurs richesses, et le sang, faute d'or, y coule par flots.

SÉVÈRE avait fait admettre ses deux fils, Caracalla et Géta, à posséder concurremment l'empire. Caracalla, plus audacieux que son frère, se mit presqu'aussitôt en évidence pour vouloir régner seul. Il attira Géta dans une embuscade, le tua de sa main, et se chargea d'en faire l'apothéose. Une fois seul maître, il donna libre cours à ses passions. Il parcourut les Gaules en despote; le sang y coula par flots, et il en tira des sommes immenses. Tout homme réputé riche était inscrit sur ses tablettes; sa grande maxime était que des particuliers ne devaient pas être riches. Les chrétiens furent en butte à ses fureurs; épouvantés, ils n'osaient se montrer nulle part.

CHAPITRE XXI.

Macrin est empereur, et presqu'aussitôt assassiné. — Héliogabale, âgé de quinze ans, lui succède. — Il se crée un culte au soleil. — Il fait célébrer, dans l'empire, le mariage du soleil avec la lune. — Il se fait circoncire. — Il épouse des vestales, et il les répudie de suite. — La conduite du sénat à la mort d'Héliogabale.

MACRIN craignant d'être la victime de Caracalla, le fit assassiner; et, à force de largesses au peuple romain, il parvint à se faire nommer empereur. Semblable aux ouragans, il ne fit que passer et faire du mal; il mourut lui-même assassiné.

Par des intrigues de femmes, Héliogabale succéda à quinze ans à Macrin; mais il avait déjà les vices et l'effronterie d'un vieillard. Il n'était qu'un aventurier, et, comme tel, indigne d'entrer au sénat. Son début sur le trône fut de se jouer de tout, même des choses sacrées. Comme sa mère l'avait déjà fait agréer prêtre du temple du soleil, il imagina de se créer un culte relatif; son dieu

fut une pierre, mais cette pierre était le soleil : il nomma son dieu *Elagabal.* Il dépouilla
les temples les plus augustes, et força les
Juifs, les Samaritains et les chrétiens à suivre son culte.

Pour tenir compagnie à son dieu, il fit
venir à grands frais et avec pompe une idole
de Syrie, qu'on y adorait sous le nom de la
Lune; il annonça à l'empire le mariage de la
lune et du soleil : l'Italie en célébra les noces.

Il lui prit fantaisie de se faire circoncire ;
il épousa des vestales, qu'il répudiait pour en
épouser d'autres ; à chaque mariage, il exigeait des présens des provinces : ce fatal
usage revivra dans la féodalité des Francs.

Héliogabale se lassa de faire le mari ; il se
déclara femme, et il se soumit comme épouse
à un jeune esclave : il se livrait à un luxe extrême et insensé ; il faisait réduire des masses
d'or et d'argent en poussière qu'on semait
sur son passage ; tous ses meubles étaient
incrustés d'or et de pierreries ; on veut même
qu'il soit le premier qui ait porté une robe
de soie.

Un de ses passe-temps était d'inviter, et
même de contraindre des gens du peuple à
entrer dans son palais ; il les faisait servir à

table; à un signal, les siéges s'abattaient, et des bêtes féroces s'élançaient sur les convives.

Hâtons-nous de dire que ce monstre périt dans un égoût, d'où il fut tiré, percé de coups et traîné dans les rues.

Le sénat, toujours courageux après la mort des tyrans, fit effacer partout le nom d'Héliogabale et briser ses statues; il osa cependant prendre sur lui d'interdire l'entrée des femmes dans le sénat.

Le lecteur attentif doit voir déjà le vaste abîme dans lequel se précipitera l'empire. Le gouvernement des peuples conquis, pas même celui de Rome, n'occupait point tous ces empereurs aventuriers, indignes de leur titre; le sénat de Rome lui-même, peuplé d'hommes égoïstes, avides, et plus courtisans encore que les prêtres et les commensaux, ne témoignait aucun intérêt aux peuples des champs et des cités. Cicéron, en accusant Verrès des malheurs publics, accusait en même temps le sénat, toujours vendu ou à vendre. La série de tant d'empereurs sanguinaires ou extravagans, impies envers les dieux et tyrans envers la patrie, n'est pas toutefois dans cette histoire une chose oiseuse ni indifférente, car elle met en évidence, et en faits continus pendant plus de quinze siècles, le principe, qu'il faut absolument aux trônes et à ceux qui les occupent, à tel titre que ce soit, aux nations et aux peuples de tous les climats et de tous les cultes, une forme de gouvernement qui, en faisant tenir l'équilibre des pouvoirs sagement répartis, prévienne ou réprime les entreprises du trône sur la toge, celles de la toge sur le peuple, et celles du peuple agité par des ambitieux. Comme je ne connais point de livre plus déterminant que l'*Histoire de Rome,* pour décider tous les hommes de bien et de sens de nos jours à s'attacher au gouvernement représentatif, le seul capable de neutraliser les passions des gouvernans dans l'exercice du pouvoir et de l'autorité, je continue donc d'offrir la série déplorable des empereurs, et je le fais surtout dans l'intérêt de l'agriculture, pour laquelle j'écris.

~~~~~~

CHAPITRE XXII.

Alexandre Sévère est proclamé empereur. — Mamée, sa mère, chrétienne, le dirige. — Il fait placer la statue de Jésus-Christ parmi celles des grands hommes. — Il autorise les chrétiens à bâtir un temple. — L'origine des bénéfices militaires, desquels sont issus les fiefs chez les Francs. — Irruption des Germains dans les Gaules. — Alexandre Sévère est assassiné par Maximin.

————•————

ALEXANDRE SÉVÈRE n'avait que quatorze ans quand il fut proclamé empereur en 222. Mamée sa mère lui composa un conseil pris parmi les sénateurs les plus estimés. Le jeune prince s'annonça avec des vertus; on le vit surtout enclin pour Jésus-Christ. Sa mère était réputée chrétienne; elle admettait du moins plusieurs évêques dans son intimité; son aïeule partageait les mêmes sentimens. Un grand nombre de chrétiens occupaient des emplois ou des fonctions dans le palais; les plus serviles ne les rebutaient pas. Mamée, au nom de son fils, fit placer dans le
~~~~~~

palais la statue de Jésus-Christ, parmi celles des grands hommes. De son côté, Alexandre avait témoigné plusieurs fois au sénat le désir de mettre Jésus-Christ au nombre des dieux ; il n'avait pu obtenir son consentement. Alexandre alors, et de lui-même, autorisa les chrétiens à lui élever un temple. Son édit excita de vives plaintes ; mais Alexandre, inspiré par sa mère, qui l'était par des évê-ques, répondit au sénat comme un philoso-phe accompli : « Qu'on devait tolérer l'édifi-cation de tout temple qui avait pour objet d'adorer Dieu. » Le jeune empereur, du reste, se plaisait beaucoup à suivre les exercices du culte des chrétiens ; il avait déjà renvoyé à Emèse la fameuse pierre d'Elagabal (la lune).

. Alexandre avait de bonnes qualités ; mais il était tellement dominé par sa mère, qu'on ne peut en quelque sorte lui attribuer une détermination personnelle.

Une grande époque cependant se rattache à son règne : l'origine des *bénéfices militaires*, que nous nommerons des *fiefs*, et auxquels se rattachera toute l'agriculture en Europe.

Ayant une grande guerre à soutenir, et voulant s'assurer par un dévouement irrévocable les généraux et les capitaines, Alexandre leur fit annoncer qu'il accorderait des dotations de biens-fonds à ceux qui auraient bien mérité de l'empire par leurs services dans l'armée : il ajoutait que chaque domaine concédé à ce titre serait garni de bestiaux, d'instrumens aratoires et de colons *adscripti glebæ*. Les lettres de concessions devaient en contenir les désignations et les détails ; ces biens étaient déclarés transmissibles par succession, mais sous la condition formelle que ceux qui posséderaient seraient militaires (1). Jules-César au même titre avait déjà concédé des terres à ses guerriers ; mais l'organisation en appartient à Alexandre-Sévère, qui, au surplus, eut à s'en applaudir, car il vainquit avec gloire le fameux Artaxerce, et sa victoire lui valut un triomphe à Rome.

Cependant les Germains, qui s'indignaient de se voir enfermés par le Rhin, ayant appris la guerre que les Romains avaient à soutenir

---

(1) *Hæredes illorum militarent, nec usquàm ad privatos pertinerent... ne deserentur rura vicina barbaris.* (Lamprid., *in Alex.*)

en Orient, crurent le temps favorable pour faire une irruption dans les Gaules : ils y pénétrèrent en effet, en commettant les plus grands ravages ; ils menaçaient même d'envahir encore et de conquérir. Alexandre s'y rendit en toute hâte. La guerre de l'Orient l'avait rendu expérimenté dans les combats ; mais il supportait plus impatiemment que jamais l'obsession de sa mère, qui ne le quittait pas, et qui voulut encore faire avec lui le voyage des Gaules. Le féroce Maximin le fit assassiner à Mayence. Alexandre en mourant reprocha sa mort à sa mère, à laquelle il eut le temps de dire que le motif de la conjuration était que les légions se lassaient d'obéir à une femme.

Le règne d'Alexandre-Sévère offre une circonstance qu'il convient de rappeler. Gargile Martial venait de composer un ouvrage sur les maladies des chevaux et des bœufs ; on y voit qu'il avait aussi tracé des préceptes sur l'agriculture ; ils ne sont point parvenus jusqu'à nous.

Le sénat manifesta une vive douleur à la mort d'Alexandre ; il refusa même longtemps de confirmer le choix des légions du Rhin ; mais il fallut céder. Maximin était à la tête d'une grande armée qui lui était dévouée. De son côté, loin de redouter le sénat, il lui fit notifier qu'il avait déclaré son fils, César et prince de la jeunesse.

CHAPITRE XXIII.

Maximin persécute les chrétiens. — Il affecte de les faire mettre en croix. — Il accable d'impôts les Gaules. — Il rançonne les riches.—S'ils ne paient pas, ils sont faits esclaves.—Le sénat le fait assassiner dans sa tente. — Pupien et Albin sont proclamés empereurs. — Les gardes prétoriennes les arrachent du palais, et les assassinent au milieu de Rome.

LES chrétiens, qui avaient été si heureux et si favorisés sous Alexandre et Mamée sa mère, se virent tout à coup en butte aux plus cruelles persécutions. Maximin affectait de les faire mourir sur une croix, comme Jésus-Christ. Ce fut à l'occasion de ces persécutions qu'Origène fit son ouvrage du martyre.

Les Gaules n'eurent pas moins à gémir du règne de Maximin : il les accabla d'impôts ; les indictions si sages d'Auguste étaient tombées en désuétude ; il confisquait les biens de ceux qui ne payaient pas le tribut demandé ; malheur à ceux qui étaient riches! ils étaient dépouillés, occis ou faits esclaves : ses cohortes d'expédition traînaient avec elles un butin immense.

Honteux enfin d'obéir à un tel chef, le sénat suscita une conjuration qui réussit : des soldats entrèrent dans sa tente, et le massacrèrent avec son fils. La tête de l'un et de l'autre furent envoyées à Rome, et exposées dans la scène des jeux : on en rendit grâces aux dieux.

Pupien et Albin furent proclamés empereurs; l'exercice du pouvoir les divisa et les perdit. On vit alors, et dans le même palais, deux gardes différentes et deux empereurs. Les cohortes prétoriennes, d'autre part, étaient irritées de voir la garde impériale composée de soldats pris dans les légions du Rhin : elles résolurent de les chasser. A certain jour convenu, elles forcèrent les sentinelles, entrèrent dans le palais, maltraitèrent les deux empereurs, leur ôtèrent les marques de la dignité impériale, et les forcèrent de sortir du palais, dans le dessein de les enfermer dans leur camp. Lorsque la troupe des conjurés fut au milieu de Rome, elle changea tout à coup de dessein : elle massacra les deux empereurs.

CHAPITRE XXIV.

Gordien est empereur. — Il remporte des victoires contre des Barbares du Nord et contre les Francs. — Ses propres soldats le li-
vrent, dans l'Orient, à un usurpateur, qui le tue. — Quoique
chef de brigands, Philippe est proclamé empereur. — Les chrétiens agitent Rome. — Ils opposent l'apologie des empereurs et
celle de Tertullien. — Leur conduite s'accorde avec leurs principes sur le christianisme. — Philippe et son fils se font chrétiens. — Dèce, associé à l'empire, se déclare l'ennemi des chrétiens. — Il vend les permissions de suivre le culte chrétien. — Il
est assassiné.

L'an 238, Gordien fut élu empereur : le
sénat et les cohortes confirmèrent son élec-
tion : il y eut une fête publique.

La première année du règne de Gordien
fut marquée par des victoires contre les Barbares, et même contre des Francs qui s'é-
taient établis dans les Gaules : Aurélien commandait alors dans les Gaules.

Gordien quitta Rome en 242, pour aller
combattre le roi des Perses ; il eut le malheur de perdre Misithès, le Sully des Ro-

mains. Bientôt après, il se laissa ravir l'empire par Philippe, Arabe d'origine, et dont le père était encore dans l'Orient, chef de brigands. Les propres soldats de Gordien le livrèrent à l'usurpateur ; en vain Gordien offrit de partager l'empire, ensuite, de n'être que simple préfet, ou simple capitaine ; il était plus sûr de le tuer, il le fut.

Philippe se fit proclamer empereur, et fit la paix avec les Perses, et s'en revint à Rome, où il reçut le plus froid accueil : bien conseillé, il fit annoncer qu'il y aurait de grands jeux et des largesses ; toutes les portes des temples et des palais lui furent ouvertes.

C'est à ce règne, en 258, qu'il faut rapporter le premier élan public et politique des chrétiens dans Rome ; leur culte alors était moins celui d'une secte que d'une religion. Deux écrivains renommés avaient fait l'apologie de la foi chrétienne ; la conduite des chrétiens se maintenait humble, exemplaire et pure ; elle était en harmonie avec leur doctrine ; une morale simple et chaste donnait à leur caractère et à leurs discours un charme touchant et un ascendant éminemment persuasif ; leur dogme, dont toute l'Italie était imbue, se conciliait encore avec l'ancienne tradition des patriarches ; l'incompréhensibilité de leurs mystères, en mettant un frein à la raison humaine, n'en attirait que plus fortement les esprits à la foi chrétienne ; une flamme douce et vive que les évêques, d'après le divin fondateur, nommaient la *charité*, donnait à tous les fidèles une supériorité positive, une éloquence onctueuse, et un courage que rien au monde ne pouvait ébranler ; ils avaient donc de grands avantages pour saper dans ses fondemens la religion des Romains, qui avait déjà trop vieilli, et qui était sans foi, surtout à Rome.

Soit que Philippe eût ouvert son esprit aux lumières de l'Evangile, soit que la politique lui ait conseillé de mettre dans son parti les chefs d'une religion qui se déclarait l'amie et le soutien des pauvres et des malheureux, il se détermina à déclarer qu'il embrassait la religion chrétienne ; mais ce qui charma surtout les évêques, c'est qu'il fit embrasser le christianisme à son fils.

L'évêque d'Antioche, qui avait su bien apprécier le caractère de Philippe, osa soumettre ce prince à une preuve personnelle publique. Avant donc de l'admettre à la célébration des saints mystères, il exigea une confession de ses péchés : Philippe consentit à tout.

Le triomphe des chefs chrétiens ne dura pas long-temps. Dèce, que Philippe inconsidérément avait élevé aux honneurs de l'empire, fit assassiner son bienfaiteur avec son fils, et se déclara empereur. Les légions et le sénat le reconnurent ; il fut successivement honoré du titre d'*Auguste,* et de celui même que la voix du peuple avait déféré à Trajan.

Dès le principe, Dèce manifesta une haine implacable contre les chrétiens ; il en fit périr les chefs, et confisqua leurs biens. L'effroi des supplices fit faire un nombre infini d'apostasies, et même parmi les évêques. Las d'en livrer aux bourreaux, Dèce s'avisa de faire une spéculation sur les permissions d'exercer et d'assister au culte chrétien. Ce dernier moyen ramena quelques apostats, auxquels dans l'histoire on a donné le titre de *tombés* (1).

Dèce eut le sort de Philippe ; mais les chrétiens n'en furent pas plus heureux. Gallus, son successeur, leur voua une même haine.

---

(1) La révolution française a eu aussi ses *tombés.*

Une violente famine vint faire diversion aux persécutions; elle servit même bien la cause des chrétiens; car c'était dans les calamités publiques que leur religion brillait de tout son éclat, que leur charité était plus ardente et plus intrépide, leurs consolations plus touchantes, et leur foi plus divine.

Les devoirs pieux ne les détournaient cependant pas du but auquel ils tendaient tous et sans relâche, de donner à leur religion l'empire du monde.

CHAPITRE XXV.

Gallus succède à Dèce. — Il est encore plus persécuteur des chrétiens que Dèce. — Ceux-ci prédirent sa mort, qui arriva en effet peu de temps après. — Cette circonstance met en crédit les chrétiens. — Valérien succède à Gallus. — Il se montre favorable aux Gaules. — Les chrétiens abusent de sa bonté. — Il les livre aux magistrats. — La persécution fut terrible. — Gallien prend les rênes de l'empire. — Son règne a été dit *l'ère des tyrans.* — Chrocus, à la tête des Barbares du Nord, ravage les Gaules de fond en comble.

GALLUS se faisait un jeu de molester, d'opprimer et de punir les chrétiens; ceux qui périssaient, prédirent dans leurs tourmens la mort de Gallus. Peu de temps après, en effet, il mourut, et sa mort donna un nouveau crédit aux chrétiens et à leur influence.

Les Gaules respirèrent sous Valérien; il destitua tous les agens ou intendans contre lesquels il y avait des plaintes; il recommanda à ceux qu'il nomma, les plus grands égards pour ceux qui cultivaient la terre : il y trouvait, disait-il, la garantie de l'impôt et de la fidélité. Idée aussi juste que simple, qui n'a eu que des éclairs, et qui est encore à mettre en pratique.

Valérien avait plusieurs chrétiens à son service personnel ; se croyant forts de son appui, leurs chefs osèrent publier l'apologie de leur religion, et attaquer ouvertement celle des Romains. Valérien se vit obligé de réprimer leur audace. Ils furent livrés aux magistrats, et par suite ils se trouvèrent en butte aux fureurs du peuple et du soldat ; leur sang coula par flots. Le grand Cyprien eut la tête tranchée, et presque tous les évêques furent exilés ou sacrifiés.

Vaincu par Sapor, roi des Perses, et fait prisonnier, Valérien disait sans cesse qu'il avait toujours été heureux tant qu'il avait protégé les chrétiens : ce remords ou ce regret devint l'argument favori des chrétiens dans tous leurs débats pour la cause de la religion du Christ.

Gallien prit les rênes de l'empire en 260. La peste ravageait alors l'Italie ; mais elle n'empêcha pas les Barbares d'y faire une irruption.

Pendant ce fléau, chaque chef prétendait

à l'empire ; les exemples ne manquaient pas pour les y inciter : cette époque dans l'histoire a été nommée l'*ère des tyrans*. Elle est aussi celle où le terrible Chrocus, à la tête des Barbares de la Germanie, traversa toutes les Gaules, en détruisant avec une aveugle fureur les édifices et les moissons. Le Berri et l'Auvergne eurent le plus à souffrir de ses dévastations (1). Aurélien l'atteignit auprès d'Arles, et le livra au supplice.

Les Gaules participèrent à cette agitation générale.

---

(1) *Universas Gallias pervagatur cunctasque œdes incendit atque subvertit*..... (Grég. de T.)

CHAPITRE XXVI.

Aurélien est empereur, et de suite il a à combattre les Barbares.
— Rome est dans la consternation. — On immole des victimes
humaines. — Aurélien est victorieux. — Il défait Tétricus. —
Aurélien protége et console les Gaules. — Il meurt assassiné. —
Tacite, septuagénaire, lui succède ; mais, bientôt après, il cesse
de vivre.

AURÉLIEN fut à peine sur le trône, qu'il
eut à combattre de nouveau les Barbares,
qui, sur tous les points, envahissaient l'empire. Rome était plongée dans la consternation ; le peuple manifesta le désir de voir
consulter les sibylles. Aurélien, de son côté,
consultait les druidesses des Gaules, *druidas
gallicanas.* Le sénat, peu empressé de satisfaire sur ce point le peuple et l'empereur,
éludait toujours l'exécution. Aurélien s'en
offensa, et il écrivit au sénat une lettre de
vifs reproches, dans laquelle il disait : « Etes-
vous devenus une église de chrétiens ? »

Faisons observer que dans ce temps-là

même, on immola des victimes humaines ; mais il est convenu, de la part des érudits et des lettrés français, que ce reproche ne doit être fait qu'aux seuls Gaulois.

Aurélien s'acquit beaucoup de gloire, comme guerrier, dans l'Orient. A son retour, il battit Tetricus près de Châlons-sur-Marne. J'ai vu le camp d'Aurélien ; la position était militaire, et bien entendue ; une rivière l'entourait : c'est un monument qu'on néglige, qui devrait être plus connu et mieux conservé.

Aurélien fut aimé dans les Gaules ; il y protégea l'agriculture ; les chefs chrétiens lui faisaient une cour assidue, et ils profitaient de toutes les circonstances, pour faire prédominer leur religion sur celle des Romains ; ils ne négligeaient même pas les coups de tonnerre, qui effrayaient toujours ce prince. Malgré ses victoires et ses bienfaits, Aurélien fut assassiné en 275.

L. Tacite, quoique septuagénaire, fut élu par le sénat ; mais ce ne fut qu'un hommage à ses vertus. Peu de temps après son installation, il cessa de vivre.

CHAPITRE XXVII.

Probus est empereur. — Il s'annonce aux Gaules comme un bienfaiteur. — Il établit des Francs sur la rive gauche du Rhin. — Les Francs, avec une flotille, descendent le Rhin, entrent dans l'Océan et la Méditerrannée. — Probus affranchit la glèbe, et fait des propriétaires fonciers. — Il permet de replanter la vigne. — Toutes les grandes cités des Gaules lui envoient des couronnes d'or. — Il veut employer les légions à faire des canaux. — Elles se révoltent, et il est assassiné.

PROBUS, réputé natif de Lyon, fut salué empereur en 276, par toutes les légions; il dut son élévation à sa gloire, comme guerrier, et à sa conduite toujours noble et pure. S'il y a une contrée qui doive encore honorer sa mémoire, c'est la France, dont il fut toujours le bienfaiteur et l'appui : dans toutes les Gaules on l'a surnommé le *Francique*.

Il avait eu souvent l'occasion d'apprécier les Francs du Rhin, qui, de leur côté, l'aimaient et l'estimaient. Pour cimenter cette union, il y eut un traité de paix, d'après lequel les Francs s'obligèrent à payer aux Romains certains tributs; et Probus, au nom de l'empire, leur céda une grande partie de la rive gauche du Rhin : c'est en conséquence de ce traité que Probus écrivit au sénat de Rome : « Les bœufs des Barbares cultivent aujourd'hui les champs des Gaules, et leurs haras peuvent amplement suffire à notre cavalerie (1). »

Les Francs, à cette époque, commençaient à faire parler d'eux; les Romains les estimaient pour leur caractère de fidélité et pour leur bravoure; c'est à ce sentiment d'estime que Rome a dû de voir aussi longtemps prolonger son empire vers le Rhin.

Il paraîtrait d'ailleurs que les Francs ripuaires étaient des marins intrépides; ils en donneront du moins des preuves éclatantes, avouées par les historiens de Rome.

Probus a la gloire d'avoir commencé l'affranchissement de la glèbe, en accensant les terres du domaine, ce qui reconstitua un peu l'ordre et l'influence des propriétés fonciè-

---

(1) *Arantur gallicana rura bobus barbaris.... equinum pecus, jam nostro fœcundatur equitatui.* (*Mém. du Lyonnais.*)

res, et en même temps l'amour de la patrie,
dont les Ripuaires furent toujours d'ardens
défenseurs, non seulement contre les Barbares, mais encore contre les attentats des
agens de l'empire. La suite fera connaître
toute la réalité de cette réflexion.

Probus, à bien plus justes titres qu'Auguste, fut cher à toutes les Gaules ; et ce ne
fut point par des suggestions de flatteries,
comme pour Auguste encore, que toutes les
grandes cités lui votèrent des couronnes d'or.
Elles lui devaient la paix, la tranquillité, et
les plus sages mesures contre les excursions
des peuples du Nord; les légions romaines
vivaient en bonne intelligence avec les Ripuaires, avec les Gaulois et les Gallo - Romains ; il venait de permettre généralement
de replanter des vignes, que Domitien avait
fait arracher, et cette permission lui valut
des flots de bénédictions et d'acclamations.
La ville de Reims notamment lui en éleva
un arc de triomphe; la tradition en est vive
encore dans la Champagne et la Bourgogne.
On dit également que c'est lui qui a fait venir
du plant de vigne de Dalmatie à Condrieux,
dont le vin jouit d'une haute réputation. J'ai
eu en ma possession un monument qui attes-

tait, sous ce rapport, la reconnaissance de la Basse-Bourgogne.

Heureux d'avoir pacifié l'empire et les Gaules, Probus se proposait de grands travaux utiles à l'agriculture et à l'industrie : il lui échappait souvent de dire, que bientôt on n'aurait plus besoin de faire la guerre dans l'intérieur de l'empire, et qu'il fallait employer les hommes d'armes à faire des canaux et des desséchemens; ces travaux publics lui aliénèrent bientôt l'esprit du soldat et des agens de l'armée : il fut assassiné par ses propres gardes, en 282.

Tous les historiens ont fait l'éloge de Probus. Sidoine Apollinaire, dont la poésie parmi les modernes est le plus empreinte du caractère antique par ses dictions historiques, l'a nommé l'*homme universel*. Probus, au surplus, est un des hommes qui ont fait le plus d'honneur au nom romain, et il est incontestablement celui auquel les Gaules doivent le plus de reconnaissance et de vénération.

CHAPITRE XXVIII.

Numérien succède à Probus. — Son beau-père le fait assassiner.
— Dioclétien est proclamé empereur. — Il se forme une conjuration dans les Gaules, sous le nom de *bagaudes*. — Des chrétiens
en faisaient partie. — Maximien, général consommé, les exter-
mine. — On voit alors deux empereurs et deux Césars gouvernant l'empire. — De toutes parts il s'élève des accusations contre les chrétiens. — Dioclétien les livre à la soldatesque, et
démolit leurs églises. — Persuadé qu'ils sont anéantis, il abdi-
que l'empire. — Quelques réflexions sur ce prince et sur son
abdication.

Numérien ne fit qu'apparaître sur le trône ;
son beau-père l'y fit assassiner. Les légions
déférèrent d'un commun accord la pourpre
impériale à Dioclétien, qui avait été un des
plus grands capitaines de Probus.

Dioclétien jusqu'alors avait fait peu d'attention aux chrétiens ; il se borna, quand il
fut empereur, à livrer aux magistrats ceux
qu'on accusait.

Les lueurs de paix qui avaient apparu sous
Probus s'effacèrent promptement dans les
Gaules ; les agens de Rome, les privilégiés,

surtout les nobles, reprirent avec une nouvelle âpreté le cours de leurs exactions ; les
simples Gaulois s'indignaient d'être exclus
de toute propriété, de supporter les charges
de la guerre, et d'être sous le commande-
ment perpétuel des agens de Rome. Les Ar-
moricains, ou les Celtes, les plus fiers et les
moins dociles des Gaules, formèrent, en 286,
une conjuration presque spontanée contre
les Romains et les privilégiés, c'est-à-dire
contre les nobles (1). En peu de mois, il
sortit des Armoriques une armée redoutable. Deux officiers romains mécontens se
mirent à la tête des révoltés, qui prirent le
nom de *bagaudes* (homme des bois) (2), que
des historiens ont désignés par le mot *sylvicolæ*. Le premier essor de cette armée fut
terrible; malheur à ceux qui résistaient ! le
nombre des révoltés s'accroissait chaque
jour, tant la cause était générale et bien
sentie : leur cri de guerre portait principale-

---

(1) On désignait comme nobles, les Romains d'origine
pourvus de fonctions au nom de l'empire, et qui, à ce
titre, se faisaient les maîtres ou les tyrans des Gaulois
natifs.

(2) *Sylvicolæ.*

ment contre les nobles, qui s'enfuirent partout dans les bois : *Impletas fugitivis nobilibus solitudines.* Les villes, à leur approche, leur apportaient des sommes d'argent, ou pour les aider, ou pour les rédimer du pillage.

Il y avait dans ces bagaudes bon nombre de chrétiens, qui, paraphrasant le cri de guerre commun, déclaraient que l'Evangile n'avait pas de plus grands ennemis que les riches. Dans les premiers temps, il faut bien le dire, le christianisme s'appuyait fortement sur l'égalité et sur la liberté, premiers élémens du républicanisme.

Dioclétien cependant envoya Maximien contre les bagaudes, qui, trop accoutumés à voir fuir devant eux, s'élancèrent avec promptitude et fureur sur les légions romaines. Maximien, homme de guerre consommé, qui connaissait bien d'ailleurs le caractère impétueux des Gaulois, fit supporter l'attaque aux siens, et presque l'arme au bras ; mais quand la première fougue fut passée, il rallia tous les siens épars sur une grande ligne, et il fit des bagaudes un si grand carnage, qu'il en fut nommé *Hercule.*

En vain l'histoire a transmis l'insurrection des bagaudes ; elle n'a point corrigé les rois despotes ou fanatiques, ni même les corps aristocratiques; mais aussi, il y aura toujours des bagaudes, des fendeurs, des charbonniers, des cardeurs, des maçons, tant qu'il y aura des rois faibles, et tant qu'ils substitueront les volontés de leurs ministres aux lois et aux Constitutions que l'intérêt commun aura fait dicter.

Le règne de Dioclétien offre une singulière alliance, celle de deux empereurs et de deux Césars pour le même empire. Lorsqu'un édit concernait les intérêts généraux, les noms des quatre étaient collectivement exprimés; mais celui de Dioclétien était toujours le premier.

Dans ce *quartuumvir*, les Gaules étaient échues à Constance, qui s'en fit aimer.

Les chrétiens avaient respiré pendant que les quatre empereurs étaient occupés de guerres; mais à la paix, les trois autres empereurs firent des rapports fâcheux contre les chrétiens; ils les accusèrent de crimes et d'entreprises audacieuses. Dioclétien ne pouvant plus douter de la réalité de leurs entreprises, résolut d'abolir le culte chrétien: il fit démolir leurs églises, brûler les livres et les ornemens; il fallait sacrifier aux dieux de Rome, ou marcher au supplice : là vindicte fut si grande, que Dioclétien fit annoncer partout que la superstition des chrétiens était anéantie.

Ce ne fut que lorsqu'il en fut bien persuadé, qu'il prit la résolution d'abdiquer : il se retira à Salone, sa patrie natale, où il s'occupa à créer des jardins et des vergers : sa belle maison de Spalatro est encore citée dans les fastes de l'architecture et des arts.

On a représenté Dioclétien comme un tyran impie et sanguinaire ; mais n'y a-t-il pas de l'exagération dans ces qualifications ? Dioclétien ne s'est prononcé contre le culte chrétien, que d'après les rapports de ses co-empereurs ; il a pu voir et s'offenser des entreprises des chrétiens contre le culte de ses pères ; il a pu être cruel dans ses ordres, mais on oublie toutes les cruautés exercées par des chrétiens mêmes. Pour n'en citer qu'un trait, car l'esprit du sacerdoce sera toujours le même : L'abbé de Citeaux, qui commandait l'extermination des Albigeois, répondit à ceux qui venaient lui annoncer qu'un grand nombre de réfugiés dans les églises demandaient à se convertir : « Tuez les tous, Dieu saura bien distinguer ceux qui sont pour lui. »

Dioclétien était un grand homme d'Etat ; et si la division du pouvoir était en politique une pensée fausse, elle avait du moins un grand avantage de fait, celui de rendre l'administration immédiate aux sujets de l'empire trop éloignés du centre habituel ; il fit alors ce que des rois de l'Europe font encore, c'est-à-dire des vice-rois ; il fallait qu'il fût un homme habile, pour avoir su concilier entre eux un autre empereur et deux Césars. Justinien l'a mieux jugé que nous, car il s'est prévalu d'un grand nombre d'édits rendus par Dioclétien, comme marqués au coin de la sagesse. Je ne citerai que celui qui défend d'admettre les délations ou les témoignages des esclaves contre leurs maîtres, ceux des pupilles contre les tuteurs, et des frères contre des frères.

Dans sa retraite enfin, il s'est plu à cultiver et à favoriser l'agriculture ; il y a appelé les beaux-arts, qu'il a constamment encouragés : la tradition est encore au même lieu toute vive et animée de souvenirs pour cet ex-souverain de Rome ; il a renoncé librement à un titre qu'un homme faible, vicieux ou méchant, eût conservé; l'essai qu'il avait fait du souverain pouvoir lui avait assez révélé cette puissance et cette vaste impunité : il n'était donc pas un homme aussi abominable qu'on se plaît à le dire et à l'enseigner.

CHAPITRE XXIX.

Constance et Galère se partagent l'empire. — Les Gaules sont dévolues à Constance, qui les protége. — Constantin succède à son père. — Il se montre favorable aux chrétiens. — A la vue d'un miracle, il adopte et protége la religion du Christ. — Il admet les chrétiens aux emplois publics. — Il défend de faire subir le supplice de la croix. — Constantin bat les Francs. — Ses cruautés. — Après un festin, Constantin fait tuer son compétiteur. — Arius publie une doctrine odieuse aux chrétiens. — Toute la chrétienté y prend part. — Constantin transfère le siége de l'empire à Constantinople. — Causes ou motifs de ce transférement, et ses conséquences. — Constantin fait une nouvelle division de l'empire. — A la mort de Constantin, plusieurs prétendent à l'empire.

En 3o5, Constance et Galère se partagèrent l'empire; les Gaules heureusement échurent à Constance, qui, par un sentiment de tolérance, protégea les chrétiens.

Constantin succéda à son père en 3o6; et ce ne fut pas sans de vives inquiétudes qu'il prit le titre d'*empereur*. Il s'était déjà montré favorable aux chrétiens; et on peut présumer que la politique acheva de le déterminer en leur faveur. Les évêques négligeant les voies intermédiaires, s'attachaient au prince et au peuple même; ils félicitaient l'un d'être le soutien du culte du vrai Dieu, et ils déclaraient ouvertement à l'autre que la religion du Christ ne connaît ni n'admet d'esclaves; que tous les hommes indistinctement sont admis à la table du Seigneur, le dernier des pauvres comme le premier des potentats.

Constantin avait été déjà frappé plusieurs fois de l'impression que faisaient sur les peuples les miracles des chrétiens; comme souverain pontife lui-même, il faisait une grande différence entre le courage héroïque du martyre chrétien et la conduite plus que tiède des prêtres du culte romain : son imagination, fort vive d'ailleurs, s'arrêtait avec respect à l'examen des saints mystères. Si Constantin n'avait pas été éclairé déjà par quelques rayons divins, il dut se dire, sous les rapports politiques : Cette religion est celle des hommes malheureux, elle sera donc toujours celle du plus grand nombre des hommes sur la terre, et sa puissance propre fera celle du prince qui s'en déclarera le soutien.

Constantin, souvent agité par ces pensées, marchant un jour à la tête de son armée, aperçut dans le ciel, à l'horizon du soleil couchant, une croix lumineuse ; ce prodige acheva ses irrésolutions ; il se prononça pour la foi chrétienne, et fit publier aussitôt la relation du prodige qui l'avait déterminé. La nuit suivante, il vit en songe Jésus-Christ même, et dès lors il ne douta plus qu'il était appelé à soutenir la religion du Christ. Il ordonna de fabriquer une grande croix d'or qu'il fit enrichir de pierreries, et qu'on nomma le *labarum :* partout il donna l'ordre de substituer la croix à l'aigle des légions.

Eusèbe de Césarée cependant ne s'est pas expliqué sur la réalité et les circonstances du prodige ; il s'est borné à dire que Constantin avait toujours été victorieux, et que celui qui portait le labarum n'était jamais blessé.

J'ai dû m'arrêter sur cet évènement, parce qu'il forme le premier anneau de la chaîne historique du christianisme dans les Gaules, et parce qu'il est réputé s'être passé à Besançon. Depuis l'apparition céleste du labarum, Constantin se plaisait à combler les chrétiens de bienfaits ; il les admettait aux emplois publics, et ils jouissaient à sa cour d'une faveur presque exclusive. La croix devint l'attribut dominant dans tous les monumens qu'il faisait élever ; il défendit de faire subir le supplice de la croix à aucun criminel.

Pendant que toutes ces choses extraordinaires se passaient, les Francs des deux rives du Rhin avaient tenté d'agrandir leur territoire. Constantin voulut aller en personne les combattre ; il les battit à outrance ; mais combien le vainqueur, nouveau chrétien, fut cruel ! Il eut la barbarie de donner un spectacle où des prisonniers furent livrés à des bêtes féroces.

Licinius, compétiteur de Constantin, persécutait cruellement les chrétiens d'Orient. Après plusieurs combats, Licinius, proposa la paix à Constantin, qui l'agréa, ou qui lui fut conseillée : il invita en conséquence Licinius à se rendre auprès de lui, afin de rédiger le traité définitif. Constantin lui fit une brillante et affectueuse réception : à la suite d'un festin magnifique, il le fit étrangler.

Devenu seul empereur, Constantin laissa libre carrière aux chrétiens ; les temples furent changés en églises ; on ne sacrifiait plus aux dieux de Rome dans le palais impérial.

Les évêques obtenaient journellement des édits de faveur pour l'exercice du culte chrétien. Constantin cependant restait toujours le grand-pontife de Rome, et il ne cessait de se faire rendre compte des augures et des aruspices.

L'arbre du christianisme avait à peine produit des fruits, que des rejetons sortis de ses racines mêmes, menacèrent l'existence du tronc : on tenait conciles sur conciles pour combattre ou juger des hérésies; mais l'opposition ne fit que leur donner plus de consistance et de force : je ne rappellerai que l'arianisme, pour lequel combattront des rois, des reines, des prêtres, et même des évêques.

Arius était originaire de la Lybie, et s'était fait prêtre à Alexandrie : c'était un homme de beaucoup d'esprit; il était à la fois poëte, orateur et philosophe; il avait d'ailleurs un fort bel extérieur; son entretien était flatteur et persuasif; ses mœurs, du reste, étaient irréprochables : tel est du moins le portrait qu'en a fait un historien orthodoxe.

Les disputes théologiques occupaient tous les esprits, et il était bien difficile à l'homme qui n'avait que de la bonne foi de juger quel était le vrai clergé ; on ne s'entendait sur rien d'une manière uniforme, ni sur les points du dogme ni sur ceux du rite : toutes ces argumentations déplurent au prêtre Arius : les disputes s'échauffèrent à son sujet ; mais il avait un tel ascendant sur ses adversaires, qu'il les terrassait et les réduisait à un silence honteux ; il avait l'avantage du moins d'être bien compris dans ces discussions. Il était loin de se croire un hérésiarque ; il était même persuadé qu'il servait la religion de Jésus-Christ ; il opposait l'Evangile à ses antagonistes ; il fit plus, il argua de faux le texte qui prêtait à tant de disputes : *Tres sunt qui et hi tres unum sunt;* il niait que le verbe fût co-éternel avec le père, que le fils fût engendré et le père incréé.

Pour le malheur des chrétiens, Arius était ami d'Eusèbe, évêque de Nicomédie, et Eusèbe était le conseil intime de Constantin ; l'un et l'autre étaient de l'avis d'Arius.

Athanase, d'une caractèr impérieux, osa se plaindre à l'empereur, et se répandre en invectives contre Eusèbe et Arius : Athanase fut exilé dans les Gaules.

Tous les peuples se prononçaient pour Arius : Constantin cependant crut devoir

convoquer un concile œcuménique à Nicée.
Arius et sa doctrine y furent anathématisés;
mais Arius en appela à d'autres conciles. Il
fut absous dans ceux de Tyr et de Jérusalem.
La guerre alors sur la Trinité et la consubs-
tantialité fut plus animée ou envenimée qu'auparavant; toutes les écoles, toutes les chaires
et toutes les réunions retentissaient de disputes sur l'arianisme : on se disputera malheureusement long-temps encore sur un tel sujet.
Il est, au surplus, honorable pour Arius d'a-
voir eu pour partisans Eusèbe, des conciles, et
l'empereur Constantin : et n'est-il pas bizarre
que la série comprenne Loke et Newton ?

L'opposition d'Arius ne fit pas ralentir le
zèle de Constantin en faveur des chrétiens;
car dans les mêmes entrefaites il ordonna la
célébration du dimanche ; il laissa une liberté
indéfinie pour élever des églises ; il autorisa
les prêtres chrétiens à posséder des biens-
fonds ; il restitua les biens confisqués, et défendit même de sacrifier au culte des Romains.

En 326, Constantin fit publier dans Rome
et dans l'empire son édit de transfèrement
du siége impérial à Byzance : le peuple romain et ses magistrats entendirent cette pu-

blication avec la plus profonde indifférence.

Ce transfèrement du gouvernement, de Rome à Byzance, est un des plus grands évènemens de l'histoire romaine, auquel les historiens ni les publicistes n'ont point assez fait d'attention, car il est une des causes qui ont le plus hâté la ruine de l'empire : il me semble, d'ailleurs, qu'il a été fort mal jugé dans ses motifs politiques, auxquels ne furent point étrangers les chefs de la religion chrétienne.

Si Constantin n'eût été qu'un guerrier aventureux de l'Arabie, de la Pannonie ou de la Corse, on concevrait que, fier de ses victoires successives et brillantes, et que voulant rattacher tout l'avenir de l'empire à lui-même, il ait médité, comme Alexandre de Macédoine, comme Pierre-le-Grand ou comme Louis XIV, d'immortaliser son nom par une ville nouvelle, riche, superbe et spacieuse ; on concevrait encore qu'avec de grandes vues politiques, il ait eu l'orgueil ou le dessein de faire effacer ou de faire oublier le renom du vieux Latium et d'une capitale qui avait commandé à toute la terre, *caput orbis terrarum ;* de cette superbe Rome, le foyer de tant de gloire et de tant de triomphes ; de cette Rome, enfin, où tant de générations devaient nécessairement avoir jeté et profondément de ces germes qui font les héros et les grands hommes. C'était d'ailleurs une grande pensée politique, de transporter le siége de l'empire à un point qui, en diminuant la longueur du levier du gouvernement, offrait plus de facilités et de sûretés dans les mouvemens et les manœuvres.

Si Constantin encore avait trouvé l'empire dans l'état où l'avaient laissé les douze Césars, et qu'il eût reconnu que pour conserver la même domination, il était prudent de porter l'action du gouvernement à une hauteur telle, qu'on pût arrêter les excursions des hommes du Nord et de ceux de l'Asie, on eût applaudi à ce transfèrement, qui du reste commandait beaucoup de sagesse et de lenteur dans l'exécution.

Byzance, en effet, était un point admirable et fortuné pour commander à l'Europe, à l'Asie et à l'Afrique. La nature ne l'avait pas seulement fortifié comme place de guerre de premier ordre ; son site et ses contours, en l'embellissant, ajoutaient encore à sa puissance : mais, hélas ! les faits et gestes de Constantin ne prouvent que trop que tels ne

furent point ses motifs. Il peut en avoir eu
l'illusion ; mais il est bien plus probable, pour
ne pas dire prouvé, que ce transfèrement a
été l'ouvrage des chefs chrétiens, conseillers
intimes de Constantin. Il importait beaucoup
à la propagation de la religion du Christ d'é-
loigner le centre de l'empire d'un foyer toujours cher et toujours vif, où brillait .et se
concentrait l'ancien culte olympien, et d'où
il serait si long-temps difficile de l'extirper.
Les évêques encore se flattaient qu'en rap-
prochant le siége ou centre de l'empire du
lieu où se trouvaient le berceau et le tombeau du divin fondateur, ils accroîtraient le
prosélytisme de la foi : c'est ainsi, au surplus, qu'en jugèrent les descendans de Maho-
met pour le tombeau de la Mecque.

En considérant ce transfèrement sous
d'autres rapports, Rome avait le plus grand
intérêt à s'y opposer par de sages représentations : l'absence de la cour impériale et du
sénat, le départ inévitable des grands fonctionnaires et des hommes riches, et l'abandon forcé de tous les domaines de l'agriculture, devaient nécessairement faire des campagnes de Rome, si riches et si prospères
par la présence des maîtres, autant de soli-

tudes, et de la grande Rome une ville morte. Les évêques, en un mot, étaient plus sûrs de régner à Constantinople qu'à Rome; ce qui s'est justifié par l'ascendant qu'ils prirent dans la nouvelle capitale.

Deux ans s'étaient à peine écoulés, que Constantin fit son entrée solennelle à Byzance. Pour en conserver la mémoire, il fit graver sur une colonne, dans le Strategium, que Byzance serait nommée désormais *la nouvelle Rome*; mais la flatterie fut plus forte que son décret, car de son vivant même elle fut nommée *Constantinople*.

Les arts y firent des prodiges. On y éleva une superbe basilique en l'honneur des douze apôtres; sur tous les monumens, la croix signalait l'empire de la religion chrétienne.

Les premières familles de Rome, comme des colonies, se rendirent à Byzance; et celles qui restèrent virent successivement dépouiller les temples de leurs richesses et de leurs ornemens, pour les porter à la ville nouvelle.

Dans l'enceinte des murs de Rome comme dans les campagnes qui l'environnent, régnait une sombre solitude, où, trois siècles auparavant, Auguste, Pollion, Horace, Virgile, Cicéron donnaient tant de vie et de charmes.

Constantin fit une division nouvelle de l'empire, et créa trois grands gouvernemens. Les Gaules, l'Allemagne et l'Italie furent dans le premier; l'Espagne et le Portugal dans le second, et les îles Britanniques dans le troisième. Il attacha dans chaque gouvernement des patriarches, des évêques et des préfets : toutes ces mesures firent faire beaucoup de prosélytes à la religion chrétienne.

Les éloges outrés qu'on a prodigués à Constantin après sa mort, arrivée en 337, sont une preuve nouvelle que les évêques avaient eux-mêmes porté ce prince à transférer le siége impérial à Byzance. On ne peut dire qu'ils ont été dictés par une foi vive, sincère et pure, car, d'une part, rien ne constate qu'il ait reçu le baptême, et il est certain, de l'autre, qu'il est resté jusqu'à la fin souverain pontife du culte romain : mais s'il y a un titre que toute l'histoire lui défère, c'est qu'il a créé le Bas-Empire, la plus déplorable de toutes les révolutions qu'ont à subir les Etats, et vers laquelle on nous pousse dans le dix-neuvième siècle.

On s'occupait encore des funérailles de

Constantin, que les soldats proclamaient des Augustes, et massacraient des parens de l'empereur qui pouvaient prétendre au trône, des oncles, des neveux et des adoptifs. Il arriva, au surplus, à sa mort, ce qui était arrivé déjà à celle d'Alexandre, et ce qui arrivera toujours, tant qu'il n'y aura pas des règles et des garanties concertées et consenties entre un prince et sa nation. La série seule de tous les prétendans au trône de Constantin, même de certains brigands, est une preuve sanglante et honteuse de la période dite du *Bas-Empire.*

Le fils aîné de Constantin n'était déjà plus en 340 ; les usurpateurs s'annonçaient sur tous les points, ainsi que dans les résidences des vieilles légions. Les chefs chrétiens, d'autre part, travaillaient et s'agitaient pour avoir un successeur digne de Constantin, et favorable à leur cause ; Magnence, Germain d'origine, était le plus dangereux de tous.

Cette époque est remarquable par tous les efforts que firent les évêques pour le triomphe de la religion du Christ ; elle l'est encore par les premières entreprises des Francs-Ripuaires pour conquérir et constituer leurs tribus en corps de nation.

Les évêques se réunissaient en conciles, afin de donner plus de stabilité à la foi, et pour extirper les hérésies qui surgissaient de toutes parts : mais la plus inquiétante pour eux était celle d'Arien, qui avait de nombreux et puissans partisans, même sur les trônes.

CHAPITRE XXX.

Constant est appelé à l'empire. — Julien gouverne les Gaules. — Il se déclare partisan des chrétiens, qu'il sacrifie ensuite au culte romain. — Toutes les villes des Gaules lui adressèrent des couronnes d'or. — Jovien et Valentinien sont empereurs. — Les Barbares ravagent l'Italie et les Gaules. — Gratien et Valentinien succèdent. — Théodose est associé à l'empire. — Il se prononce contre les chrétiens. — Gratien abolit le culte romain. — Le pape Damase forme des légions pour aller détruire, dans les campagnes, le culte Romain. — Théodose se soumet à l'évêque de Milan, Ambroise. — Honoré, fils de Théodose, a les Gaules en partage. — Les hérésies. — Des femmes et des compétiteurs agitent à la fois tout l'empire. — Première apparition des rois des Francs. — On voit successivement apparaître, avec le titre d'*empereur*, les Valentinien, les Majorien, les Olybrius, et enfin Romulus Augustule.

Les Gaules respirèrent quelque temps sous le gouvernement de Constant. Il y eut, dans ce temps-là même, un grand scandale de la part d'une foule de compétiteurs aux siéges vacans des évêques.

En 341, les Francs font une irruption dans les Gaules ; ils sont repoussés par Constant.

Le sang coule partout, pour la foi comme pour le trône ; toute l'Eglise est en deuil.

Eusèbe fait choisir Julien pour gouverner les Gaules, où il se fait aimer. Après avoir repoussé les Germains, qui à chaque printemps, comme les grues, revenaient faire du butin, il alla se fixer à Paris, où il fut accueilli avec des transports de joie publique.

Les Saliens, les Chamaves, etc., revinrent encore pour exploiter les Gaules ; Julien les repoussa jusqu'au Rhin.

Les soldats prétoriens des Gaules saluèrent Julien empereur, et l'élevèrent sur le bouclier.

Cependant, l'arianisme faisait des progrès immenses ; les eunuques mêmes de Constance se prononcèrent pour cette doctrine ; déjà toutes les places et les emplois étaient exclusivement donnés aux ariens.

Cependant, Julien voyant s'élever plusieurs compétiteurs à l'empire, et connaissant bien déjà toute l'influence des évêques, pour faire décider les peuples en sa faveur, se déclara partisan des chrétiens ; et pour le prouver, il célébra les saints mystères.

Lorsqu'il fut assuré du trône, il reprit le culte de ses pères : il se fit déclarer et consacrer souverain pontife ; il affectait même d'appeler les chrétiens *les Galiléens;* il rendit plusieurs édits en faveur du culte romain ; il abolit les priviléges accordés au clergé chrétien ; il affecta de célébrer avec pompe les mystères de Vénus et d'Adonis : toutes les villes lui décernèrent des couronnes d'or.

Jovien, en 364, succéda à Julien, et Valentinien à Jovien.

Les Barbares, qui savaient la mort de Julien, vinrent désoler les Gaules en 365. Metz en fut ravagée ; mais les Barbares furent encore repoussés.

Dès que la guerre finissait contre des ennemis étrangers, celle de l'arianisme reprenait avec une plus vive énergie.

Valentinien et Valens, cependant, eurent le bon esprit de convenir d'une tolérance égale pour tous les cultes : cet instant de tranquillité n'est pas ce qui étonne le moins pour une telle époque.

En 376 apparaissent sur la scène du monde les Goths et les Huns, sur lesquels il y a eu tant de conjectures et de commentaires que l'histoire ne peut accueillir, même d'après le système de M. Bailly.

Cependant les empereurs et les Césars pas-

sent, à Constantinople, comme des ombres
ou comme des acteurs de théâtre.

En 378, ce fut le tour de Gratien et de
Valentinien II. Les sectes, d'autre part, se
multipliaient en raison même des prétendans ; il semblait qu'elles étaient un véhicule
auxiliaire.

En 379, Théodose est associé à l'empire.

Gratien eut en partage les Gaules ; mais il
ne fut point tolérant pour les cultes.

Théodose fut plus intolérant encore : il
se prononça pour la foi de Nicée, et reçut
immédiatement le baptême. Il fallut absolument professer la religion romaine pour exercer des emplois publics. Sa déclaration irrita les ariens de Constantinople : au milieu
de cette agitation, Gratien fit tenir un concile écuménique.

En 383, Gratien, plein de déférence pour
le pape Damase, abolit par un édit le culte
ancien des Romains ; il osa même y renverser
l'autel de la Victoire, sur lequel on venait
prêter serment de défendre la patrie ; il abolit également l'institution des vestales. Après
tant de bienfaits rendus au culte des chrétiens, il ne pouvait manquer de trouver des
panégyristes : il en méritait comme chrétien;

mais on ne devait pas le signaler comme un grand homme d'Etat. On s'est fondé sur ses qualités personnelles, parce qu'Ausone avait été son précepteur; mais Aristote et Sénèque l'avaient été, l'un du plus grand dévastateur de la terre, et l'autre du plus honteux tyran sorti de la race des Césars.

En 385, Arcade, âgé de sept ans, fut associé à l'empire. Le pape Damase lui donna pour précepteur Arsenne; mais, dès son adolescence, l'élève manifesta des goûts dépravés.

Cette époque est remarquable. Damase, zélateur extrême, forme des légions d'hommes vêtus de noir, pour parcourir la campagne, afin d'y renverser et détruire tous les autels et tous les objets extérieurs du culte romain ou païen, car on 'nommait *pagani* ceux qui le suivaient.

Théodose, de son côté, fit interdire les spectacles et les jeux solennels du Cirque et des théâtres.

Saint Ambroise alors fit à Milan un grand essai de sa puissance sur l'empereur même, qui, s'étant disposé à célébrer les saints mystères, avait pénétré dans le sanctuaire. L'évêque s'en offensa, et lui ordonna d'aller prendre son rang au milieu des fidèles épars

dans la nef, en lui disant : « La pourpre peut
« faire un prince, mais elle ne fait pas un
« prêtre. » L'obéissance de Théodose a exalté
les panégyristes, et tous lui ont déféré le titre
de *grand*, qu'il conserve encore dans l'histoire de l'Eglise : ils n'ont pas manqué d'alléguer une foule de miracles opérés en sa faveur, quand il allait combattre.

En 395, les Gaules échurent à Honoré,
fils de Théodose. La même année, son père
mourut à Milan. Les panégyristes encore ont
été extrêmes ; tous ont pris leur texte dans
ses dispositions pour la religion chrétienne :
mais en l'embrassant lui-même, il a travaillé
pour son bonheur éternel ; les éloges seraient
plus purs, si, dans sa conduite publique et
privée, il en eût pratiqué les vertus. S'est-il
montré chrétien, quand il a livré Thessalo-
nique au sac, au pillage et au viol ? Ce ne
fut là, disent-ils, qu'une faiblesse humaine.

Il était réservé au Bas-Empire de subir
tous les fléaux et tous les égaremens. Les astrologues s'entendirent pour effrayer les peuples ; des solitaires rendaient des oracles ; les
eunuques devenaient hommes d'Etat et généraux d'armée ; l'un d'eux prétendit même à
l'empire.

Cependant, Eudoxie domine les deux empereurs Arcade et Honoré, et, seule, tient tête à Jean Chrysostôme.

Dans ce temps-là même, la vieille Rome est en proie à la famine et aux plus ridicules superstitions. Son peuple est averti qu'il va subir les plus grands malheurs, 1° parce que le chant des oiseaux est lugubre ; 2° parce que les abeilles jettent des essaims au milieu de l'hiver ; 3° parce que la lune a eu deux éclipses ; 4° parce qu'on a vu des comètes ; 5° parce qu'on a trouvé dans le ventre de deux loups une main droite et une main gauche, etc.

Les Romains, de leur côté, faisaient prédire que dans un an la religion du Christ serait anéantie.

Arrivé au quatrième siècle de l'ère chrétienne, il ne me reste plus qu'à jeter un coup-d'œil rapide sur la ruine de l'empire romain, divisé en empire d'Orient et d'Occident, envahi et débordé par des Barbares ou par des armées de prétendans à l'empire, à travers lesquels surgiront des hérésiarques, des évêques de renom, des intrigans et des femmes, qui usurperont le sceptre ou le pouvoir impérial. Ce sommaire final m'est commandé,

parce que déjà les Francs apparaissent forts
et nombreux sur la scène de l'Occident, et
qu'ayant à traiter bientôt de l'histoire des
Francs et de leur monarchie, je serai nécessairement forcé de remonter aux causes d'o-
rigine de leurs invasions et de leur puissance,
ce qui me fournira de rappeler les mêmes
circonstances qui se lient à la fin de l'histoire
de l'empire romain, puisque les Francs oc-
cuperont, comme vainqueurs, une grande
partie des Gaules, faisant partie de l'empire
d'Occident.

Quand il s'agit d'ailleurs de l'empire romain, qui, après avoir brillé comme un
grand et vaste météore, n'offre plus que les
reflets d'une lampe sépulcrale qui va finir,
il est encore imposé à l'historien d'en suivre les époques et les dernières circonstances : c'est d'ailleurs la meilleure leçon que
puisse offrir l'histoire ancienne aux rois trop
énorgueillis de la puissance de leurs flottes
ou de leurs baïonnettes, ainsi qu'aux peuples
qui, par apathie et par égoïsme, se mettent
sous le joug, ou qui, sur la foi de certaines
vertus personnelles, abandonnent l'Etat à
un arbitraire absolu.

En 4oo. Eudoxie est déclarée Auguste.

Alaric envahit l'Italie, et Honorius cède aux Goths l'Espagne et une partie des Gaules.

Stilicon bat Alaric.

Honorius rend des décrets pour faire rentrer des dissidens dans le sein de l'Eglise.

Les rois ou les chefs d'armées vendent les prisonniers, comme butin.

Les Alains, les Suèves passent le Rhin en 407, et pénètrent jusqu'en Espagne.

Théodose II est empereur d'Orient.

Un aventurier, nommé *Constantin*, prétend à l'empire, et s'établit à Arles. Honorius lui envoie la pourpre.

En 409, Alaric, soutenu par les Huns, assiége Rome, la met au pillage, à feu et à sang.

On fait empereur un nommé *Maxime;* on confisque les biens des donatistes, qu'on donne aux catholiques.

Pélage enseigne sa doctrine; Pulchérie, sœur de Théodose, est déclarée Auguste.

Attalus, chef des Goths, désole les Gaules du midi.

Placidie, fille de Théodose, épouse Constantius, général d'Honorius, qui est associé à l'empire.

En 417, Honorius cède l'Aquitaine aux Visigoths.

Deux papes se disputent le siége de Rome.

En 42o, des historiens signalent un Phara-
mond, roi des Francs.

Constantius est déclaré empereur.

Placidie est chassée de Rome; elle se re-
tire en Afrique avec ses deux fils, Valentinien et Honorius.

Un légiste de Rome se déclare empereur
à Rome.

Valentinien III est reconnu empereur
d'Occident.

En 428, Nestorius est fait évêque de Constantinople.

Aëtius chasse les Francs au-delà du Rhin.

En 421, il est question de Clodion, roi des
Francs-Saliens.

Pélage et Nestorius agitent partout les
églises catholiques.

Les Bourguignons prennent rang parmi
les conquérans de l'empire d'Occident.

Le roi des Vandales se prononce en faveur
des ariens.

En 437, Théodose-le-Jeune publie le code
des lois préexistantes.

Clodion s'empare de Cambrai et des pays
voisins, jusqu'à la Somme.

Théodose, sans armée et sans appui,

donne à Attila six mille livres pesant d'or, et se soumet à en donner mille chaque année.

Constantinople subit à la fois l'incendie, la peste, la famine et des tremblemens de terre; mais on y consacre le *trisagium* contre les ariens.

L'Eglise signale des manichéens, des euti-chéens.

En 448, apparaît Mérovée, roi des Francs, et qui occupe en maître les Gaules occi-dentales.

En 45o, Théodose meurt, âgé de quarante-neuf ans. Il avait régné quarante-deux ans.

Marcien est empereur d'Occident.

En 45i, Attila ravage les Gaules; il est défait en Champagne.

Marcien fait du consulat de Rome une charge vénale.

Valentinien III est assassiné pour venger la mort d'Aëtius.

Maxime se déclare empereur.

Avitus est proclamé empereur d'Occident.

Léon, Thrace d'origine, est déclaré em-pereur d'Orient.

Léon déclare Majorien empereur d'Occi-dent.

Sévère II succède à Majorien, tué dans une embûche.

Athemius succède à Sévère II, qui a été empoisonné.

En 472, Olybrius est empereur d'Occident ; mais Glycerius prend le même titre.

Léon II est proclamé empereur d'Orient, à l'âge de cinq ans.

Julius Nepos force Glycerius à se faire évêque, et se proclame empereur : Nepos est chassé de l'empire, par le chef de son armée, nommé *Oreste*, qui fait déclarer empereur son fils Romulus - Augustule, dans lequel on ne peut plus voir que l'ombre des Césars.

Un voyageur égaré dans un vaste désert, ne serait pas plus empressé que je suis d'arriver à l'époque d'Augustule ; mais la revue que je viens de faire était absolument nécessaire, pour rattacher l'histoire de la monarchie des Francs à celle de l'empire de Rome, dont le vieil édifice offrira tant de pierres d'attente à celui que nous nous proposons d'élever dans l'*Histoire de l'agriculture des Francs et des Français.* Les impôts fonciers et indirects, les révolutions de l'agriculture sur les terres en céréales et en vignes ; les bénéfices militaires sur lesquels on verra se greffer les fiefs et tout le système féodal qui a pendant quinze siècles accablé la France et sa glèbe, l'origine des papes à Rome et les tourmentes causées par des hérésies, et l'é-piscopat devenu si puissant et si redoutable, seront, dans le cours de l'histoire de l'agriculture de la monarchie française, des jalons de recours, ou des preuves de la série des faits ou révolutions que le royaume aura à subir, depuis Clovis jusqu'à Louis XIV.

FIN.

TABLE

DES MATIÈRES CONTENUES DANS CE VOLUME.

PREMIÈRE ÉPOQUE.

DE L'HISTOIRE DE L'AGRICULTURE DES ROMAINS.

DEUXIÈME ÉPOQUE.